抗挤毁套管产品开发理论和实践

田青超　著

北　京
冶金工业出版社
2014

内 容 提 要

本书介绍了作者对油田油气井用抗挤毁套管的研究成果。书中介绍了钢管在外力作用下压溃失稳的力学模型,阐述了生产抗挤毁套管关键控制因素的理论依据,介绍了抗挤毁无缝钢管和焊接钢管生产的主要工艺流程;结合作者多年的研究探索以及抗挤毁系列套管新产品开发的理论与实践,介绍了抗挤毁套管的螺纹连接形式,阐明了著者提出的抗挤毁套管的材料学机制以及强韧化原理;论述了抗挤毁抗硫化氢套管的设计原理以及在硫化氢环境中的抗硫机制和电化学行为,介绍了热采井套损机制以及抗挤耐热套管产品的技术特征;针对中原油田的地质特点,介绍了超高强度抗挤套管产品的开发和应用情况。

本书可供从事材料学、钢管生产、石油钻井工程、完井工程等行业的工程技术人员、科技人员和大专院校的师生参考。

图书在版编目(CIP)数据

抗挤毁套管产品开发理论和实践/田青超著 . —北京:
冶金工业出版社,2013.6(2014.5 重印)
ISBN 978-7-5024-6247-5

Ⅰ.①抗… Ⅱ.①田… Ⅲ.①套管—产品开发
Ⅳ.①TE931

中国版本图书馆 CIP 数据核字(2013)第 104483 号

出 版 人　谭学余
地　　址　北京北河沿大街嵩祝院北巷 39 号,邮编 100009
电　　话　(010)64027926　电子信箱　yjcbs@ cnmip. com. cn
责任编辑　马文欢　美术编辑　彭子赫　版式设计　孙跃红
责任校对　李　娜　责任印制　李玉山
ISBN 978-7-5024-6247-5
冶金工业出版社出版发行;各地新华书店经销;三河市双峰印刷装订有限公司印刷
2013 年 6 月第 1 版,2014 年 5 月第 2 次印刷
787mm×1092mm　1/16;12.25 印张;301 千字;185 页
38.00 元
冶金工业出版社投稿电话:**(010)64027932**　投稿信箱:**tougao@cnmip. com. cn**
冶金工业出版社发行部　电话:**(010)64044283**　传真:**(010)64027893**
冶金书店　地址:北京东四西大街 46 号(100010)　电话:**(010)65289081(兼传真)**
(本书如有印装质量问题,本社发行部负责退换)

前　言

　　石油被称为经济乃至整个社会的"黑色黄金"、"经济血液"，其重要性毋庸置疑。随着石油需求量的日益增加，世界各国纷纷加大勘探钻采力度，向地下深层和海洋发展，套管承受的外挤载荷和轴向载荷越来越高，套管的挤毁问题也日益严重，国内外市场对高抗挤套管的需求量日益增大。

　　从产品需求的提出到现在的工业化生产与应用，高抗挤套管的研究已有近百年的历史。前人的研究主要基于结构力学原理，根据低钢级钢管大量的压溃实验数据，总结出控制材质的屈服强度、残余应力、套管不圆度以及套管壁厚偏差等结构力学的因素是提高套管抗挤毁性能的有效措施。

　　站在前人理论的肩膀上，秉承科研活动服务于生产实践的指导思想，作者提出了通过成分设计和改变制管工艺对钢管的微观结构进行设计和控制的理念，从材料学和结构力学的角度全方位地延缓压溃失稳过程的发生。理论上的突破使得这种概念产品突破了国内外专利的封锁，使得宝钢的抗挤毁系列新产品脱颖而出，逐步撬动了由国外厂家所垄断的市场坚冰。

　　在此背景下，作者根据多年的抗挤毁套管的研究编著了此书。书中介绍了钢管在外力作用下压溃失稳的力学模型，阐述了生产抗挤毁套管关键控制因素的理论依据，介绍了抗挤毁无缝钢管和焊接钢管生产的主要工艺流程以及抗挤毁套管的螺纹连接形式，阐明了抗挤毁套管的材料学机制以及强韧化原理，论述了抗挤毁抗硫化氢套管的设计原理以及在硫化氢环境中的抗硫机制和电化学行为，介绍了热采井套损机制以及抗挤耐热套管产品的技术特征。针对中原油田的地质特点，介绍了超高强度抗挤套管产品的开发和应用情况。这些内容在国内外文献中都十分罕见、非常珍贵，希望能对广大业界人士提供参考和借鉴。

　　受作者水平所限，书中若存在错误，敬请读者批评指正。

田青超

2012 年 12 月于上海

目　录

1　绪　　论

根据 2004~2005 年对我国油气资源评估结果，我国石油资源量约为 1068 亿吨，天然气资源量为 52.65 万亿立方米，可采资源量为石油 150 亿吨、天然气 14 万亿立方米，在世界 103 个产油国中，我国属于油气"比较丰富"的国家。其中，陆上石油资源主要分布在松辽、渤海湾、塔里木、准格尔和鄂尔多斯五大盆地，其石油可采资源总量为 131 亿吨，占陆上总资源量的 77%；海上石油资源中，渤海湾占据整个海上油气可采储量的 46%，其储量为 8.7 亿吨；天然气主要分布在位于中西部的鄂尔多斯、四川、塔里木和海洋的东海、莺歌海等六大盆地，共有天然气可采资源 8.8 万亿立方米，占中国天然气总资源的 62.8%。

石油专用钢管是石油工业应用最为广泛的基础构件。按用途不同，石油专用钢管包括油井管和油气输送管两大类。其中，油井管又包括钻柱构件（钻杆、钻铤等）和套管、油管。钻杆和钻铤用于石油勘探开发的钻井作业，套管用于固井，而油管用于采油。油井管柱是由专用螺纹将单根油井管连接而成的几千米长的管柱，包括钻柱、套管柱、油管柱。钻柱由方钻杆、钻杆、钻铤、转换接头等组成，是钻井的重要工具和手段。套管柱下入钻成的井眼，用于防止地层流体流动及地层挤毁。油管柱下入生产套管柱内，构成井下油气层与地面的通道，控制原油和天然气的流动。根据我国统计数据，钻井每钻进 1m，约需油井管 62kg，其中套管 48kg、油管 10kg、钻杆 3kg、钻铤 0.5kg[1~2]，套管在石油工业中的重要性可见一斑。钻井后，再经下套管、注水泥固井、射孔、下生产管柱、排液直至投产后，地面采油系统将油气输送出去。套管在钻井及油气输送系统中的位置如图 1-1 所示。

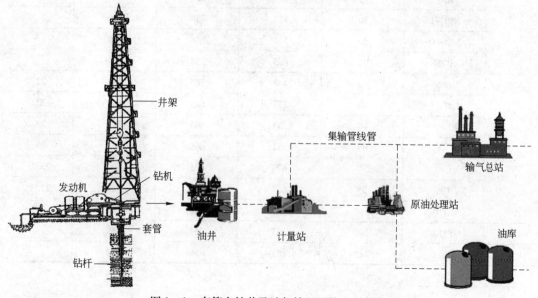

图 1-1　套管在钻井及油气输送系统中的位置

管道运输是油气运输中最为快捷、经济、可靠的运输方式，也是油气运输的主要方式。国外某些发达国家油气的管道运输已占油气运输总量的三分之二以上，油气的管道运输在原油和天然气的生产、炼制、储存及运输的全过程中均起到了极其重要的作用。油气输送管道主要包括原油/天然气长输管线、成品油输送管线、油气田内部的集输管线等。

上述石油专用钢管一般都采用 API 标准来生产和供货。API 是美国石油学会（American Petroleum Institute）的英文缩写，相关标准见附录1。

1.1 API 标准套管

套管是石油天然气井施工、生产必不可少的管柱之一，在石油工业中具有重要的地位。在钻井和采油过程中，套管起着保护井眼、加固井壁、隔绝井中的油、气、水层及封固各种复杂地层的作用。因此，套管的质量、性能对石油工业的发展意义非常重大。为满足套管的服役条件，对钢的化学成分、力学性能、冶金质量等都有严格的要求。

世界石油工业所用的套管一直采用美国石油学会（API）标准进行生产和使用。API套管钢级标准分类是以套管材质的最小屈服强度为依据的。ISO 11960—2011（API SPEC 5CT）将套管分为 4 组、15 个钢级，其最小屈服强度按英制单位 kpsi❶分别是 40、55、65、80、90、95、110、125，见表 1-1[3]。英制与公制单位换算表见附录2。目前，世界上大多数钢管生产厂家都能生产 API 标准套管。常见的 API 标准规格的套管见表 1-2。

表 1-1 套管的钢级（ISO 11960—2011）

组别	钢级	最小屈服强度		最高屈服强度/MPa	最低抗拉强度/MPa	HRC（max）
		kpsi	MPa			
1	H40	40	276	552	414	
	J55	55	379	552	517	
	K55	55	379	552	665	
	N80-1	80	552	758	689	
	N80-Q	80	552	758	689	
	R95	95	665	758	724	
2	M65	65	448	586	586	22
	L80-1	80	552	665	665	23
	L80-9Cr	80	552	665	665	23
	L80-13Cr	80	552	665	665	23
	C90	90	620	725	690	25.4
	T95	95	665	758	724	25.4
	C110	110	758	828	793	30
3	P110	110	758	965	865	
4	Q125	125	861	1040	930	

❶ psi 为 lbf/in²，1lbf/in² = 6894.757Pa，因相关产品的国际标准中使用了 psi，本书为介绍方便，沿用 psi。

表1-2 API 套管尺寸规范

套管外径/mm	114.3	127	139.7	168.3	177.8	193.7	219.1	244.5	273.1	298.5	339.7	406.4	473	508
套管壁厚/mm	5.21	5.59	6.20	7.32	5.87	7.62	6.71	7.92	7.09	8.46	8.38	9.52	11.05	11.13
	5.69	6.43	6.98	8.94	6.91	8.33	7.72	8.94	8.89	9.52	9.65	11.13		12.70
	6.35	7.52	7.72	10.59	8.05	9.52	8.94	10.03	10.16	11.05	10.92	12.57		16.13
	7.37	9.19	9.17	12.06	9.19	10.92	10.16	11.05	11.43	12.42	12.19			
	8.56		10.54		10.36	12.70	11.43	11.99	12.57		13.06			
					11.51		12.70	13.84	13.84					
					12.65		14.15		15.11					
					13.72									
接箍外径/mm	127	141.3	153.7	187.7	194.5	215.9	244.5	269.9	298.5	323.9	365.1	421.8	508	533.4

　　单根的套管由接头连接成套管柱，较大直径的套管都采用带螺纹的接箍连接。连接是由螺纹来实现的，因此，螺纹连接是套管质量和强度检验的重点。

　　套管螺纹在API规范中分为四大类，即短圆螺纹、长圆螺纹、梯形螺纹、直连型螺纹等。API标准螺纹具有容易加工、易于修扣和现场处理以及成本低等优点，但不能满足密封等要求。因此，出于特殊条件需要，各钢管制造厂家推出各种非API标准的特殊螺纹。为了保证良好的上卸扣性能，套管螺纹一般采取镀铜、磷化等表面处理技术。

　　套管的最基本的作用是支撑油气井井壁，每一口井根据不同的钻井深度和地质条件，要使用几层套管。套管下井后要采用水泥固井，它与油管、钻杆不同，不能重复使用，属于一次性消耗材料。所以，套管的消耗量占全部油井管的70%以上。套管按固井的目的及套管的功用，可分为导管、表层套管、技术套管和生产套管。油气井中的不同套管的类型如图1-2所示。

　　导管主要用于海洋、沙漠中钻井，用以隔开海水和沙子，保证钻井顺利进行。表层套管主要用于第一次开钻，钻开地表松软地层到基岩，防止地层坍塌。下入深度可以

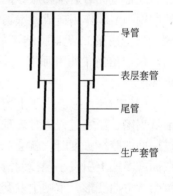

图1-2　套管的类型

从几十米到几百米，视地层情况而定。管外水泥通常返至地面。套管鞋必须坐于致密、坚硬的岩石中。套管鞋又称浮鞋，放在套管的最底部，用来避免井壁的泥土进入套管内，引导套管下入井中，所以又称"引鞋"。

　　技术套管也称中间套管，用于封隔复杂地层，保证顺利地进行钻进。在复杂地层的钻井过程中，当遇到坍塌层、油层、水层、漏失层、盐膏层等复杂部位时，需要下技术套管封固。技术套管的水泥返高，一般应返至所封地层100m以上，对高压气井，为防止漏气，常将水泥浆返至地面。技术套管一般下一层，也有下二层、三层的。多层技术套管多以下尾管方式，以节省成本。当下入井内的某一段套管未连接至地面时，这种套管称尾管，尾管可以被封固，也可以不封固。

　　生产套管也称油层套管，用以将不同压力的油、气、水层与其他地层分隔开来，以形

成油气通道，保证长期生产，满足开采和增产措施的要求。其下入深度取决于目的层的深度和完井方法。水泥浆一般返至封隔油、气层顶部以上100 m，对于高压气井、热采井等特殊固井，则应返至地面，以利于加固套管，提高套管抗内压能力。

1.2 套管损坏机理

套管损坏简称为套损。导致油水井套管状况变差甚至损坏的原因是多方面的。根据国内外油田开发的经验分析可知，引起套管损坏的因素可大致分为地质因素、工程技术因素和腐蚀因素三大类。对于具体油田的油气井的套管损坏，其中某类因素可能起主导作用，其他为次要因素，而更多情况下则是这些因素综合作用的结果[4,5]。

1.2.1 地质因素

引起套管损坏的地质因素有：

（1）泥岩遇水膨胀。泥岩性质较不稳定，在高温高压下能产生蠕变，在有水侵入时易膨胀。例如，在中原油田部分区块采用高压注水，导致泥岩、页岩地层进水，引起泥岩地层膨胀蠕变、滑坡及断层复活，使得套管承受非均匀的蠕变外压而遭到破坏。一般认为，当泥岩含水10%以上时，泥岩拥有较高的塑性，几乎将全部上覆岩压转移到套管，使其变形损坏。

（2）盐层蠕动。在地层温度和上覆地层压力作用下，由于盐岩密度小于岩石密度，盐岩或含盐泥岩遇水膨胀，向低压的井筒方向蠕动，致使套管损坏。另外，钻井液对盐层的冲刷和溶解作用造成井壁坍塌，形成不规则井眼或"大肚子"井眼，使固井水泥不能充满环空或第二界面胶结不好，从而使地层水或注入水侵入盐层，浸泡溶蚀后形成空洞。盐层溶解使得井眼扩大或盐层坍塌，从而导致套管受力状态不均，进而造成套管损坏。

（3）断层运移。由于上覆岩层的连续性以及油藏横截面一般呈透镜体交错断面形状，油藏塌陷、压实过程通常表现为向下和向内的运动。当上覆岩层中任何地方的剪切应力超过层面的胶结强度时，就会产生低倾角滑移；较大的地层塌陷也会在油层或者上覆层中的层面或断层上引发小规模的滑动，诱发断层的活化，从而引起严重的剪切破坏，轻则会导致套管弯曲变形，重则引发套管挤毁、错断。

美国密西西比南帕斯27断块油田，近250口生产井钻遇4条主要断层，到1971年底，已有54口钻遇断层井的套管发生损坏，其中21口井已报废。断层运动使套管在3m范围内偏移。主要原因为，随着油田不断开采，原始地层的压力逐渐降低，以及采用的压裂、酸化、高压增注等措施，引起地层内部结构的变化，注入水或压裂液侵入断层，随断层运动，起润滑作用，加上地应力的作用，破坏了断层的相对静止状态，使上下层产生滑移，从而对套管产生剪切破坏。

（4）油井出砂。油层出砂后，致使部分地层的岩石骨架结构遭到破坏，岩石的强度降低，由于埋藏深部的油层所受的垂向应力大，上覆临层在空间范围内失去岩层的支撑或者支撑力变小，打破了原有的平衡，引起油藏塌陷、压实、地层下沉，并在垂直和水平方向产生较大的位移。套管的压缩屈服即是由于生产层段较大的垂直变形引起的。不论套管和水泥环，以及水泥环与地层胶结面的胶结质量是否完好，都将使得油层部位套管处于压缩状态，而油层顶部附近或上覆岩层中局部套管处于拉伸状态。目前普遍的观点认为，油井出砂后会在出砂层段的套管或衬管附近形成空洞或坑道，在上覆地层压实和地层压力下降的情况下，使周围岩石的应力发生变化，破坏了应力平衡，从而空洞上的已卸压岩石就可能坍塌，坍塌岩石和细砂挤压套管，导致套管损坏。

1.2.2　工程技术因素

引起套管损坏的工程技术因素有：

（1）套管强度计算及井身结构设计不合理。早期的套管柱设计是采用单轴应力设计，随后采用双轴应力设计。然而随着钻井技术的发展和勘探开发的需要，钻井深度越来越深，地质条件越来越复杂，油井工作条件越来越恶劣，单轴应力设计和双轴应力设计已不能满足钻井和油气井开发的要求，常常造成油气井套管的先期损坏。

目前国内外流行的套管抗挤强度设计都是以有效外挤压力均匀分布在套管圆周上的假设为前提条件的，即有效外挤压力按静水压力分布规律计算。实际上，由于地质构造十分复杂，大多数油井套管的损坏是由非均匀载荷引起的。例如，盐岩、砂岩及泥岩蠕变而引起的非均匀地应力，套管偏心、水泥窜槽造成的套管受非均匀外挤压力作用等。研究表明，套管柱受均布外挤压力作用时的抗挤强度要比受非均布外挤压力作用时的抗挤强度大得多。

对于注水开发油田，建井时没有考虑到油田中后期注水开发时套管强度、井深结构、尺寸的要求，只按静水柱压力或泥浆柱压力对套管进行抗挤强度计算。没有认识到高压注水开发到中后期，泥岩吸水蠕变、滑移产生的横向层间位移侧压力、纵向地层位移产生的拉伸力及纵横向位移产生的弯曲应力对套管的影响。

（2）不合理的注水开发。当注水压力超过地层上覆压力，吸水泥岩软弱层将产生横向层间位移及纵向地层位移，从而使套管破坏。高压注入水可以将泥岩层原生微裂纹、裂缝及层理面压开，由于"水楔"的作用而形成对套管的破坏力。该破坏力与注水压力、泥岩原生微裂缝、裂纹、层理的发育程度以及注入水进入泥岩层的通道有关。泥岩软弱层产生位移的大小与地层倾角、上覆地层的厚度及泥岩进水通道的难易程度有关。地层倾角越大，横向层间位移越大；上覆地层越薄，则纵向位移越大。另外，注入水窜入地层界面泥岩破碎带，并当注水压力超过地层上覆压力时，泥岩碎块及坚硬的透镜体便沿水流方向产生位移，从而使套管弯曲、挤压变形以及错断。

（3）酸化与压裂。酸化是通过对地层注入酸液，使油井附近的油层发生溶解作用而产生溶洞或小洞，使套管周围受力不均，从而导致套损。压裂则使地层压出裂缝，即超过地层破裂压力，这样会使油水井附近岩层受力不均，并且如果压裂的重新定向而使裂缝的方向偏离所设计的方向，将会导致注入水进入其他层或泥岩层，使岩层受力遭到破坏，进而加快了套损。大庆油田外围油田的套损主要归因于高压注水及压裂酸化工艺。

（4）套管质量不合格。主要表现在钢管强韧性不足、管壁厚薄不均或壁厚达不到要求、管体和接箍有裂纹、内痕、管子存在不圆度等，这些内在或外在的因素都会造成套管使用寿命降低。另外，由于螺纹精度不高，造成丝扣不密封，套管内外气体与液体由于压力不同互相串通，在应力的长期作用下，扩大了丝扣的孔隙，导致套管损坏。

（5）稠油井热采时引起套管损坏。热采井注蒸汽的平均温度一般在320℃左右，有的超过350℃，超过了套管允许的最大温度值204~220℃。对于 API 标准套管而言，钢材因高温屈服强度将降低约 18%，弹性模量降低约 38%，抗拉强度降低 7%。在热采井冷热循环产生的残余应力作用下，使套管基本上处于屈服甚至发生塑性变形的状态。同时热采井普遍采用全封固井，水泥返到地面，而水泥的线膨胀系数和套管的线膨胀系数及弹性模量不同，必然束缚套管的膨胀和收缩，在套管柱内产生内应力（即热应力），因此在持续高温和热应力作用下，套管将会产生泄漏、脱扣、疲劳裂纹及压缩变形。

(6) 其他因素。射孔时（尤其是无枪身射孔），十几发甚至几十发射孔弹在一瞬间爆炸，产生了巨大的冲击波作用在套管上，套管突然胀大，使套管在射孔井段中部或非射孔井段相交位置发生剧烈变形，特别是在射孔段上部或下部由于强烈的应力集中，造成套管抗挤压强度降低，在地应力的作用下，易发生套管变形。实验表明，射孔时固井质量好，则射孔对套管的损坏小，固井质量差则损害大。

1.2.3 腐蚀因素

油气井的开采方式是由油、气藏的类型所确定的。对于各种油、气藏类型，其地层流体的性质不尽相同，有的地层水的矿化度高，有的地层的腐蚀性强。生产套管在与这些地层流体长期接触的过程中，加上井下高温、高压的作用，很容易产生腐蚀破坏。近年来，油气井生产套管腐蚀问题在我国一些油田日益严重，除直接增加了管材费用外，还影响到油气井的生产，造成巨大的经济损失。例如，中原油田地下水含盐量很高，总矿化度达 30×10^4 mg/L，开发过程中只要忽视一个生产环节的腐蚀问题，在生产中就会发生严重的腐蚀损坏。因此，防止油气井生产套管的腐蚀破坏，延长油气井寿命已成为增加油气产量、降低生产成本、提高生产效益的重要问题。国外从 20 世纪 50 年代开始即着手调查和研究油气井套管的腐蚀问题，并进行了机理分析和多种防腐试验，取得了良好的效果。

油气田井下套管腐蚀的主要原因是：油田底水、边水或油层水的矿化度高，有时超过 30×10^4 mg/L，天然气或伴生气含有 H_2S、CO_2 等腐蚀性气体，或地层含有硫酸盐还原菌而导致水性的 pH 下降，根据金属电化学腐蚀原理，将促进氢的极化作用，使其腐蚀加剧。

H_2S 在油气田有水的条件下发生电化学反应，电离后的 S^{2+} 与钢材表面发生电子传递，使金属表面形成针孔、斑点、蚀坑，逐渐造成局部减薄而剥蚀或穿孔。由于 H_2S 在水中电化学反应而产生的 H^+ 得到电子变成氢原子，渗入金属某些晶格缺陷或夹杂处，在该处集聚的氢原子结合成氢分子，体积急剧增大，在钢材内部产生巨大的内应力，使钢材内产生裂纹，使材料变脆，称为氢致开裂（HIC）。如果钢材因热处理不当，冷加工和焊接残余应力等因素，加之氢脆因素则造成钢材的硫化物应力腐蚀破裂（SSCC）。

硫酸盐还原菌（SRB）也会对钢管产生严重的腐蚀。由于微生物的作用，对油气田的油套管和地面设施管线都引起腐蚀，油气田水中存在多种有害的腐蚀菌，其中硫酸盐还原菌是最重要的一种，是厌氧菌。研究结果表明，SRB 适宜繁殖、生长的条件为滞留区处 pH 值为 5~7、温度 30~50℃，总矿化度 1×10^4~6.6×10^4 mg/L。SRB 在其生命活动中，不仅因消耗氢而加剧氢的阴极去极化作用，而产生的 H_2S 又提供了一个新的腐蚀源，加速了铁的阳极溶解；并且其腐蚀物为具有导电性的硫化铁，作为新的阳极，与铁形成强电偶，电位差可达0.4V，最终导致套管腐蚀由溃烂而穿孔。

除H_2S腐蚀之外，CO_2、O_2、Cl^-等因素也会产生腐蚀。井下套管的腐蚀形式主要有两种：直接腐蚀和间接腐蚀。直接腐蚀发生在套管内壁及未封固段套管外壁。在这些地方，套管直接裸露在腐蚀介质中，从而产生各种腐蚀。直接腐蚀具有较高的腐蚀速度。间接腐蚀发生在封固段套管外壁，在这些位置，腐蚀介质通过水泥环裂隙与套管接触，从而产生各种腐蚀。除了腐蚀穿孔失效外，腐蚀还直接导致套管壁厚的减薄，从而因承受抗外压的能力大幅下降而发生挤毁失效。

综上所述，挤毁是套管在生产开发期间失效或损坏的一种重要形式，是由地层中的油、气、水压力及上覆地压力和地层（如盐岩、膏岩、泥岩）蠕动等因素使得套管承受外压的能力不足或下降所造成的。对中原油田套损井统计结果表明，套管变形占62%、破漏占33%、其他占5%。多数套损属于套管被挤毁而产生的变形损坏，严重妨碍了油气田的正常生产。因此，油田生产企业除从钻井固井工艺上采取措施外，选择使用抗挤毁能力高的套管具有重要的意义。

1.3 抗挤系列套管产品的开发

为了满足开采过程中存在的如盐岩层等高地层压力、硫化氢应力腐蚀、高温井况的油气井等问题，人们系统研究了高抗挤系列套管压溃失效机理、影响因素、标准规范以及高抗挤套管的生产制度等[1~2]。目前，普遍认为套管的抗挤毁性能主要取决于材质的屈服强度、残余应力、套管径厚比值、尺寸精度（套管不圆度、壁厚偏差）等结构力学方面的因素。这些前人积累的知识是目前国内外大多数钢管厂家生产高抗挤毁系列套管的主要理论依据和基本准则。

为了满足油田对套管抗挤毁性能日益增长的需求，宝钢从20世纪90年代就开始研究抗挤毁套管。目前已经开发出具有自主知识产权的高抗挤系列BG(80~160)TT、抗挤抗硫系列BG(80~110)TS、抗挤耐热系列BG(80~130)TH等多钢级，ϕ114.3~263.5mm（4½~10⅜in）等规格的高抗挤毁系列套管产品新品种，见图1-3，并获得了推广应用。在长期的使用过程中，逐步形成了宝钢抗挤系列套管下井使用的推荐作业方式，见附录3。

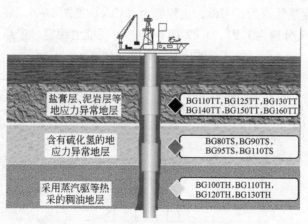

图1-3 宝钢抗挤毁系列套管产品及适用条件

1.3.1 高抗挤套管

高抗挤套管适用于盐岩层、泥岩层、高压注水井等高地层压力或存在地层压力异常段的油气井中，在普通的 API 套管的抗挤强度难以满足套管所受的高外挤载荷要求的条件下应用。

宝钢高抗挤套管包括 BG80TT、BG95TT、BG110TT、BG125TT、BG130TT、BG140TT、BG150TT、BG160TT 等。命名规则为 BG + 强度 + TT。

BG——宝钢钢管，为非 API 标准系列；

强度——取英制最小名义屈服强度（单位为 kpsi，并修整至 5 的倍数）；

TT——高抗挤。

宝钢高抗挤套管规格范围为：ϕ114.3 ~ 263.5mm（$4\frac{1}{2}$ ~ $10\frac{3}{8}$in），典型钢级、规格的抗挤性能见表 1 - 3，宝钢高抗挤套管的使用性能参数见附录 4。

表 1 - 3　宝钢高抗挤套管抗挤性能第三方评估情况

钢级牌号	规格/mm × mm	抗 挤 性 能		
		API/MPa	实际值/MPa	超 API 比例/%
BG110TT	ϕ177.8 × 9.19	43	77.7	80
BG110TT	ϕ244.48 × 11.99	36.6	62.9	72
BG125TT	ϕ177.8 × 9.19	44.4	78.1	76
BG140TT	ϕ177.8 × 12.65	106.9	148.6	39
BG160TT	ϕ244.48 × 11.05	32.8	48.1	46

以供辽河油田盐层区用 BG130TT 高抗挤套管为例，该油田油井出沙严重、油层压降大、亏空程度高、热应力大，以至于套管易于变形损坏，经深入的技术交流，辽河油田确定使用 ϕ244.48mm × 11.99mm 等规格的 BG130TT 钢级套管，该产品设计屈服强度为 896 ~ 1103MPa，抗拉强度不小于 931MPa，压溃强度不小于 55.2MPa。使用宝钢 28MoV 钢种生产，经炼钢—轧管—热处理后，套管屈服强度均值为 1000MPa，抗拉强度均值为 1063MPa，压溃强度最低值为 64MPa，过程能力（Cpk）见图 1 - 4。屈服强度、抗拉强度以及压溃强度的 Cpk 分别为 1.91、3.82 和 1.50，过程能力稳定，产品性能优良。

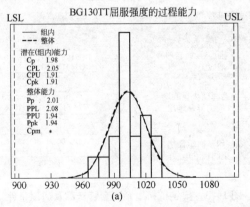

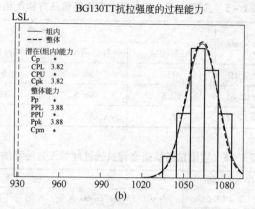

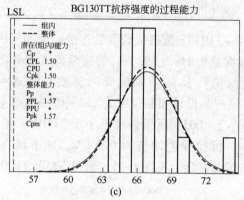

图1-4 φ244.48mm×11.99mm 规格 BG130TT 的力学性能

（a）屈服强度；（b）抗拉强度；（c）抗挤强度

1.3.2 抗挤抗硫套管

宝钢含硫环境使用的抗挤抗硫套管包括 BG80TS、BG90TS、BG95TS 和 BG110TS 等。命名规则：BG+强度+T+S。

BG——宝钢非 API 系列；

强度——取英制最小名义屈服强度；

T——抗挤；

S——抗硫。

宝钢抗挤抗硫套管规格范围为：φ114.3~244.48mm（$4\frac{1}{2}$ ~ $9\frac{5}{8}$ in），用于盐岩层、泥岩层、高压注水井等高地层压力或存在地层压力异常段且含微量 H_2S 油气井的钻探开发，见表1-4。典型钢级、规格的抗挤抗硫性能见表1-5、表1-6，使用性能参数见附录4。

表1-4 宝钢抗挤抗硫套管的性能

牌 号	抗 H_2S 腐蚀性能（NACE TM 0177—96）	力学性能
BG80TS	A 法：加载 85% SMYS 经 720h 不断裂	力学性能按照 API 5CT 对应钢级控制
BG95TS	A 法：加载 85% SMYS 经 720h 不断裂	
BG110TS	A 法：加载 80% SMYS 经 720h 不断裂	

注：SMYS 为最小名义屈服强度。

表 1-5 宝钢抗挤抗硫套管抗挤性能第三方检测结果

钢 级	规格/mm×mm	抗 挤 性 能			
		API/MPa	保证值/MPa	实际值/MPa	超 API 比例/%
BG110TS	φ177.8×9.19	43	58.7	64.9	51
BG110TS	φ177.8×12.65	89.8	96.5	114.3	27
BG110TS	φ244.48×11.99	36.6	52.3	62	69

表 1-6 宝钢抗挤抗硫套管抗硫性能第三方检测结果

钢 级	规格/mm×mm	结 论
BG110TS	φ177.8×12.65	NACE TM 0177—96 A 法：A 溶液下加载 80% SMYS 保持 720h 不开裂
BG110TS	φ244.48×11.99	

以供四川油田 BG(80~110)TS 抗挤抗硫套管为例，该油气田位于四川盆地，原油天然气中富含硫化氢，一般含量为 1%~2%，有的甚至高达 16%，油井管的硫化氢应力腐蚀问题极为严重，因此所需产品都需要抗硫的材质。如 φ244.5mm×11.05mm 规格 BG80TS 抗挤抗硫套管，该产品设计屈服强度为 552~655MPa，抗拉强度不小于 655MPa，0℃横向全尺寸冲击功不小于 100J，压溃强度不小于 37MPa。经炼钢—轧管—热处理后，屈服强度均值为 590MPa，抗拉强度均值为 690MPa，冲击试样均值 220J，Cpk 分别为 1.88、1.68、2.82，过程能力稳定，见图 1-5。采用 NACE TM 0177 的标准方法 A 使用 A

BG80TS屈服强度的过程能力

(a)

BG80TS抗拉强度的过程能力

(b)

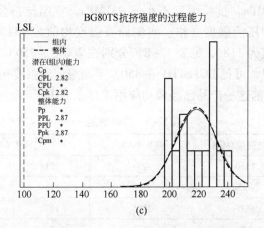

图 1-5 ϕ244.5mm × 11.05mm 规格 BG80TS 力学性能

（a）屈服强度；（b）抗拉强度；（c）抗挤强度

溶液进行硫化氢应力腐蚀检验 720h 未开裂，抗硫性能稳定，实测抗挤强度不低于 48MPa。性能检验一次合格率为 100%。

1.3.3 抗挤耐热套管

宝钢结合油田实际工况条件开发出适合于 350℃、20MPa 蒸汽压力等工况条件下具有良好热强性、高温稳定性的耐热抗挤毁系列套管，以满足用户的使用需要。已开发出 BG80TH、BG100TH、BG110TH、BG120TH 等产品。命名规则：BG + 强度 + T + H。

BG——宝钢非 API 系列；

强度——取英制最小名义屈服强度；

T——抗挤；

H——耐热。

宝钢抗挤耐热套管产品规格范围为：ϕ60.3 ~ 244.48mm（2⅜ ~ 9⅝in），适用于稠油热采用环境油田使用。抗挤耐热套管承诺的最低抗挤强度和抗挤抗硫套管相同。宝钢抗挤耐热套管产品的力学性能见表 1-7。

表 1-7 宝钢抗挤耐热套管的力学性能

钢　级	室温力学性能	高温力学性能
BG80TH		350℃ 高温屈服强度大于 552MPa
BG100TH	按 API 5CT 要求	350℃ 高温屈服强度大于 690MPa
BG110TH		350℃ 高温屈服强度大于 758MPa
BG120TH		350℃ 高温屈服强度大于 827MPa

以供月东油田稠油热采井盐层区用 ϕ193.68mm × 17.14mm 规格 BG120TH 高抗挤耐热套管为例，该油田的地应力在 50MPa 范围以内。地温梯度为每 100m 3.4℃，注汽压力为 16MPa，注汽温度为 350℃，注汽时间为 7 天。根据掌握的地质资料信息，月东油田套管损坏机理和辽河油田相似，尤其是油田井底到油层以上 100m 是套管工作环境最为恶劣的一个区间，因此确定使用宝钢的 ϕ193mm × 17mm 规格 BG120TH 抗挤耐热套管。套管设计

屈服强度为827～1034MPa，抗拉强度不小于931MPa，室温抗挤强度不小于134.5MPa。制管后，BG120TH套管压溃强度合格。实测屈服强度均值为938MPa，抗拉强度均值为990MPa，冲击试样均值为118J，见表1-8。分别在200℃、350℃、500℃下测定高温瞬时力学性能，见表1-9，可见BG120TH在350℃下高温屈服强度仍大于827MPa，具有优良的抗挤耐热性能，目前这一产品已经成功应用于月东油田。

表1-8 力学性能

屈服强度/MPa	抗拉强度/MPa	伸长率/%	0℃横向冲击功/J		
970	1030	28	121	114	129
950	995	27.5	116	125	130
935	990	30.5	127	123	120
935	990	31.0	124	124	119
910	980	27	130	123	123
945	990	28	109	107	102
875	950	28.5	110	124	111
985	1000	27.5	112	113	115

表1-9 高温力学性能

200℃			350℃			500℃		
$R_{p0.2}$/MPa	R_m/MPa	$A_{50.8}$/%	$R_{p0.2}$/MPa	R_m/MPa	$A_{50.8}$/%	$R_{p0.2}$/MPa	R_m/MPa	$A_{50.8}$/%
930	1020	12.5	835	960	14	680	730	11
875	965	13.5	845	975	14.5	720	775	14

宝钢抗挤系列套管具有鲜明的技术特征。这些产品根据不同的使用环境从合金成分设计出发，综合控制材料的化学成分与微观组织、回火温度与残余应力，以及钢管的壁厚均匀性与外径不圆度等各方面因素，从材料学和结构力学的角度出发全方位延缓压溃失稳过程的发生，从而有效地提高套管的抗挤强度。这些品种已在塔里木、中原、四川、辽河等油田大批量推广使用，其中高抗挤系列、抗挤抗硫系列套管均获得上海市高新成果认定，自2010年起年销量即达1万余吨，并逐年递增，产生了显著的经济效益和社会效益。

参考文献

[1] 李鹤林，吉玲康，谢丽华. 中国石油钢管的发展现状分析 [J]. 河北科技大学学报，2006，27（1）：1～5.

[2] 杨龙，宋生印，韩新利，等. 油气井套管技术现状及发展方向 [J]. 石油矿场机械，2005，34（3）：20～26.

[3] API SPEC 5CT 套管和油管规范 [S].

[4] 王仲茂，卢万恒，胡江明. 油田油水井套管损坏的机理及防治 [M]. 北京：石油工业出版社，1994.

[5] 王德良. 中原油田套管损坏原因分析及预防 [J]. 石油钻探技术，2003，31（2）：36～38.

2 挤毁应力理论

抗挤毁性能是衡量套管承受外压作用不发生失稳变形的能力。临界挤毁抗力称为抗挤强度或压溃强度，它是套管强度设计的重要依据。从力学角度，人们已对钢管的挤毁应力作了大量的研究。API 5C3 标准根据不同直径、壁厚的比值（D/t），将套管的挤毁应力分为屈服挤毁、塑性挤毁、弹塑性挤毁以及弹性挤毁四种类型，见表 2 - 1[1]。

表 2 - 1 挤毁应力及其判据条件

挤毁类型	API 公式	判 据 条 件
屈服挤毁	$P_{YP} = 2\sigma_s \dfrac{D/t - 1}{(D/t)^2}$	$D/t < \dfrac{A - 2 + \sqrt{(A-2)^2 + 8(B + C/\sigma_s)}}{2(B + C/\sigma_s)}$
塑性挤毁	$P_P = \sigma_s\left(\dfrac{A}{D/t} - B\right) - C$	$\dfrac{\sigma_s(A - F)}{C + \sigma_s(B - G)} > D/t \geqslant \dfrac{A - 2 + \sqrt{(A-2)^2 + 8(B + C/\sigma_s)}}{2(B + C/\sigma_s)}$
弹塑性挤毁（过渡）	$P_T = \sigma_s\left(\dfrac{E}{D/t} - G\right)$	$\dfrac{2 + 3/A}{3B/A} > D/t \geqslant \dfrac{\sigma_s(A - F)}{C + \sigma_s(B - G)}$
弹性挤毁	$P_E = \dfrac{46.95 \times 10^6}{(D/t)[(D/t) - 1]^2}$	$D/t > \dfrac{2 + 3/A}{3B/A}$

注：对于强度性能的主符号，现行国家标准用英文字母 R 代替旧符号的 σ，但行业内仍习惯沿用 σ，故本章按行业习惯使用 σ。

其中，参数 A、B、C、F 和 G 由下列公式确定：

$$A = 2.8762 + 1.0679 \times 10^{-6}\sigma_s + 2.1301 \times 10^{-11}\sigma_s^2 - 5.3132 \times 10^{-17}\sigma_s^3$$

$$B = 0.026233 + 5.0609 \times 10^{-7}\sigma_s$$

$$C = -465.93 + 0.030867\sigma_s - 1.0483 \times 10^{-6}\sigma_s^2 + 3.6989 \times 10^{-14}\sigma_s^3$$

$$F = \frac{46.95 \times 10^6 \left(\dfrac{3B/A}{2 + B/A}\right)^3}{\sigma_s\left(\dfrac{3B/A}{2 + B/A} - \dfrac{B}{A}\right)\left(1 - \dfrac{3B/A}{2 + B/A}\right)}$$

$$G = FB/A$$

API Bul 5C2 标准中的挤毁应力由规定的 D 和 t 值计算。对于给定的 D/t 值及最小屈服强度值 σ_s，采取何种公式计算挤毁应力是由表 2 - 1 的判据条件确定的 D/t 范围所决定，而不是四个挤毁应力公式中给出挤毁应力最小值的公式。

上述公式的符号含义与推导过程详细解释见后文。

2.1 圆筒在极坐标下的力学方程

可以将钢管看成无限长的圆筒，从而简化为平面问题[2]。对于圆筒，采用极坐标系统求解将比直角坐标系统要方便得多。为了表明极坐标系统中的应力分量，从考察的平面物体中分割出微分单元体 $ABCD$，其由两个相距 dρ 的圆柱面和互成 dφ 的两个径向面构成，如图 2-1 所示。

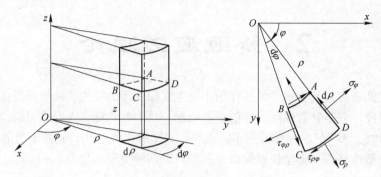

图 2-1 微分单元体

在极坐标系中，用 σ_ρ 表示径向正应力，用 σ_φ 表示环向正应力，$\tau_{\varphi\rho}$ 和 $\tau_{\rho\varphi}$ 分别表示圆柱面和径向面的切应力，根据切应力互等定理，$\tau_{\varphi\rho} = \tau_{\rho\varphi}$。

考虑到应力分量是随位置的变化而变化，如果假设 AB 面上的应力分量为 σ_ρ 和 $\tau_{\rho\varphi}$，则 CD 面上的应力分量为：$\sigma_\rho + \dfrac{\partial \sigma_\rho}{\partial \rho}\mathrm{d}\rho$ 和 $\tau_{\rho\varphi} + \dfrac{\partial \tau_{\rho\varphi}}{\partial \rho}\mathrm{d}\rho$，如果 AD 面上的应力分量为 σ_φ 和 $\tau_{\rho\varphi}$，则 BC 面上的应力分量为：$\sigma_\varphi + \dfrac{\partial \sigma_\varphi}{\partial \varphi}\mathrm{d}\varphi$ 和 $\tau_{\varphi\rho} + \dfrac{\partial \tau_{\varphi\rho}}{\partial \varphi}\mathrm{d}\varphi$。同时，体力分量在极坐标径向 ρ 和环向 φ 方向的分量分别为 $F_{\mathrm{b}\rho}$ 和 $F_{\mathrm{b}\varphi}$。

2.1.1 平衡微分方程

$$\frac{\partial \sigma_\rho}{\partial \rho} + \frac{1}{\rho}\frac{\partial \tau_{\rho\varphi}}{\partial \varphi} + \frac{\sigma_\rho - \sigma_\varphi}{\rho} + F_{\mathrm{b}\rho} = 0 \quad (2-1)$$

设单元体的厚度为 1，如图 2-2 所示。

考察微元体的受力平衡。首先讨论径向的平衡，注意到 $\sin\dfrac{\mathrm{d}\varphi}{2} \approx \dfrac{\mathrm{d}\varphi}{2}$，$\cos\dfrac{\mathrm{d}\varphi}{2} \approx 1$，可以得到：

$$\left(\sigma_\rho + \frac{\partial \sigma_\rho}{\partial \rho}\mathrm{d}\rho\right)(\rho + \mathrm{d}\rho)\mathrm{d}\varphi - \sigma_\rho\rho\mathrm{d}\varphi - \left(\sigma_\varphi + \frac{\partial \sigma_\varphi}{\partial \varphi}\mathrm{d}\varphi\right)\mathrm{d}\rho\frac{\mathrm{d}\varphi}{2} -$$

$$\sigma_\varphi\mathrm{d}\rho\frac{\mathrm{d}\varphi}{2} + \left(\tau_{\varphi\rho} + \frac{\partial \tau_{\varphi\rho}}{\partial \varphi}\mathrm{d}\varphi\right)\mathrm{d}\rho - \tau_{\rho\varphi}\mathrm{d}\rho + F_{\mathrm{b}\rho}\rho\mathrm{d}\rho\mathrm{d}\varphi = 0$$

$$(2-2)$$

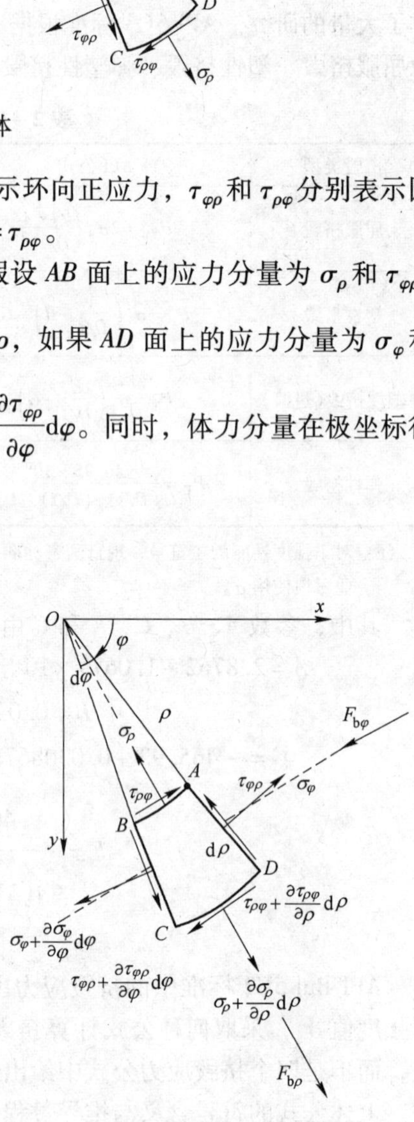

简化式（2-2），并且略去三阶微量，则：

$$\frac{\partial \sigma_\rho}{\partial \rho} + \frac{1}{\rho}\frac{\partial \sigma_{\rho\varphi}}{\partial \varphi} + \frac{\sigma_\rho - \sigma_\varphi}{\rho} + F_{\mathrm{b}\rho} = 0 \quad (2-3)$$

图 2-2 微元体受力分析

同理，考虑微分单元体切向平衡，可得：

$$\left(\sigma_\varphi + \frac{\partial \sigma_\varphi}{\partial \varphi}\mathrm{d}\varphi\right)\mathrm{d}\rho - \sigma_\varphi\mathrm{d}\rho + \left(\tau_{\varphi\rho} + \frac{\partial \tau_{\varphi\rho}}{\partial \varphi}\mathrm{d}\varphi\right)(\rho + \mathrm{d}\rho)\mathrm{d}\varphi - \tau_{\rho\varphi}\rho\mathrm{d}\varphi +$$

$$\left(\tau_{\varphi\rho} + \frac{\partial \tau_{\varphi\rho}}{\partial \varphi}\mathrm{d}\varphi\right)\mathrm{d}\rho\,\frac{\mathrm{d}\varphi}{2} + \tau_{\varphi\rho}\mathrm{d}\rho\,\frac{\mathrm{d}\varphi}{2} + F_{\mathrm{b}\varphi}\rho\mathrm{d}\rho\mathrm{d}\varphi = 0 \qquad (2-4)$$

简化式（2-4），可以得到极坐标系下的平衡微分方程，即：

$$\frac{\partial \tau_{\rho\varphi}}{\partial \rho} + \frac{1}{\rho}\frac{\partial \sigma_{\varphi}}{\partial \varphi} + \frac{2\tau_{\rho\varphi}}{\rho} + F_{\mathrm{b}\varphi} = 0 \qquad (2-5)$$

2.1.2 几何方程

下面推导极坐标系统的几何方程。在极坐标系中，位移分量为 u_{ρ}、u_{φ}，分别为径向位移和环向位移。

极坐标对应的应变分量为：径向线应变 ε_{ρ}，即径向微分线段的正应变；环向线应变 ε_{φ}，为环向微分线段的正应变；切应变 $\gamma_{\rho\varphi}$，为径向和环向微分线段之间的直角改变量。

首先讨论线应变与位移分量的关系，分别考虑径向位移、环向位移 u_{ρ}、u_{φ} 所引起的应变。

如果只有径向位移 u_{ρ}，如图 2-3 所示。

借助于与直角坐标同样的推导，可以得到径向微分线段 AD 的线应变为 $\varepsilon_{\rho} = \dfrac{\partial u_{\rho}}{\partial \rho}$；环向微分线段 $AB = \rho\mathrm{d}\varphi$ 的相对伸长为 $\dfrac{(\rho + u_{\rho})\mathrm{d}\varphi - \rho\mathrm{d}\varphi}{\rho\mathrm{d}\varphi} = \dfrac{u_{\rho}}{\rho}$。

如果只有环向位移 u_{φ}，径向微分线段没有变形，如图 2-4 所示。

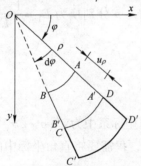 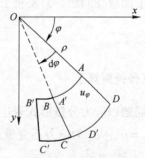

图 2-3　径向位移下微元体应变分析　　　　图 2-4　环向位移下微元体应变分析

环向微分线段的相对伸长为 $\dfrac{1}{\rho}\dfrac{\partial u_{\varphi}}{\partial \varphi}$；将上述结果相加，可以得到正应变分量：

$$\varepsilon_{\rho} = \frac{\partial u_{\rho}}{\partial \rho},\ \varepsilon_{\varphi} = \frac{u_{\rho}}{\rho} + \frac{1}{\rho}\frac{\partial u_{\varphi}}{\partial \varphi}$$

下面考察切应变与位移之间的关系。设微分单元体 $ABCD$ 在变形后变为 $A'B'C'D'$，如图 2-5 所示。

因此，切应变为：$\gamma_{\rho\varphi} = \eta + (\beta - \alpha)$。其中，$\eta$ 表示环向微分线段 AB 向 ρ 方向转过的角度，即 $\eta = \dfrac{1}{\rho}\dfrac{\partial u_{\rho}}{\partial \varphi}$；$\beta$ 表示径向微分线段 AD 向 φ 方向转过的角度，故 $\beta = \dfrac{\partial u_{\varphi}}{\partial \rho}$；而 α 角应等于 A 点的环向位移除以该点的径向坐标 ρ，即 $\alpha = \dfrac{u_{\varphi}}{\rho}$。将上述结果回代，则一点的切

应变为：$\gamma_{\rho\varphi} = \dfrac{1}{\rho}\dfrac{\partial u_\rho}{\partial \varphi} + \dfrac{\partial u_\varphi}{\partial \rho} - \dfrac{u_\varphi}{\rho}$。综上所述，可以得到极坐标系的几何方程为：

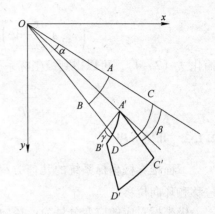

$$\left.\begin{array}{l} \varepsilon_\rho = \dfrac{\partial u_\rho}{\partial \rho} \\[3mm] \varepsilon_\varphi = \dfrac{u_\rho}{\rho} + \dfrac{1}{\rho}\dfrac{\partial u_\varphi}{\partial \varphi} \\[3mm] \gamma_{\rho\varphi} = \dfrac{1}{\rho}\dfrac{\partial u_\rho}{\partial \varphi} + \dfrac{\partial u_\varphi}{\partial \rho} - \dfrac{u_\varphi}{\rho} \end{array}\right\} \qquad (2-6)$$

2.1.3 物理方程

图 2-5 切向位移下微元体应变分析

由于讨论的物体是各向同性材料的，对于平面应力问题，有

$$\left.\begin{array}{l} \varepsilon_\rho = \dfrac{1}{E}(\sigma_\rho - \nu\sigma_\varphi) \\[3mm] \varepsilon_\varphi = \dfrac{1}{E}(\sigma_\varphi - \nu\sigma_\rho) \\[3mm] \gamma_{\rho\varphi} = \dfrac{\tau_{\rho\varphi}}{G} = \dfrac{2(1+\nu)}{E} - \tau_{\rho\varphi} \end{array}\right\} \qquad (2-7)$$

对于平面应变问题，只要将上述公式中的弹性常数 E、ν 分别换为 $E_1 = \dfrac{1-\nu^2}{E}$、$\nu_1 = \dfrac{\nu}{1-\nu}$ 就可以了。

2.1.4 拉普拉斯算子

平面问题以应力分量形式表达的变形协调方程在直角坐标系中为 $\nabla^2(\sigma_x + \sigma_y) = 0$。由于 $\sigma_x + \sigma_y = \sigma_\rho + \sigma_\varphi$ 为应力不变量，因此对于极坐标问题，仅需要将直角坐标中的拉普拉斯算子 $\nabla^2 = \dfrac{\partial^2}{\partial x^2} + \dfrac{\partial^2}{\partial y^2}$ 转换为极坐标的形式。

因为，$x = \rho\cos\varphi$，$y = \rho\sin\varphi$，即 $\rho = \sqrt{x^2 + y^2}$，$\varphi = \arctan\dfrac{y}{x}$。

将 ρ 和 φ 分别对 x 和 y 求偏导数，可得：

$$\frac{\partial \rho}{\partial x} = \frac{x}{\sqrt{x^2 + y^2}} = \frac{x}{\rho} = \cos\varphi, \quad \frac{\partial \rho}{\partial y} = \frac{y}{\sqrt{x^2 + y^2}} = \frac{y}{\rho} = \sin\varphi$$

$$\frac{\partial \varphi}{\partial x} = -\frac{y}{x^2}\frac{1}{1+\dfrac{y^2}{x^2}} = -\frac{1}{\rho}\sin\varphi, \quad \frac{\partial \varphi}{\partial y} = \frac{1}{x}\frac{1}{1+\dfrac{y^2}{x^2}} = \frac{1}{\rho}\cos\varphi$$

根据上述关系式，可得以下运算符号：

$$\frac{\partial}{\partial x} = \frac{\partial \rho}{\partial x}\frac{\partial}{\partial \rho} + \frac{\partial \varphi}{\partial x}\frac{\partial}{\partial \varphi} = \cos\varphi\frac{\partial}{\partial \rho} - \frac{1}{\rho}\sin\varphi\frac{\partial}{\partial \varphi}$$

$$\frac{\partial}{\partial y} = \frac{\partial \rho}{\partial y}\frac{\partial}{\partial \rho} + \frac{\partial \varphi}{\partial y}\frac{\partial}{\partial \varphi} = \sin\varphi\frac{\partial}{\partial \rho} + \frac{1}{\rho}\cos\varphi\frac{\partial}{\partial \varphi}$$

则：

$$\frac{\partial^2}{\partial x^2} = \left(\cos\varphi\frac{\partial}{\partial \rho} - \frac{1}{\rho}\sin\varphi\frac{\partial}{\partial \varphi}\right)\left(\cos\varphi\frac{\partial}{\partial \rho} - \frac{1}{\rho}\sin\varphi\frac{\partial}{\partial \varphi}\right) = \cos^2\varphi\frac{\partial^2}{\partial \rho^2} - \frac{2\sin\varphi\cos\varphi}{\rho}\frac{\partial^2}{\partial \rho\partial \varphi} +$$

$$\frac{\sin^2\varphi}{\rho}\frac{\partial}{\partial \rho} + \frac{2\sin\varphi\cos\varphi}{\rho^2}\frac{\partial}{\partial \varphi} + \frac{\sin^2\varphi}{\rho^2}\frac{\partial^2}{\partial \varphi^2} \tag{2-8}$$

$$\frac{\partial^2}{\partial y^2} = \left(\sin\varphi\frac{\partial}{\partial \rho} + \frac{1}{\rho}\cos\varphi\frac{\partial}{\partial \varphi}\right)\left(\sin\varphi\frac{\partial}{\partial \rho} + \frac{1}{\rho}\cos\varphi\frac{\partial}{\partial \varphi}\right) = \sin\varphi\cos\varphi\frac{\partial^2}{\partial \rho^2} + \frac{\cos^2\varphi - \sin^2\varphi}{\rho}\frac{\partial^2}{\partial \rho\partial \varphi} +$$

$$\frac{\sin\varphi\cos\varphi}{\rho}\frac{\partial}{\partial \rho} - \frac{\cos^2\varphi - \sin^2\varphi}{\rho^2}\frac{\partial}{\partial \varphi} - \frac{\sin\varphi\cos\varphi}{\rho^2}\frac{\partial^2}{\partial \varphi^2} \tag{2-9}$$

将式（2-8）与式（2-9）相加，经简化可以得到极坐标系的拉普拉斯算子：

$$\nabla^2 = \frac{\partial^2}{\partial x^2} + \frac{\partial^2}{\partial y^2} = \frac{\partial^2}{\partial \rho^2} + \frac{1}{\rho}\frac{\partial}{\partial \rho} + \frac{1}{\rho^2}\frac{\partial^2}{\partial \varphi^2} \tag{2-10}$$

另外，注意到应力不变量 $\sigma_x + \sigma_y = \sigma_\rho + \sigma_\varphi$，因此在极坐标系下，平面问题的由应力表达的变形协调方程变换为：

$$\nabla^2(\sigma_\rho + \sigma_\varphi) = \left(\frac{\partial^2}{\partial \rho^2} + \frac{1}{\rho}\frac{\partial}{\partial \rho} + \frac{1}{\rho^2}\frac{\partial^2}{\partial \varphi^2}\right)(\sigma_\rho + \sigma_\varphi) = 0 \tag{2-11}$$

2.1.5 应力函数

如果弹性体体力为零，则可以采用应力函数解法求解。不难证明下列应力表达式是满足平衡微分方程的：

$$\left.\begin{aligned}
\sigma_\rho &= \frac{1}{\rho}\frac{\partial \varphi_f}{\partial \rho} + \frac{1}{\rho^2}\frac{\partial^2 \varphi_f}{\partial \varphi^2} \\
\sigma_\varphi &= \frac{\partial^2 \varphi_f}{\partial \rho^2} \\
\tau_{\rho\varphi} &= -\frac{1}{\rho}\frac{\partial^2 \varphi_f}{\partial \rho\partial \varphi^2} + \frac{1}{\rho^2}\frac{\partial \varphi_f}{\partial \varphi} = -\frac{\partial}{\partial \rho}\left(\frac{1}{\rho}\frac{\partial \varphi_f}{\partial \varphi}\right)
\end{aligned}\right\} \tag{2-12}$$

式中，$\varphi_f(\rho, \varphi)$ 是极坐标形式的应力函数，假设其具有连续到四阶的偏导数。将上述应力分量表达式代入变形协调方程，可得：

$$\left(\frac{\partial^2}{\partial \rho^2} + \frac{1}{\rho}\frac{\partial}{\partial \rho} + \frac{1}{\rho^2}\frac{\partial^2}{\partial \varphi^2}\right)\left(\frac{\partial^2 \varphi_f}{\partial \rho^2} + \frac{1}{\rho}\frac{\partial \varphi_f}{\partial \rho} + \frac{1}{\rho^2}\frac{\partial^2 \varphi_f}{\partial \varphi^2}\right) = 0 \tag{2-13}$$

显然这是极坐标形式的双调和方程。总之，用极坐标解弹性力学的平面问题，归结为在给定的边界条件下求解双调和方程。

在应力函数解出后，应用应力分量表达式：

$$\left.\begin{aligned}
\sigma_\rho &= \frac{1}{\rho}\frac{\partial \varphi_f}{\partial \rho} + \frac{1}{\rho^2}\frac{\partial^2 \varphi_f}{\partial \varphi^2} \\
\sigma_\varphi &= \frac{\partial^2 \varphi_f}{\partial \rho^2} \\
\tau_{\rho\varphi} &= -\frac{1}{\rho}\frac{\partial^2 \varphi_f}{\partial \rho\partial \varphi^2} + \frac{1}{\rho^2}\frac{\partial \varphi_f}{\partial \varphi} = -\frac{\partial}{\partial \rho}\left(\frac{1}{\rho}\frac{\partial \varphi_f}{\partial \varphi}\right)
\end{aligned}\right\} \tag{2-14}$$

求解应力，然后通过物理方程（见式2-7）和几何方程（见式2-6）求解应变分量和位移分量。

2.2 轴对称问题

钢管为轴对称结构。轴对称结构的应力分量与 φ 无关，称为轴对称应力。如果位移也与 φ 无关，称为轴对称位移问题。轴对称问题的实质是一维问题，因此对于轴对称问题，均可以得到相应的解答。

2.2.1 应力分量

考察弹性体的应力与 φ 无关的特殊情况，如图2-6所示，即应力函数仅为坐标的函数。这样，变形协调方程

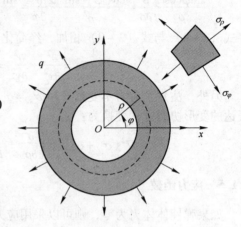

$$\left(\frac{\partial^2}{\partial\rho^2}+\frac{1}{\rho}\frac{\partial}{\partial\rho}+\frac{1}{\rho^2}\frac{\partial^2}{\partial\varphi^2}\right)\left(\frac{\partial^2\varphi_f}{\partial\rho^2}+\frac{1}{\rho}\frac{\partial\varphi_f}{\partial\rho}+\frac{1}{\rho^2}\frac{\partial^2\varphi_f}{\partial\varphi^2}\right)=0$$

$$(2-15)$$

即双调和方程成为常微分方程：

$$\left(\frac{d^2}{d\rho^2}+\frac{1}{\rho}\frac{d}{d\rho}\right)\left(\frac{d^2\varphi_f}{d\rho^2}+\frac{1}{\rho}\frac{d\varphi_f}{d\rho}\right)=0 \quad (2-16)$$

图2-6 轴对称应力

如将式（2-16）展开并在等号两边乘以 ρ^4，可得：

$$\rho^4\frac{d^4\varphi_f}{d\rho^4}+2\rho^3\frac{d^3\varphi_f}{d\rho^3}-\rho^2\frac{d^2\varphi_f}{d\rho^2}+\rho\frac{d\varphi_f}{d\rho}=0 \qquad (2-17)$$

这是欧拉方程，对于这类方程，只要引入变换 $\rho=e^t$，则方程可以变换为常系数的微分方程：

$$\frac{d^4\varphi_f}{dt^4}-4\frac{d^3\varphi_f}{dt^3}+4\frac{d^2\varphi_f}{dt^2}=0 \qquad (2-18)$$

其通解为：$\varphi_f(t)=At+Bte^{2t}+Ce^{2t}+D$，注意到 $t=\ln\rho$，则方程的通解为：

$$\varphi_f(\rho)=A\ln\rho+B\rho^2\ln\rho+C\rho^2+D \qquad (2-19)$$

将上式代入应力表达式：

$$\sigma_\rho=\frac{1}{\rho}\frac{\partial\varphi_f}{\partial\rho}+\frac{1}{\rho^2}\frac{\partial^2\varphi_f}{\partial\varphi^2}$$

$$\sigma_\varphi=\frac{\partial^2\varphi_f}{\partial\rho^2}$$

$$\tau_{\rho\varphi}=-\frac{1}{\rho}\frac{\partial^2\varphi_f}{\partial\rho\partial\varphi}+\frac{1}{\rho^2}\frac{\partial\varphi_f}{\partial\varphi}=-\frac{\partial}{\partial\rho}\left(\frac{1}{\rho}\frac{\partial\varphi_f}{\partial\varphi}\right)$$

则轴对称应力分量为：

$$\sigma_\rho = \frac{1}{\rho} \frac{\mathrm{d}\varphi_f}{\mathrm{d}\rho} = \frac{A}{\rho^2} + B(1 + 2\ln\rho) + 2C$$

$$\sigma_\varphi = \frac{\mathrm{d}^2\varphi_f}{\mathrm{d}\rho^2} = -\frac{A}{\rho^2} + B(3 + 2\ln\rho) + 2C$$

$$\tau_{\rho\varphi} = 0$$

$$(2-20)$$

式（2-20）表达的应力分量是关于坐标原点对称分布的，因此称为轴对称应力。

2.2.2 轴对称位移

现在考察与轴对称应力相对应的变形和位移。对于平面应力问题，将应力分量代入物理方程（见式2-7），可得应变分量：

$$\varepsilon_\rho = \frac{1}{E}\left[(1+\nu)\frac{A}{\rho^2} + (1-3\nu)B + 2(1-\nu)B\ln\rho + 2(1-\nu)C\right]$$

$$\varepsilon_\varphi = \frac{1}{E}\left[-(1+\nu)\frac{A}{\rho^2} + (3-\nu)B + 2(1-\nu)B\ln\rho + 2(1-\nu)C\right]$$

$$\gamma_{\rho\varphi} = 0$$

$$(2-21)$$

根据上述公式可见，应变分量也是轴对称的。将式（2-21）代入几何方程（见式2-6），可得位移关系式：

$$\frac{\partial u_\rho}{\rho} = \frac{1}{E}\left[(1+\nu)\frac{A}{\rho^2} + (1-3\nu)B + 2(1-\nu)B\ln\rho + 2(1-\nu)C\right]$$

$$\frac{u_\rho}{\rho} + \frac{1}{\rho}\frac{\partial u_\varphi}{\partial\varphi} = \frac{1}{E}\left[-(1+\nu)\frac{A}{\rho^2} + (3-\nu)B + 2(1-\nu)B\ln\rho + 2(1-\nu)C\right]$$

$$\frac{1}{\rho}\frac{\partial u_\varphi}{\partial\varphi} + \frac{\partial u_\varphi}{\partial\rho} - \frac{u_\varphi}{\rho} = 0$$

$$(2-22)$$

对上述公式（2-22）的第一分式

$$\frac{\partial u_\rho}{\partial\rho} = \frac{1}{E}\left[(1+\nu)\frac{A}{\rho^2} + (1-3\nu)B + 2(1-\nu)B\ln\rho + 2(1-\nu)C\right]$$

积分，可得：

$$u_\rho = \frac{1}{E}\left[-(1+\nu)\frac{A}{\rho} + 2(1-\nu)B\rho(\ln\rho - 1) + (1-3\nu)B\rho + 2(1-\nu)C\rho\right] + f(\varphi)$$

$$(2-23)$$

式中，$f(\varphi)$ 为 φ 的任意函数。将上式代入式（2-22）的第二分式：

$$\frac{u_\rho}{\rho} + \frac{1}{\rho}\frac{\partial u_\varphi}{\partial\varphi} = \frac{1}{E}\left[-(1+\nu)\frac{A}{\rho^2} + (3-\nu)B + 2(1-\nu)B\ln\rho + 2(1-\nu)C\right]$$

则：

$$\frac{\partial u_\varphi}{\partial\varphi} = \frac{4B\rho}{E} - f(\varphi)$$

积分后可得：

$$u_\varphi = \frac{4B\rho\varphi}{E} - \int f(\varphi)\,\mathrm{d}\varphi + g(\rho)$$

$$(2-24)$$

式中，$g(\rho)$ 为 ρ 的任意函数。

2.2.3 轴对称位移函数

将径向位移（式 2 - 23）和环向位移（式 2 - 24）的结果代入式（2 - 22）的第三式：$\frac{1}{\rho}\frac{\partial u_\rho}{\partial\varphi}+\frac{\partial u_\varphi}{\partial\rho}-\frac{u_\varphi}{\rho}=0$，则：

$$\frac{1}{\rho}\frac{\mathrm{d}f(\varphi)}{\mathrm{d}\varphi}+\frac{\mathrm{d}g(\rho)}{\mathrm{d}\rho}-\frac{g(\rho)}{\rho}+\frac{1}{\rho}\int f(\varphi)\,\mathrm{d}\varphi=0$$

或者写为：

$$g(\rho)-\rho\frac{\mathrm{d}g(\rho)}{\mathrm{d}\rho}=\frac{\mathrm{d}f(\varphi)}{\mathrm{d}\varphi}+\int f(\varphi)\,\mathrm{d}\varphi \qquad (2-25)$$

式（2 - 25）等号左边为 ρ 的函数，而右边为 φ 的函数。显然若使式（2 - 25）对所有的 ρ 和 φ 都成立，只有：

$$\left.\begin{array}{c}g(\rho)-\rho\dfrac{\mathrm{d}g(\rho)}{\mathrm{d}\rho}=F \\[2mm] \dfrac{\mathrm{d}f(\varphi)}{\mathrm{d}\varphi}+\displaystyle\int f(\varphi)\,\mathrm{d}\varphi=F\end{array}\right\} \qquad (2-26)$$

式中，F 为任意常数。式（2 - 26）第一式的通解为：

$$g(\rho)=H\rho+F \qquad (2-26a)$$

式中，H 为任意常数。为了求出 $f(\varphi)$，将方程的第二式对 φ 求一次导数，可得：

$$\frac{\mathrm{d}f^2(\varphi)}{\mathrm{d}\varphi^2}+f(\varphi)=0$$

其通解为：

$$f(\varphi)=I\sin\varphi+K\cos\varphi \qquad (2-26b)$$

另外

$$\int f(\varphi)\,\mathrm{d}\varphi=F-\frac{\mathrm{d}f(\varphi)}{\mathrm{d}\varphi}=F-I\cos\varphi+K\sin\varphi \qquad (2-27)$$

将上述公式分别代入位移表达式：

$$u_\rho=\frac{1}{E}\Big[-(1+\nu)\frac{A}{\rho}+2(1-\nu)B\rho(\ln\rho-1)+(1-3\nu)B\rho+2(1-\nu)C\rho\Big]+f(\varphi)$$

可得位移分量的表达式：

$$u_\rho=\frac{1}{E}\Big[-(1+\nu)\frac{A}{\rho}+2(1-\nu)B\rho(\ln\rho-1)+(1-3\nu)B\rho+2(1-\nu)C\rho\Big]+I\sin\varphi+K\cos\varphi$$

$$u_\varphi=\frac{4B\rho\varphi}{E}+H\rho-I\sin\varphi+K\cos\varphi$$

2.2.4 轴对称位移和应力表达式

位移分量的表达式中的 A、B、C、H、I、K 都是待定常数，其取决于边界条件和约束条件。上述公式表明应力轴对称并不表示位移也是轴对称的。

但是在轴对称应力中，假如物体的几何形状和外力，包括几何约束都是轴对称的，则位移也应该是轴对称的。这时，物体内各点的环向位移均应为零，即不论 ρ 和 φ 取什么值，都应有 $u_\varphi=0$。

因此，$B = H = I = K = 0$。所以，轴对称应力表达式可以简化为：

$$\left.\begin{array}{l} \sigma_\varphi = \dfrac{A}{\rho^2} + 2C \\[3mm] \sigma_\rho = -\dfrac{A}{\rho^2} + 2C \\[3mm] \tau_{\rho\varphi} = 0 \end{array}\right\} \qquad (2-28)$$

而位移表达式简化为：

$$\left.\begin{array}{l} u_\rho = \dfrac{1}{E}\left[-(1+\nu)\dfrac{A}{\rho} + 2(1-\nu)C\rho\right] \\[3mm] u_\varphi = 0 \end{array}\right\} \qquad (2-29)$$

上述公式当然也可以用于平面应变问题，只要将 E、ν 分别换为 $E_1 = \dfrac{1-\nu^2}{E}$，$\nu_1 = \dfrac{\nu}{1-\nu}$。

2.3 挤毁应力公式的推导

在 API 5C3 的四个挤毁应力公式中，屈服强度挤毁应力公式和弹性挤毁应力公式是从理论基础推导而来的；塑性挤毁应力公式是在 K55、N80 和 P110 钢级钢管的挤毁试验的基础上推导出的经验公式；而弹塑性过渡挤毁应力公式是一个修正公式。

2.3.1 屈服强度挤毁应力公式

设厚壁圆筒内外作用均匀应力如图 2 – 7 所示，该圆筒内半径为 a，外半径为 b，受内应力 q_1 及外应力 q_2 的作用。

显然，问题的应力是轴对称的，如果不计刚体位移，则其位移也是轴对称的。将轴对称应力公式（2 -28），代入本问题的边界条件：

$$\sigma_\rho|_{\rho=a} = -q_1$$
$$\sigma_\rho|_{\rho=b} = -q_2$$

求解可得：

$$\frac{A}{a^2} + 2C = -q_1$$

$$\frac{A}{b^2} + 2C = -q_2$$

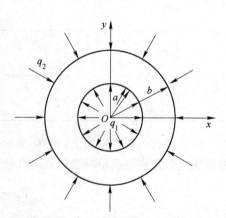

图 2 – 7 圆筒受力分析

联立求解上述公式，可得：

$$A = \frac{(q_2 - q_1)\, a^2 b^2}{b^2 - a^2}, \quad C = \frac{q_1 a^2 - q_2 b^2}{2\,(b^2 - a^2)} \qquad (2-30)$$

将上述所得的 A、C 回代轴对称应力公式（2 -28），可得工程上堪称经典的拉梅（Lame）解答：

$$\left. \begin{aligned} \sigma_\rho &= \frac{a^2 b^2}{b^2 - a^2} \frac{q_2 - q_1}{\rho^2} + \frac{q_1 a^2 - q_2 b^2}{b^2 - a^2} \\ \sigma_\varphi &= -\frac{a^2 b^2}{b^2 - a^2} \frac{q_2 - q_1}{\rho^2} + \frac{q_1 a^2 - q_2 b^2}{b^2 - a^2} \\ \tau_{\rho\varphi} &= 0 \end{aligned} \right\} \qquad (2-31)$$

在内压力 $q_1 = 0$ 的条件下，试验数据表明，对厚壁管来说，内壁的应力大于或等于屈服强度时，将发生压溃失稳。屈服强度挤毁压力就以拉梅方程计算的在管子内壁产生最小屈服应力的压力为基础。

令 $\rho = a$，$\sigma_\varphi = \sigma_s$，可得屈服挤毁应力：

$$P_{YP} = 2\sigma_s \frac{D/t - 1}{(D/t)^2} \qquad (2-32)$$

2.3.2 塑性挤毁应力公式

用于塑性挤毁应力计算的公式及系数 A、B 和 C 是用统计学的回归分析方法对 402 根 K55 钢级、1440 根 N80 钢级及 646 根 P110 钢级无缝套管的挤毁试验推导出来的（API 5C3），各钢级的经验公式见表 2-2。给出的最小塑性挤毁应力公式基于有 95% 的可能性或可信度使得挤毁应力超过最小挤毁应力，并且失败率不超过 0.5%。

表 2-2 屈服强度挤毁压力的经验公式

钢 级	经 验 公 式
K55	$P_P = \dfrac{164450}{D/t} - 4181$
N80	$P_P = \dfrac{245600}{D/t} - 7291$
P110	$P_P = \dfrac{349800}{D/t} - 11875$

以上公式可以转化为下面的标准形式，以便应用外插法或内插法获得那些无法得到足够挤毁数据来直接获得挤毁公式的其他钢级的挤毁公式。

$$P_P = Y_P \left(\frac{A}{D/t} - B \right) - C$$

K55、N80 和 P110 钢级的系数 A、B、C 见表 2-3。

表 2-3 K55、N80 和 P110 钢级的系数

钢级	实 验 值			拟 合 值		
	A	B	C	A	B	C
K55	2.990	0.0541	1205	2.991	0.0541	1206
N80	3.070	0.0667	1955	3.071	0.0667	1955
P110	3.180	0.082	2855	3.181	0.0819	2852

可通过外插法或内插法来确定其他钢级的对应系数，如下：

$$A = 2.8762 + 1.0679 \times 10^{-6} \sigma_s + 2.1301 \times 10^{-11} \sigma_s^2 - 5.3132 \times 10^{-17} \sigma_s^3$$

$$B = 0.026233 + 5.0609 \times 10^{-7} \sigma_s$$

$$C = -465.93 + 0.030867 \sigma_s - 1.0483 \times 10^{-6} \sigma_s^2 + 3.6989 \times 10^{-14} \sigma_s^3$$

使用上述公式计算的 K55、N80 和 P110 钢级的系数拟合值也列于表 2-3。由回归分析方法得到的计算系数公式的最大偏差为 0.122%。

显然，塑性挤毁公式的推导是基于 55~110 钢级范围的实验，对于更高的钢级如 125 钢级以上，则需要得到更多的挤毁数据来验证，甚至在需要时加以修正。

2.3.3 弹性挤毁应力公式的推导

最小弹性挤毁应力公式是根据 1939 年 W. O. Clinedinst 提交给芝加哥（Chicago）API 年会的论文《外压作用下管子临界挤毁应力的有理表达式》一文中的理论弹性挤毁应力公式推导得出的[3]。

图 2-8 给出钢管的 1/4 截面。虚线代表原始位置，实线代表在外力作用下发生微小变形后的形状。设 AO、OD 是变形钢管的对称轴，可用力 S 和弯矩 M_0 来表示截去的下半圆对上半圆的作用力。在外应力 q 的作用下，A 处产生了 u_0 的形变，则任意 C 处的弯矩 M：

$$M = M_0 + q A_1 O \cdot AF - \frac{q}{2} A_1 C_1 \cdot AC \tag{2-33}$$

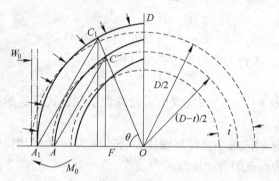

图 2-8 钢管受力分析

对于 $\triangle ACO$ 和 $\triangle A_1 C_1 O$，$A_1 C_1 = \dfrac{A_1 O}{AO} \cdot AC$，代入式（2-33），可得：

$$M = M_0 + \frac{q}{2} \frac{A_1 O}{AO} (2 AO \cdot AF - AC^2) \tag{2-34}$$

对于 $\triangle ACO$，$2 AO \cdot AF - AC^2 = AO^2 - OC^2$，代入式（2-34），可得：

$$M = M_0 - \frac{q}{2} \frac{A_1 O}{AO} (OC^2 - AO^2) \tag{2-35}$$

而 $AO = \dfrac{D-t}{2} - u_0$，$A_1 O = \dfrac{D}{2} - u_0$，$OC = \dfrac{D-t}{2} - u$，忽略微小位移 u_0 和 u 的平方项以及 $\dfrac{2u_0}{D}$ 微量项，则有弯矩公式：

$$M = M_0 - q \frac{D}{2} (u_0 - u) \qquad (2-36)$$

在设定弯矩线性分布的条件下，有如下微分方程[6]：

$$\frac{\mathrm{d}^2 u}{\mathrm{d}\theta^2} + u = -\frac{3 \left(\frac{D}{t} - 1 \right)^2 (1 - \mu^2)}{Et} M \qquad (2-37)$$

将推导出来的弯矩公式（2-36）代入，则得位移的微分方程：

$$\frac{\mathrm{d}^2 u}{\mathrm{d}\theta^2} + uk^2 = -\frac{3 \left(\frac{D}{t} - 1 \right)^2 (1 - \mu^2)}{Et} \left(M_0 - \frac{qDu_0}{2} \right) \qquad (2-38)$$

式中，$k^2 = 1 + \dfrac{3 \left(\dfrac{D}{t} - 1 \right)^2 (1 - \mu^2)}{2Et} q$，其一般解为：$u = A\sin k\theta + B\cos k\theta + f(q)$，$f$ 为其他不含 θ 的项。上式对 θ 取微分，则有：$\dfrac{\mathrm{d}u}{\mathrm{d}\theta} = Ak\sin k\theta - Bk\cos k\theta$。

由 A、D 两点的对称性可知：

$$\left. \frac{\mathrm{d}u}{\mathrm{d}\theta} \right|_{\theta=0} = 0, \quad \left. \frac{\mathrm{d}u}{\mathrm{d}\theta} \right|_{\theta=\frac{\pi}{2}} = 0$$

由前一个条件可得 $A = 0$，由第二个条件可得：$\sin \dfrac{k\pi}{2} = 0$，这一方程不为零的最小的根是 $k = 2$，由此得出弹性挤毁的应力为：

$$P_E = \frac{2E}{1 - \nu^2} \times \frac{1}{(D/t) \left[(D/t) - 1 \right]^2} \qquad (2-39)$$

式中　　E——弹性模量，单位为磅每平方英寸（psi）；

　　　　ν——泊松比。

假设 $E = 30 \times 10^6$ 及 $\nu = 0.3$，会发现由理论弹性挤毁公式得到的挤毁压力将大于由试验确定的挤毁压力。

1968 年 API 标准采纳的最小弹性挤毁压力公式取 75% 的平均弹性挤毁压力公式，并圆整至三位小数，即为现在的弹性挤毁应力公式。

2.3.4　过渡挤毁应力公式的推导

当平均塑性挤毁应力公式的曲线延伸至较高的 D/t 值时，将与平均弹性挤毁应力公式的曲线相交。然而，当最小塑性挤毁应力公式曲线延伸至较高的 D/t 值时，将位于最小弹性挤毁应力曲线的下方，而不与之相交。为了克服这种异常现象，建立了塑/弹性过渡挤毁应力公式。此公式的曲线与使得平均塑性挤毁应力值为零的 D/t 值处的曲线相交，并且与最小弹性挤毁应力公式的曲线相切。此公式被用来确定在与弹性挤毁应力公式曲线相切及与塑性挤毁应力公式曲线相交区域间的最小挤毁应力。N-80 钢级套管过渡挤毁应力公式的推导如图 2-9 所示。

塑/弹性过渡挤毁应力公式如下：

$$P_T = \sigma_s \left(\frac{F}{D/t} - G \right) \qquad (2-40)$$

式中 P_T——最小过渡挤毁应力，单位为磅每平方英寸（psi）。

上面提及的两个条件为：

（1）与平均塑性挤毁应力公式曲线相交于 $P_{pav} = 0$ 点；

（2）与最小弹性挤毁应力公式的曲线相切。

因而，F、G 值可以通过如下公式来求得：

$$F = \frac{46.95 \times 10^6 \left(\frac{3B/A}{2 + B/A}\right)^3}{\sigma_s \left(\frac{3B/A}{2 + B/A} - B/A\right)\left(1 - \frac{3B/A}{2 + B/A}\right)^2}$$

$$G = FB/A$$

计算挤毁应力的公式适用的 D/t 范围是由相邻的挤毁公式共同决定的公式来计算的，见表 2 – 1。

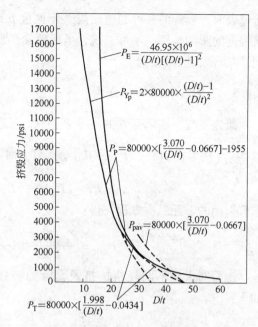

图 2 – 9　N – 80 钢级套管过渡挤毁应力公式推导

2.4 挤毁应力的其他公式

2.4.1 轴向拉伸应力下的挤毁应力

轴向应力作用下套管的挤毁应力 Y_{pa} 是由将屈服应力修正为轴向应力等效值再计算的：

$$Y_{pa} = \left[\sqrt{1 - 0.75\left(S_a/\sigma_s\right)^2} - 0.5 S_a/\sigma_s\right]\sigma_s \qquad (2 – 41)$$

式中　Y_{pa}——轴向应力等效值的屈服强度，单位为磅每平方英寸（psi）；

S_a——轴向应力（拉伸为正），单位为磅每平方英寸（psi）；

σ_s——管子最小屈服强度，单位为磅每平方英寸（psi）。

2.4.2 内压对挤毁的影响

API 还给出外部应力及内部应力联合作用下的等效外部应力 P_e：

$$P_e = P_o - \left[1 - 2/(D/t)\right]P_i \qquad (2 – 42)$$

其中，内部应力作用于管子内壁，而外部应力作用于管子外壁。P_i 为内应力，P_o 为外应力，单位均为磅每平方英寸（psi）。

上述 API 标准给出的挤毁公式中，根据不同直径、壁厚比，将套管的挤毁应力分为屈服挤毁、塑性挤毁、弹塑性挤毁以及弹性挤毁等四种类型，而未考虑管体不圆度和壁厚不均度等初始几何缺陷的影响。

套管设计时应用最多的是其中的塑性挤毁公式和弹塑性挤毁公式，它们都是由试验数据经过数理回归统计计算而得到的，仅提供了基本的输入参数，并没有考虑具体的缺陷对套管抗挤强度的影响，不能用来计算高抗挤套管和具有确定的制造缺陷的 API 套管。大量研究表明，套管的各种制造缺陷（不圆度 μ、壁厚不均度 δ、残余应力 σ_r 等）对套管抗挤强度的影响显著，不可忽视，虽然随着套管制造工艺水平的不断提高，套管制造质量得到了显著改进。

2.4.3 玉野（Tamano）公式

研究发现，实际套管的抗挤强度 P_c 与理想套管的临界外压之间大致有以下近似关系[4]：$(P_c - P_e)(P_c - P_y) = f\left(\mu, \delta, \dfrac{\sigma_s}{\sigma_r}\right)$，即：

$$P_c^2 - (P_e + P_y)P_c + P_e P_y (1 - f) = 0 \tag{2-43}$$

求解上面的一元二次方程，得：

$$P_{cult} = \frac{P_e + P_y}{2} - \sqrt{\frac{(P_e - P_y)^2}{4} + P_e P_y H_{ult}} \tag{2-44}$$

玉野对大量不同规格抗挤毁套管的挤毁数据进行统计分析，确定了公式中的常数如下：

$$P_e = 1.08 \times \frac{2E}{1 - \nu^2} \frac{1}{m(m-1)^2}, \quad P_y = 2\sigma_s \frac{m-1}{m^2}\left(1 + \frac{1.5}{m-1}\right),$$

$$H_{ult} = 0.071\mu + 0.0022\delta - 0.18 \times \frac{\sigma_r}{\sigma_s}, \quad \mu = 100 \times \frac{D_{max} - D_{min}}{D_{av}}, \quad \delta = 100 \times \frac{t_{max} - t_{min}}{t_{av}}, \quad m = \frac{D}{t}$$

可以看出套管的抗挤强度 P_{cult} 是弹性模量（E）、屈服强度（σ_s）、残余应力（σ_r）、外径（D）以及壁厚（t）的函数。

管体残余应力[5]按公式计算：

$$\sigma_r = \frac{Et}{1 - \nu^2}\left(\frac{1}{D_0} - \frac{1}{D_f}\right) \tag{2-45}$$

式中 E——弹性模量（可取 $E = 205950$ MPa）；

     t——平均壁厚；

     D_0——套管切开前外径；

     D_f——套管切开后外径；

     ν——泊松比（取 $\nu = 0.29$）。

管体残余应力也可按公式 $\sigma_r = \dfrac{Et}{1 - \nu^2} \dfrac{t(D_0 - D_f)}{(D_0 - t)(D_f - t)}$ 计算，其值稍大。

API SPEC 5CT 规定套管外径的允许公差为 $D_{-0.50\%}^{+1.00\%}$，不圆度最大可达 1.5%。以 P110 钢级套管为例，对影响套管抗挤强度的不圆度、壁厚不均度、残余应力等进行参数敏感性分析，计算表明，套管的抗挤强度随其不圆度的增加近似呈线性比例下降，即不圆度每增加 0.1%，抗挤强度相应降低 1.5% 左右。

API SPEC 5CT 规定壁厚负公差 $-12.5\% t$，计算表明，套管的抗挤强度随其壁厚不均度的增加也近似呈线性比例下降，即壁厚不均度每增加 1%，抗挤强度相应降低 1% 左右。

套管在生产过程中形成残余应力主要有两处：一是轧制、定减径以及矫直过程中由于不均匀变形产生的残余应力；二是在调质处理的淬火过程中产生的残余应力。在回火热处理之前，由于轧制、定减径和淬火过程产生的残余应力可通过回火加以松驰，而回火之后进行的矫直工序，则是套管产生残余应力的主要来源。计算表明，套管的抗挤强度随 σ_r/σ_s 的增加也近似呈线性比例下降，即 σ_r/σ_s 每增加 0.1%，抗挤强度相应降低 2.5% 左右。可见，残余应力对套管抗挤强度的影响最为显著。

有关研究表明，经过淬火及回火后，套管内表面为拉应力，外表面为压应力状态，拉、压应力均在 100MPa 左右；在轻度冷矫直后，应力分布在壁厚方向上有所变化，内表面仍为拉应力，壁厚中间部位为压应力，外表面则变为拉应力。应力释放后，残余应力的分布形式未变，但数值大大减小（小于 50MPa）。对于严重冷矫直及最严重冷矫直情况下壁厚中间部位的残余应力分布，则是内表面为压应力，外表面为拉应力。壁厚中间部位存在应力为零的中性区，其数值在 ±100 ~ ±400 之间变化，这种现象显然与矫直过程中反复变形有关。考虑到套管残余应力对挤毁应力的影响可用如下公式计算[6]：

$$\frac{P_{cr}}{P_c} = 1 - \frac{0.8\sigma_r}{\sigma_s} \quad （从内表面屈服） \tag{2-46}$$

$$\frac{P_{cr}}{P_c} = 1 - \frac{2(1 - 0.8\sigma_r/\sigma_s)}{1 + (1 - 2t/D)} \quad （从外表面屈服） \tag{2-47}$$

由此可见，残余应力会对挤毁强度产生很大的影响。

研究认为，通过优化孔型设计、多机架均整及定径等工艺技术，可以将套管的不圆度、壁厚不均度控制在较小的范围内，从而提高套管的抗挤毁性能。另外，通过高温回火避免冷矫直，消除残余应力或改变其分布状态也是一种有效的方法。

2.5 压溃强度计算公式的适用性

人们已从力学角度，大量地系统研究了套管压溃失效机理、影响因素、标准规范以及高抗挤套管的生产制度等。目前，人们普遍认为，套管的抗挤毁性能主要取决于材质的屈服强度、残余应力、套管径厚比值、尺寸精度（套管不圆度、壁厚偏差）等结构力学方面的因素，形成了一系列理论计算模型，但是这些理论模型都没有考虑到套管材料微观结构的变化对抗挤强度的影响。

现有的压溃强度计算公式中，套管设计时常用的塑性挤毁公式和弹塑性挤毁公式，都是根据 K55、N80、P110 三个钢级的试验数据经拟合后得到的。随着科学技术水平的提高以及生产厂家生产工艺技术水平的提升，在保证足够韧性的同时，套管的屈服强度达到 160 钢级以上[7]，实际水平已接近 180 钢级。表 2-4 为宝钢高强度抗挤套管的屈服强度范围。

表 2-4 高钢级套管强度级别的设定

钢级牌号	屈服强度/MPa	最低抗拉强度/MPa	硬度 HRC
BG130TT	896 ~ 1034	930	28.5
BG140TT	965 ~ 1135	1034	32.3
BG150TT	1034 ~ 1205	1103	35
BG160TT	1103 ~ 1270	1138	37

GB/T 20657—2006 "石油天然气工业套管、油管、钻杆和管线管性能公式及计算"根据 API 5C3 标准将不同钢级 D/t 的取值范围所适用的挤毁应力形式拓展到了 180 钢级，

见表2-5。其中，D/t值圆整至两位小数，中间计算采用八位数，并将挤毁应力值圆整至最接近的10psi。

表2-5 不同类型挤毁应力公式的 D/t 范围

钢级/kpsi	D/t 范围			
	屈服挤毁（≤）	塑性挤毁	过渡挤毁	弹性挤毁（≥）
40	16.40	16.40~27.01	27.01~42.64	42.64
50	15.24	15.24~25.63	25.63~38.83	38.83
55	14.81	14.81~25.01	25.01~37.21	37.21
60	14.44	14.44~24.42	24.42~35.73	35.73
70	13.85	13.85~23.38	23.38~33.17	33.17
75	13.60	13.60~22.91	22.91~32.05	32.05
80	13.38	13.38~22.47	22.47~31.02	31.02
90	13.01	13.01~21.69	21.69~29.18	29.18
95	12.85	12.85~21.33	21.33~28.36	28.36
100	12.70	12.70~21.00	21.00~27.60	27.60
105	12.57	12.57~20.70	20.70~26.89	26.89
110	12.44	12.44~20.41	20.41~26.22	26.22
120	12.21	12.21~19.88	19.88~25.01	25.01
125	12.11	12.11~19.63	19.63~24.46	24.46
130	12.02	12.02~19.40	19.40~23.94	23.94
135	11.92	11.92~19.18	19.18~23.44	23.44
140	11.84	11.84~18.97	18.97~22.98	22.98
150	11.67	11.67~18.57	18.57~22.11	22.11
155	11.59	11.59~18.37	18.37~21.70	21.70
160	11.52	11.52~18.19	18.19~21.32	21.32
170	11.37	11.37~17.82	17.82~20.60	20.60
180	11.23	11.23~17.47	17.47~19.93	19.93

将不同钢级的 D/t 取值范围示于图2-10，可以看出，随着钢级的增大，屈服挤毁区域和塑性挤毁区域变化不显著，而过渡挤毁区域逐渐缩小，弹性挤毁区域逐渐增大。

然而，不同类型的挤毁公式在更高的钢级下，如130以上钢级，是否还能适用，目前也需大量的试验工作来验证与修正。

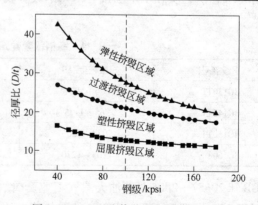

图2-10 D/t 取值范围与钢级的关系

本章从弹性力学出发，给出了钢管经典挤毁应力即屈服挤毁、塑性挤毁、弹塑性挤毁以及弹性挤毁四种类型公式的推导过程，介绍了存在内压、拉伸应力以及存在制造缺陷条件下套管的挤毁应力公式。由于考虑了钢管的几何尺寸以及残余应力等因素，玉野公式仍是目前预测钢管抗挤强度的常用公式之一。然而，目前套管设计常用的公式是基于低钢级套管大量压溃试验数据的基础上构建的，挤毁公式在更高的钢级下是否还能适用，尚需深入研究来验证或修正。

参考文献

[1] API Bul 5C3 套管、油管、钻杆和管线管性能的公式和计算公报 [S].

[2] 徐芝纶. 弹性力学 [M]. 北京：高等教育出版社，2006.

[3] Clinedinst W O. A rational expression for the critical collapse of pipe under external pressure [J]. Drilling and Production Practice, 1939, API 1940: 383~391.

[4] Tamano T, Mimake T, Yanagimoto S A. New empirical formula for collapse resistance of commercial casing [J]. Journal of Energy Resources Technology, 1983, 43 (5): 117~121.

[5] 米谷茂. 残余应力的产生和对策 [M]. 北京：机械工业出版社，1983.

[6] 张毅，宋箭平，陈建初. 抗挤套管的试验研究 [J]. 钢管，2002，31 (2)：13~16.

[7] 田青超. 宝钢抗挤毁套管产品的技术特征 [J]. 北京科技大学学报，2012，34 (S1)：74~79.

3 抗挤套管的生产

钢管可分为无缝钢管和焊接钢管（有缝管）两大类。无缝钢管是用钢锭或实心管坯经穿孔制成毛管，然后经热轧、冷轧或冷拔制成，因此无缝钢管因其制造工艺不同，又分为热轧（挤压）无缝钢管和冷拔（轧）无缝钢管两种。焊接钢管也称焊管，是用钢板或钢带经过弯曲成型，然后经焊接制成，按焊缝形式分为直缝焊管和螺旋焊管。抗挤毁套管一般由无缝钢管机组生产的热轧管经热处理与管加工后制造而成，因此无缝管热轧工艺是本文介绍的重点。宝钢除了大规模生产无缝抗挤毁套管之外，还使用焊管机组进行抗挤毁焊管生产的研发和实践。

3.1 无缝钢管工艺流程

热轧无缝管的原料一般是圆管坯。管坯经过切断设备加工成一定长度的坯料，送到加热炉内加热，炉温约1250℃左右，燃料为煤气或天然气。管坯出炉后经过穿孔机进行穿孔。常见的穿孔机是锥形辊穿孔机，这种穿孔机生产效率高，产品质量好，穿孔扩径量大，可穿多钢种钢管。穿孔后，毛管经斜轧、连轧或挤压，经定减径设备进行减径、定径。然后钢管上冷床进行冷却，再经矫直后进行切头、切尾、取样等。热轧（挤压无缝钢管）工序流程为：圆管坯—检查—修磨—切断—加热—穿孔—斜轧、连轧或挤压—再加热—定径（或减径）—冷却—矫直—切头、切尾、取样—检查修磨（或探伤）—包装—入库。

冷拔（轧）无缝钢管的轧制方法较热轧（或挤压）复杂。其工艺流程前几步基本相同。从管坯穿孔后开始，毛管经打头后退火。然后经酸洗、磷化、皂化，再进行多道次冷拔（冷轧），冷拔（轧）无缝钢管工序流程为：圆管坯—加热—穿孔—打头—退火—酸洗—磷化、皂化—多道次冷拔（冷轧）—退火—矫直—切头、切尾、取样—检查修磨（或探伤）—包装—入库。冷拔钢管由于存在很高的残余应力，用来生产高抗挤套管时需要进行充分的去应力退火。

热轧无缝钢管生产的主要变形工序有三道：穿孔、轧管和定减径。

穿孔是将实心的管坯变为空心的毛管，相应的设备称为穿孔机。穿孔工艺的基本要求是要保证穿出的毛管壁厚均匀、椭圆度小、几何尺寸精度高，另外毛管的内外表面要较光滑，不得有结疤、折叠、裂纹等缺陷。穿孔速度和轧制周期要适应整个机组的生产节奏，使毛管的终轧温度能满足后续轧管机的要求。

轧管是将厚壁的毛管变为接近成品壁厚的薄壁的荒管的工序（通过轧管减壁延伸工序后的管子一般称为荒管），可以视为定壁，即根据后续的工序减径量和经验公式确定该工序荒管的壁厚值，相关设备称为轧管机。轧管工艺的要求是将厚壁毛管变成薄壁荒管时，首先要保证荒管具有较高的壁厚均匀度，其次荒管要具有良好的内外表面质量。

定减径（包括张减）工序是将荒管的大圆变小圆，简称定径，相应的设备为定（减）

径机，其主要作用是消除前道工序轧制过程中造成的荒管外径不一，以提高热轧成品管的外径精度和不圆度。定减径工艺要求在一定的总减径率和较小的单机架减径率条件下来达到定径的目的，从而实现可使用同一种规格管坯生产多种规格成品管的任务。定减径工艺可进一步改善钢管的外表面质量。

3.2 穿孔工艺

管坯穿孔的目的是将实心的管坯穿成要求规格的空心毛管。对于圆管坯而言，主要采用斜轧穿孔的方法。斜轧穿孔工艺被广泛用于无缝钢管的生产始于 1884 年，曼内斯曼兄弟在生产中发现旋转横锻出现"孔腔"这一重要现象。由于管坯高速的自转产生离心力，同时由于旋转使其同一部位受到轧辊的压应力和导盘的拉应力不断转换形成的交变应力，管状断面轧件在中心会形成一个中心疏松区域。区域内金属产生一个向外的运动趋势，但由于在内部复杂的应力作用下达到平衡，并没有发生变化或产生局部较小破裂现象。当有外力作用于中心时就打破了内部复杂的应力平衡，使内部金属顺利地向外运动，这就是穿孔的基础[1]。因此，斜轧实心管坯时，在顶头接触管坯时容易出现金属中心破裂现象，当大量裂口发展并相互连接，扩大成片以后，金属连续性被破坏，这时形成中心空洞即孔腔，见图 3-1。在顶头前过早形成孔腔，会造成大量的内折缺陷，恶化钢管内表面质量，甚至形成废品，因此在穿孔工艺中力求避免过早形成孔腔。

影响孔腔形成的主要因素有变形的不均匀性、管坯椭圆度以及钢的高温塑性等。

不均匀变形程度主要取决于坯料每半转的压缩量（称为单位压缩量），生产中指顶头前压缩量。顶头前

图 3-1 管坯孔腔

压缩量越大则变形不均匀程度也越大，导致管坯中心区的切应力和拉应力增加，从而容易促进孔腔的形成；穿孔过程中在管坯横断面上存在着很大的不均匀变形，管坯椭圆度越大则不均匀变形也越大。按照体积不变定律，横向变形越大则纵向变形越小，将导致管坯中心的横向拉应力、切应力以及反复应力增加，加剧了孔腔的形成趋势；钢的高温塑性由钢的化学成分、金属冶炼质量以及金属组织状态所决定，而组织状态又受到管坯加热温度和时间的影响。一般来说，塑性低的金属穿孔性能差，容易产生孔腔。

3.2.1 斜轧穿孔机

斜轧穿孔机按照轧辊的形状可分为锥形辊（也称菌式）穿孔机、盘式穿孔机和桶形辊（辊式）穿孔机，见图 3-2。按照轧辊的数目又可分为二辊斜轧穿孔机和三辊斜轧穿孔机。不管轧辊的形状如何不同，为了保证管坯咬入和穿孔过程的实现，斜轧穿孔机都由穿孔锥（轧辊入口锥）、辗轧锥（轧辊出口锥）和轧辊压缩带三部分组成，轧辊压缩带即由入口锥到出口锥之间的过渡部分。

锥形辊穿孔机和桶形辊穿孔机是当今广泛使用的主要机组。比较而言，桶形辊穿孔机的轧辊可以上下和左右布置，而锥形辊穿孔机的轧辊只能上下布置；桶形辊穿孔机的轧辊由两个锥形组成，锥形辊穿孔机的轧辊由一个锥形组成；桶形辊穿孔机的轧件速度变化为

小-大-小, 锥形辊穿孔机的轧件速度随轧辊直径的增加从小逐步增大; 毛管在孔型中的宽展, 锥形辊穿孔机要小些, 更有利于金属的轴向延伸变形, 附加变形小, 毛管内表面质量好, 壁厚精度较桶形辊穿孔机高; 锥形辊穿孔机的延伸系数比桶形辊穿孔机大, 轧管机的变形量分配可以前移, 变形分配较灵活[2], 更适合穿孔薄壁毛管, 从而可以减少轧管机组的机架数目。

二辊式穿孔机主要有带导辊的穿孔机、带导板的穿孔机和带导盘的穿孔机。带导辊的穿孔机一般不常见, 只用于穿轧软而黏的有色金属, 如铜管、钛管等。带导板的穿孔机具有孔

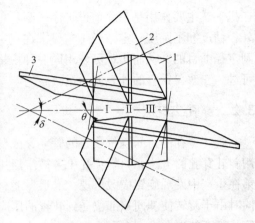

图 3-2   三种形式的斜轧穿孔机
1—辊式; 2—菌式; 3—盘式
I —入口锥; II —轧制带; III —出口锥

型封闭好、接触变形区长、毛管壁厚可以更薄的特点。带导盘的穿孔机的特点是: 生产率高。这是由于主动导盘对轧件产生轴向拉力作用, 导致毛管轴向速度增加, 最快可以达到 3~4 支/min; 由于导盘的轴向力作用, 管坯咬入较为容易, 减少了形成管端内折的可能性, 也可以提高壁厚的精度; 另外, 导盘比导板有较高的耐磨性, 从而减少了换工具的时间并提高了工具的寿命。

三辊式穿孔机的特点是: 由于三个辊呈等边三角形布置, 在变形中管坯横断面的椭圆度小; 三个辊都是驱动的, 仅存在顶头上的轴向力, 因而穿孔速度较快, 但顶头上的轴向阻力比二辊式大; 在轧制实心管坯时, 由于管坯始终受到三个方向的压缩, 加上椭圆度小, 一般在管坯中心不会产生破裂, 即形成孔腔, 从而保证了毛管内表面质量。这种变形方式更适合穿孔高合金钢管。三个轧辊穿孔时坯料和顶头容易保正对中, 因此毛管几何尺寸精度高, 即毛管横断面壁厚偏差小。因穿孔薄壁毛管时容易形成尾三角, 使毛管尾端卡在轧辊辊缝中, 更适合穿孔中厚壁毛管。

3.2.2   斜轧穿孔过程

穿孔机轧辊是向同一方向旋转, 且轧辊轴相对轧制轴线倾斜, 相交一个角度, 称作前进角 β。当圆管坯送入轧辊中, 靠轧辊和金属之间的摩擦力作用, 轧辊带动圆管坯/毛管反向旋转, 由于前进角的存在, 圆管坯/毛管在旋转的同时向轴向移动, 在变形区中圆管坯/毛管表面上每一点都是螺旋运动, 即一边旋转, 一边前进。斜轧穿孔整个过程可以分为三个阶段[3]。

第一个不稳定过程: 管坯前端金属逐渐充满变形区阶段, 即管坯同轧辊开始接触 (一次咬入) 到前端金属出变形区, 这个阶段存在一次咬入和二次咬入。一次咬入是轧件与轧辊接触而产生的摩擦力将轧件拉入变形区 (此时轧件是做螺旋运动), 二次咬入是轧件与顶头接触时, 轧辊与轧件间的剩余摩擦克服顶头的阻力, 将金属继续拉入变形区。

稳定过程: 这是穿孔过程主要阶段, 从管坯前端金属充满变形区到管坯尾端金属开始离开变形区为止。

第二个不稳定过程: 管坯尾端金属逐渐离开变形区到金属全部离开轧辊为止。

稳定过程和不稳定过程有着明显的差别，这在生产中很容易观察到。如一只毛管上头尾尺寸和中间尺寸就有差别，一般是毛管前端直径大，尾端直径小，而中间部分是一致的。头尾尺寸偏差大是不稳定过程特征之一。造成头部直径大的原因是：前端金属在逐渐充满变形区中，金属同轧辊接触面上的摩擦力是逐渐增加的，到完全充满变形区才达到最大值，特别是当管坯前端与顶头相遇时，由于受到顶头的轴向阻力，金属向轴向延伸受到阻力，使得轴向延伸变形减小，而横向变形增加，加上没有外端限制，从而导致前端直径大。尾端直径小，是因为管坯尾端被顶头开始穿透时，顶头阻力明显下降，易于延伸变形，同时横向展轧小，所以外径小。

穿孔过程中出现的前卡、后卡也是不稳定的特征之一。虽然三个过程有所区别，但它们都在同一个变形区内实现。变形区是由轧辊、顶头、导盘（导板）构成的。前卡是由于生产中上、下导板窜位、脱落阻碍了钢坯旋转前进。中卡是由钢坯加热不均和钢坯不直、弯度太大所致，同时也有顶头生产一半时拧碎所致。后卡的原因则可能是：

（1）水压太小或水管阻塞导致顶头熔化所致。

（2）辊距太小、顶头过分靠后所致。

（3）实际轧制中心线太低所致。

穿孔变形区大致可分为四个区段，见图3-3。Ⅰ区称为穿孔准备区。Ⅰ区的主要作用是为实现管坯的一次咬入和顺利实现二次咬入，储存足够的剩余摩擦。这个区段的变形特点是：由于轧辊入口锥表面有锥度，沿穿孔方向前进的管坯逐渐在直径上受到压缩，被压缩的部分金属一部分向横向流动，其坯料坡面由圆形变成椭圆形，一部分金属轴向延伸，使表层金属发生形变，因此在坯料前端形成一个"喇叭口"状的凹陷。此凹陷和定心孔保证了顶头鼻部对准坯料的中心，从而可以减小毛管前端的壁厚不均。

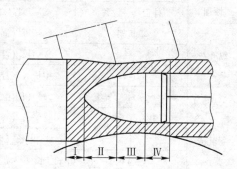

图3-3 穿孔变形区

Ⅰ—穿孔准备区；Ⅱ—穿孔区；
Ⅲ—均整区；Ⅳ—规圆区

Ⅱ区称为穿孔区。该区的作用是穿孔、减壁，直接承受穿孔变形，即由实心坯变成空心的毛管，该区的长度为从金属与顶头相遇开始到顶头圆锥带为止，其变形特点主要是壁厚减薄，由于轧辊表面与顶头表面之间距离是逐渐减小的，因此毛管壁厚是一边旋转，一边压下。这个区段的变形参数以直径相对压下量来表示，直径上被压下的金属同样可向横向流动（扩径）和纵向流动（延伸），但横向变形受到导盘的阻止作用，因此纵向延伸变形是主要的。导盘的作用不仅可以限制横向变形而且还可以拉动金属向轴向延伸，由于横向变形的结果，横截面呈椭圆形。

Ⅲ区称为均整区。该区的作用是平整毛管内外表面和均匀毛管壁厚，即通过辗轧均整、改善管壁尺寸精度和内外表面质量，由于顶头母线与轧辊母线近似平行，所以压下量是很小的，主要起均整作用。轧件横截面在此区段也是椭圆形，并逐渐减小。

Ⅳ区称为规圆区。该区的作用是把椭圆形的毛管，靠旋转的轧辊逐渐减小直径上的压下量到零，而把毛管转圆，该区长度很短，在这个区变形实际上是无顶头空心毛管塑性弯曲变形，变形力也很小。

变形过程中四个区段是相互联系的，而且是同时进行的，金属横截面变形过程是由圆变椭圆再规圆的过程。

3.3 轧管工艺及设备

轧管是钢管成型过程中最重要的一个工序环节。这个环节的主要任务是按照成品钢管的要求将厚壁的毛管减薄至与成品钢管相适应的程度。即这个环节不仅要考虑到后继定、减径工序时壁厚的变化，还要考虑到提高毛管的内外表面质量和壁厚的均匀度。

轧管减壁方法的基本特点是在毛管内安上刚性芯棒，由外部工具（轧辊或模孔）对毛管壁厚进行压缩减壁。依据变形原理和设备特点的不同，它有许多种生产方法，如表3-1所示。一般习惯根据轧管机的形式来命名热轧机组。据不完全统计，"十一五"末，我国拥有无缝钢管机组近350台（套），产能超过了3200万吨。具有世界先进和较先进水平的各类热轧无缝钢管机组108台（套），其技术装备水平已达到世界领先水平。

表 3-1 轧管减壁的工艺方法

变形原理	设备、工具特点		加工工艺方式	延伸系数
	外工具、设备	芯 棒		
纵轧法	单机架	短（固定）	自动轧管机（plug mill）	1.5~2.1
	多机架连轧	长（浮动）	MM	3~4.5
		中长（半浮、限动）	Neuval-R, MRK-S、MPM、PQF	3~6.5
斜轧法	二辊 导板	短（固定、限动）	二次穿孔、延伸机	<2.5
	二辊 导盘	长（浮动）	狄舍尔延伸机（Diescher）	2~5.0
		中长（限动）	Accu-Roll	2~5.0
	三 辊	中长、长（浮动、限动、回退）	三辊轧管机（Assel, Transval）	1.3~3.5
	多 辊	中长（固定）	行星轧管机（PSW）	5~14
锻轧法	周期断面辊	中长（往复）	周期式轧管机（Pilger）	8~15
顶管法	一列模孔	长（与出口管端同步）	顶管机	4~16.5
挤压法	单模孔	中长（固定）	挤压机	1.2~30

轧管机分单机架和多机架。单机架有自动轧管机、阿塞尔轧机（Assel）、Accu-Roll等，斜轧管机都是单机架的；连轧管机都是多机架的，通常4~8个机架，如MPM、PQF等。目前主要使用连轧（属于纵轧）与斜轧两种轧管工艺（见表3-1）。斜轧生产的钢管管壁厚度波动较小，但轧制过程中轧件经受的应力很大，而纵轧具有更高的生产能力和表面质量。抗挤套管的生产主要采用纵轧法和斜轧法两种工艺，故锻轧法、顶管法、挤压法在本书中不作介绍。

纵轧是指轧件的运行方向（轴线）与轧辊轴线垂直，轧件作直线运动。斜轧时，轧件的运行方向（轴线）与轧辊轴线既不垂直也不平行，而呈一定的夹角，轧件除了进行前进运动外，还绕本身轴线旋转，作螺旋前进运动。斜轧过程中存在着两种变形，即基本变形（或宏观变形）和附加变形（称不均匀变形）。

斜轧过程中，基本变形是指外观形状的变化，这种变形是直观的，如由实心圆管坯变成空心的毛管，基本变形完全是几何尺寸的变化，与材料的性质无关，而且基本变形取决于变形区的几何形状（由工具设计和轧机调整所决定）。附加变形包括扭转变形、纵向剪切变形等。附加变形是由于金属各部分的变形不均匀产生的，附加变形会造成变形能量增加，以及由于附加变形所引起的附加应力，使钢管组织发生更大的变化，也容易导致毛管内外表面上和内部产生缺陷。

无论是纵轧还是斜轧，轧管时也会发生轧卡现象，这是连续轧管机生产中的严重事故，是由于连轧条件受到破坏，使金属无法继续变形延伸，并使管子停止前进。造成轧卡的原因有：

（1）各机架的转速设定值与实际值不符。

（2）轧辊的工作直径计算输入不正确。轧辊直径、辊缝值、标准直径不正确会引起同样的后果。

（3）润滑不良或没有润滑。影响润滑的所有因素、恶化润滑条件都将引起同样的后果。

（4）各机架的调整不当，装辊不好。

（5）钢温过低或芯棒温度低，转速摆动调节不当。

（6）空心坯壁厚过大。

（7）电气故障。

（8）轧辊突然断裂。

（9）轧辊冷却水工作不正常。

3.3.1 连续轧管机组

连轧管机是在毛管内穿入长芯棒后，经过多机架顺序布置且相临机架辊缝互错（二辊式辊缝互错90°；三辊式辊缝互错60°）的轧辊轧成钢管。应用连轧管机是当今最广泛应用的纵轧钢管方法。在连轧管机轧制过程中，轧件变形实际上是在多组（4~8组）轧辊与芯棒的反复作用下从圆到椭圆、椭圆再到圆的过程。

连轧管机的发展历史悠久，早在19世纪末就有尝试在长芯棒上进行轧管的，但由于种种原因，至1950年世界上仅有6台连轧管机。1960年后，随着科学技术的进步和生产的发展，在浮动芯棒连轧管机的基础上，限动芯棒连轧管机于20世纪60年代中期进行了工艺试验。1978年，世界上第一套限动芯棒连轧管机（MPM）在意大利达尔明钢管厂建成投产，连轧管工艺发展到了一个新的水准。20世纪90年代末又推出了三辊连轧管机（PQF）技术，使连轧管工艺装备跃上了更高的台阶。

连轧管机在PQF出现以前，都是二辊式的，即由两个轧辊为一组组成孔型，二辊式的机架既有与地面呈45°交错布置的，也有与地面垂直、水平交错布置的，见图3-4。PQF为三辊式的，即由三个轧辊为一组组成孔型。MPM与PQF孔型构成见图3-5。连轧管时，孔型顶部的金属由于受到轧辊外压力和芯棒内压力作用而产生轴向延伸，并向圆周横向宽展，而孔型侧壁部分的金属与芯棒不接触，但它在顶部轴向延伸的金属对它附加的拉应力作用下产生轴向延伸，并同时产生轴向收缩。不论二辊式的还是三辊式的连轧管机，按芯棒的运行方式都可分为浮动芯棒连轧管机、半浮动芯棒连轧管机以及限动芯棒连轧管机三种形式。

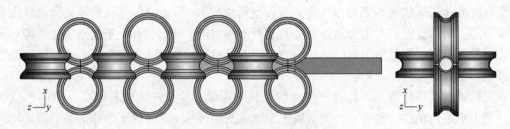

图 3-4 二辊连轧管机轧辊布置

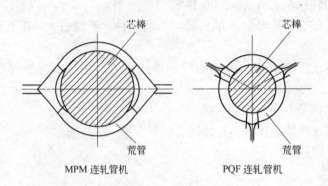

MPM 连轧管机   PQF 连轧管机

图 3-5 连轧管孔型构成

3.3.1.1 浮动芯棒连轧管机（或全浮动芯棒连轧管机）

浮动芯棒连轧管机英文为 Mandrel Mill（简称 MM），一般设有 8 个机架，如宝钢的 φ140 mm 机组。连轧管时，荒管可以看做是在不同直径的轧辊间连续轧制形成的。穿在钢管中的芯棒可以看做是曲率半径无穷大的内轧辊。浮动芯棒轧制时，芯棒除受到轧辊经轧件传递来的作用力外，再无其他外力作用。当轧件头部经第一机架咬入后，随着轧件逐一走向后面的延伸机架，作用在芯棒上的机架数相继增多，故芯棒速度不断提高，轧制力急剧升高，这个阶段称为"咬入"阶段，见图 3-6。当轧件头部进入最末机架后，整个轧件处在连轧管机所有机架的轧制中，芯棒速度维持不变，轧制力相对平稳，这个阶段称为"稳定轧制"阶段。当轧件尾部离开第一机架后，芯棒速度逐渐提高，直到轧出，这个阶段称为"抛钢"阶段。轧辊工作圆周速度是按"稳定轧制"状态下设定的。轧制过程中轧件遵循着体积不变的定律，然而由芯棒引起的轧件速度的升高，使流入后面机架的金属必然增多，也就是说，后面的机架由芯棒送入了比其设定的轧辊圆周速度所允许的还要多的金属，这就出现了使截面积增大的金属积累。这种逐步流入的附加金属以及轧制力的波动导致在荒管的一些部位上直径变大和壁厚变厚，产生"竹节"现象。显然"竹节"现象属纵向壁厚不均，对随后的张减机轧制是不利的，应尽可能防止[4]。

在宝钢钢管原有的芯棒循环系统中，芯棒表面喷涂上一层芯棒润滑剂以后，芯棒立即插入到空心坯里并随着空心坯一起进入连轧管机进行轧制。在这一过程中，由于芯棒表面所喷涂的润滑剂在进入空心坯之前还没有形成一层致密、干燥的润滑层，因此芯棒与空心坯之间的润滑效果较差，摩擦系数也相应较高，连轧荒管"竹节"现象较为明显。宝钢对"竹节"问题展开科技攻关，通过对原有的芯棒循环系统进行重新布置和改造，将芯棒冷却水槽后移，增加了芯棒润滑干燥工位，使芯棒表面在喷涂一层芯棒润滑剂以后，能

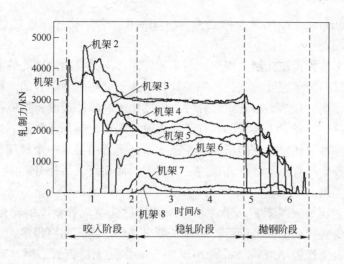

图 3 - 6　宝钢 φ140mm 机组轧制力曲线

有充分的时间进行干燥，以便形成一层致密、均匀和摩擦系数较低的干燥层，有效地改善了芯棒与空心坯之间的润滑条件，降低了芯棒的摩擦力，芯棒速度阶跃得到缓解，由此产生的连轧管纵向壁厚不均匀的固有缺陷得到了控制和解决。在改造芯棒循环系统的基础上，对连轧管机基础自动化进行了计算机、电气和仪表的改造，将原有系统中的模拟量控制改为数字量控制，同时又改进了德方提供的纵向壁厚控制数学模型，极大地提高了连轧管机纵向壁厚控制精度。长期困扰全浮动芯棒连轧管工艺的连轧管"竹节"问题得到有效的控制，使全浮动连轧管生产工艺有了新的突破[5]，为宝钢生产高端抗挤套管产品创造了条件，打破了目前主要使用限动芯棒轧制高抗挤毁套管的生产模式。

3.3.1.2　限动芯棒连轧管机

限动芯棒连轧管机的英文为 Multi - Stand Pipe Mill，简称 MPM。为了解决浮动芯棒连轧管机轧制过程中金属流动不规律的问题，缩短芯棒长度，解决芯棒制造上的困难，20世纪 60 年代国外就开始试验限动芯棒轧制，70 年代获得成功，一般 7 ~ 8 个机架。

限动芯棒连轧管机的基本特点就是控制芯棒的运行速度，使芯棒在整个轧制过程中均以低于第一机架金属轧出速度的恒定速度前进，这是相当重要的工艺改进，使限动芯棒轧机具有浮动芯棒轧机不可比拟的优越性。近年来的实践表明，芯棒的速度应高于第一机架的咬入速度而低于第一机架的轧出速度。这样，在整个轧制过程中，芯棒的移动速度均低于所有机架的轧制速度，避免了不规律的金属流动和轧制条件的变化。由于芯棒速度受到控制，每一机架的轧制压力都较小，金属流动有规律，延伸系数可大一些，这就可以获得非常好的壁厚偏差。但缺点是轧制节奏慢，每分钟可轧 2 支或稍多一点的钢管，适合生产中等规格（外径小于 460mm）的无缝钢管。

与浮动芯棒连轧管机相比，限动芯棒连轧管机改善了钢管的质量。由于限动芯棒连轧管机具有搓轧（芯棒与钢管内表面相对运动）性质，有利于金属的延伸，加之带有微张力轧制状态，从而减小了横向变形，不存在浮动芯棒连轧所产生的"竹节"现象，使钢管内外表面和尺寸精度有了很大提高。

3.3.1.3　半浮动(或半限动)芯棒连轧管机

半浮动（或半限动）芯棒连轧管机，德国人称之为 MRK - S（Mannesmann

bohr – Kontimill Stripper）；法国人称之为 Neuval – R。半浮动芯棒连轧管机一般有 7 ~ 8 个机架。

德国设计的工艺为：在轧制过程中，前半程，芯棒不是自由地随轧件前进，而是受限动机构的控制，以一恒定速度前进，芯棒与轧件的速差分布是不一致的。第 1 架的轧件出口速度小于芯棒速度，自第 2 架开始，轧件的速度快于芯棒的速度，形成稳定的差速轧制状态。当到倒数第 3 架完成主要变形、管子脱离时，限动机构加速释放芯棒，像浮动芯棒一样由钢管将芯棒带出轧机。法国研制的工艺为：在钢管由最后一个机架轧出时才松开芯棒，即在轧制过程中具有限动芯棒轧机的工艺特点，而在终轧后松开芯棒，芯棒随荒管至连轧机后的输出辊道。

不论德国工艺还是法国工艺，半浮动芯棒轧管机轧制荒管壁厚的精度较高、节奏较快，每分钟可轧 3 支甚至更多的钢管，芯棒长度虽然比浮动式的短得多，而比限动芯棒轧机略长一些，适合生产较小规格（外径小于 219mm）的无缝钢管。半浮动芯棒连轧管机在轧制过程中对芯棒速度也进行控制，但在轧制结束之前即将芯棒放开，像浮动芯棒连轧管机一样由钢管将芯棒带出轧机，然后由脱棒机将芯棒从荒管中抽出。在对芯棒速度进行限动时，就在一定程度上解决了金属流动规律性的问题，将芯棒放开以后，又如同浮动芯棒连轧管机一样要考虑脱棒条件的限制，因此半浮动芯棒连轧管机兼顾了限动芯棒与浮动芯棒轧管机的优点，既保持了较高的轧制节奏，又确保了钢管的壁厚精度及内外表面质量，只是由于需要设置脱棒机，使其轧制规格的上限受到限制。

3.3.1.4　PQF（Premium Quality Finishing）

PQF 连轧管机也是限动芯棒连轧管机，只不过每个机架由三个轧辊组成孔型。采用三辊设计的孔型比传统的二辊设计的孔型圆度好，且孔型的半径差小，有利于轧件的均匀变形和减轻轧辊的均匀磨损。轧槽底部和轧槽顶部之间的圆周速度差较小，从而能在稳定的条件下使轧制时的金属变形更加均匀。凸缘面积（不与轧辊或芯棒接触的管子面积，也就是辊缝处壁厚/外径的凸起面积）有所减小，即流向凸缘的金属量减少了。这一优点在轧制不受外端及其他机架约束的钢管尾端时尤为重要。事实上钢管尾端在三辊式轧管机上轧制时受控是由于凸缘面积较小（比二辊式的小 30% 左右）以及轧槽底部与轧槽顶部间的圆周速度差较小的缘故，因此，能避免或大大减少管端折叠和飞翅的形成。因圆周压应力较高，从而能在轧制时使辊缝处产生的纵向拉应力的危险性大大降低。孔型中芯棒的稳定性较高。PQF 机组可以生产高强度（P110 以上）特殊钢级油井用管、高压锅炉管及 13Cr、304L 等不锈钢管。PQF 最大的优势是：由于三辊孔型的半径差小于二辊，轧件变形更加均匀、平稳，使产品的壁厚精度和表面质量高于 MPM。代表性机组如宝钢烟台 ϕ460mm PQF 机组。

3.3.2　斜轧管机轧管

斜轧管机轧管按芯棒的运行方式也可分为三种形式，即浮动式、限动式和回退式。前两种和连轧管机的浮动芯棒、限动芯棒运行方式相近。回退式是将芯棒装在小车上，芯棒的运行受到小车的限制，芯棒穿过毛管并达到最前部极限位置时开始轧管，轧制时开动芯棒小车使芯棒按给定速度后退，芯棒逐渐地从钢管已轧完的部分中抽出，轧制结束时抽出工作已全部完毕。这种方式可生产 $D/t = 2.5$ 的特厚壁管。

3.3.2.1 阿塞尔（Assel）轧机

在 PQF 以前，三辊轧管机专指阿塞尔（Assel）轧机或其改进型特郎斯瓦尔（Transval）轧机。Assel 轧机的变形区是由三个相同的轧辊和芯棒组成的，三个轧辊同向旋转。轧机中心线和轧制线一致，从轧制线到三个轧辊的距离相等，一般在生产壁厚较大的钢管时采用回退式轧制方式，主要是厚壁管的脱棒间隙较小，不便于抽棒。通常情况下均采用限动轧制方式进行轧制。

阿塞尔轧管机不适宜轧制薄壁管，经改进增加轧辊快开功能后，一般产品 $D/t < 20$。这种轧管机由三个带辊肩的轧辊布置在以轧制线为形心的等边三角形的顶点，（三个轧辊互成120°配置）轧辊轴线与轧制线呈两个倾斜角度。

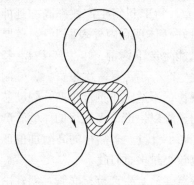

图 3-7　Assel 轧管变形区横截面

轧辊轴线在垂直方向与轧制线倾斜一个喂入角，用来实现螺旋轧制；在水平方向与轧制线交错一个辗轧角。在三个轧辊和一根芯棒所包围的空间内，由穿孔送来的毛管套在长芯棒上，用喂管器送入轧管机中轧制。毛管在变形区中经咬入、减壁（同时减径）、平整和规圆而成为荒管。斜轧螺旋轧制时金属在变形区内受到轧辊与芯棒的周期连续作用而产生形状和尺寸的变化。轧件变形实际上是从圆到圆三角再到圆的过程，见图 3-7。

特郎斯瓦尔轧机由法国人在 Assel 的基础上发展起来，本质上还是阿塞尔轧机，所不同的是可在轧制过程中实现变喂入角、变轧制速度，即根据需要能在每根管子轧制过程中迅速按要求改变喂入角和轧辊转速，主要是解决轧制薄壁管问题，可轧制 $D/t > 35$ 的荒管。阿塞尔轧管机的优点是：产品精密性高，因为带芯棒的斜轧，在一道次中多次的辗压作用，使壁厚精度大大提高，也不易产生划道、耳子和青线等缺陷。

3.3.2.2 Accu-Roll 轧管机

Accu-Roll 轧管机是一种改进型狄塞尔轧管机，它能精确地斜轧生产各种品种规格的无缝钢管。如图 3-8 所示。其改进有：

（1）轧辊形状由桶形改进为锥形，由此增加了辗轧角。

（2）增加了导盘直径，更好地封闭了孔型。

（3）采用了限动芯棒，提高了钢管的质量。

这样，Accu-Roll 比狄塞尔轧管机更有技术优势，在保留工艺灵活，适合生产小批量、多品种钢管生产的主要特点的同时，钢管的质量尤其是壁厚精度明显提高，故称为精密轧管机。

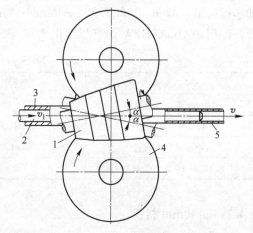

图 3-8　Accu-Roll 轧管机示意图
1—轧辊；2—芯棒；3—毛管；4—导盘；5—荒管

由于两个轧辊是锥形的，其轧机结构还有以下特点：

（1）与锥形辊穿孔机一样，既有喂入角还有辗轧角，使轧辊直径顺轧制方向逐渐增大，有利于减少滑动，促进金属纵向延伸和减轻附加扭转变形。

（2）采用两个大直径的主动导盘。

（3）采用限动芯棒操作方式。

（4）采用无辊肩轧辊辊型，这样可以克服 Assel 轧机因辊肩部分的减壁量集中，而降低轧辊寿命和均壁效果，从而提高荒管的壁厚精度。

总之，在上述的轧管机中，PQF 是多机架连轧管机，轧制时，钢管及芯棒一起做直线运动；而 Accu – Roll 是单机架斜轧管机，轧制时，钢管及芯棒一起做螺旋运动；当产品规格相同或相近时，PQF 的产量约是 Accu – Roll 的 2～4 倍。PQF 机组生产效率高，延伸系数大（$\mu > 6$），能轧制长达 30m 以上的荒管，产品质量好（体现在内外表面上），壁厚精度高；品种、规格范围宽，既能生产碳钢、合金钢，又能生产不锈钢；可生产 $D/t > 45$ 的薄壁管，生产成本低，金属消耗低；适合大批量连续化生产。不足是一次投资大，轧制工具占用资金较多；生产的灵活性稍差；更换孔型时间较长，不适宜小批量生产；限动芯棒连轧管机在轧制厚壁管时受连轧机与脱管机距离的制约，难以生产许多规格的厚壁管产品。Accu – Roll 轧机，适宜轧制中厚壁钢管，适应高精度、小批量、多品种的高附加值产品的生产，借助轧辊的离合就可改变孔型尺寸，特别适应较小量多批订货。

限动芯棒的纵轧、斜轧机组，都具有壁厚精度高的特点，适合生产抗挤套管。斜轧由于额外附加变形产生更大的形变量，使得荒管的组织更加细化，形成独有的微观织构组成，从而具有纵轧机组所不可替代的优越性。

3.4 宝钢抗挤套管的生产

宝钢的 ϕ140mm 浮动芯棒连轧机组、ϕ460mm PQF 连轧管机组、Accu – Roll 斜轧机组、ϕ610mm HFW 焊管机组可用来生产抗挤毁套管。根据机组的特点，使用 ϕ140mm 浮动芯棒机组、Accu – Roll 机组、ϕ460mm PQF 机组生产不同规格的高等级抗挤系列无缝套管，使用 ϕ610mm HFW 焊管机组生产抗挤焊接套管。各机组适宜生产的规格见表 3 – 2。

表 3 – 2 宝钢抗挤套管生产机组

机组类型	外径范围/mm	壁厚范围/mm
ϕ140mm 浮动芯棒机组	38～180	2.5～30
Accu – Roll 机组	60.3～325	4.5～30
ϕ460mm PQF 机组	244.48～457	6.1～55
ϕ610mm HFW 焊管机组	219～610	4～19.1

3.4.1 ϕ140mm 机组

ϕ140mm 全浮动芯棒机组主要用来生产外径 114.3～177.8mm 规格的高等级抗挤套管，生产工艺流程如图 3 – 9 所示。多年来，该机组通过持续的设备改造和技术革新，设备和产品质量始终保持在同类机组的国际领先水平。目前孔型已由 119、152.5、162.5 发展到 119、152.5、169、189、195；轧制外径已由 21.3～140mm 扩展到 21.3～180mm；壁厚由原来的 2.5～25mm 扩展到 2.5～30mm。因此产量也由 50 万吨/年提高到 85 万吨/年。

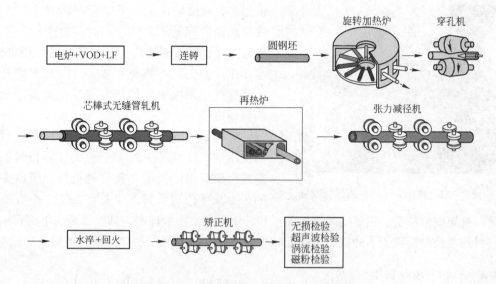

图 3 - 9 宝钢 φ140mm 机组生产工艺流程

φ140mm 机组环型炉加热采用数模控制进行全自动温度控制及料流跟踪，连轧机采用计算机"竹节"控制系统，再加热炉温保持在 980 ~ 1020℃，张减机采用 CEC 头尾控制系统，进行 γ 射线在线全长测厚以及全过程的自适应反馈优化控制。

2008 年，宝钢对 φ140mm 轧管机组又进行了深度改造，改造的核心是将桶形辊穿孔机改成锥形辊穿孔机，见图 3 - 10。和二辊斜轧桶形辊穿孔机对比，两者的轧辊转速和喂入角都是可调的，在轧辊入口端至轧制带之间，两者的金属变形完全一样。而在轧辊轧制带至出口端之间，二辊斜轧锥形辊穿孔机轧辊直径逐渐增加，减轻了扭转变形和周向剪切应力，比二辊斜轧桶形辊穿孔机变形合理，而且二辊斜轧锥形辊穿孔机有辗轧角，而二辊斜轧桶形辊穿孔机没有辗轧角或辗轧角很小（≤5°），这样在轧制高合金钢

图 3 - 10 宝钢 φ140mm 机组锥形辊穿孔机

（包括部分难变形合金），二辊斜轧锥形辊穿孔机就可以采取增大辗轧角的方法。经过改造，毛管径厚比达 27 以上，延伸系数达 5 以上，穿孔扩径率达 25% 以上。穿孔过程中金属的附加变形小，更利于变形能力差的材质的管坯穿孔。

张力定（减）径是热轧无缝钢管生产的精轧工序，决定着成品管的外径精度，见图 3 -11。由于不同的产品有不同的产品标准，对于同样的成品管名义外径，其公差范围不同，公差范围相对于名义外径往往也是不对称的。另外，不同材质的管子，其热胀冷缩特性不尽相同，所有这些因素造成同样的冷态名义外径的管子合理的热态轧制外径有微小的差别，一般差别在1mm 以内。这使得一套张力定（减）径成品孔型难以兼顾，会造成管子外径超差，对此必须设计专用孔型，生产时更换成品机架。若专用孔型多，会造成占用

图 3-11　宝钢 φ140mm 机组张减机

机架多，对资金占用、机架管理以及生产计划安排和调整都是不利的。同时，对产能的影响更为直接，每天多换几次张力定（减）径机架，全年累计损失的产能也非常大。因此宝钢开发了能够在线调整辊缝的张力减径机架，即所谓的可调机架。

宝钢 φ140mm 连轧管机组于 2007 年 4 月成功试用该项技术。在 28 机架张力减径机组的固定式机架后面配置了 4 架可调机架，组成完整的张力减径孔型系列，并主要关注 3 个方面的问题：机架调整精度、钢管内外表面质量和轧辊寿命。实践证明，该技术在满足钢管用户对管材外径公差特殊要求的同时，还能减少张力定（减）径机机架储备，降低生产成本。

3.4.2　Accu-Roll 机组

Accu-Roll 轧管机是一种高精度无缝钢管轧机，见图 3-12，主要用来生产外径 φ177.8 ~ 244.5mm 规格的高抗挤套管，用其替代小型自动轧管机，不但可以提高钢管质量，而且可以一机代三机，即 1 台 Accu-Roll 轧管机代替 1 台自动轧管机和 2 台均整机。经过生产实践，Accu-Roll 轧管机组优点明显，尤其钢管的壁厚精度较高。

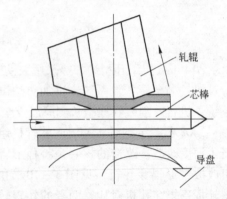

图 3-12　宝钢 Accu-Roll 轧管机示意图

但 Accu-Roll 轧管机组同其他斜轧管机组一样，存在"内螺纹"缺陷，且"内螺纹"的控制比较困难。这是因为当 Accu-Roll 轧管机的辊型是新辊型时，轧后钢管内表面只会留下看得见但摸不出的轧制螺旋痕迹；但轧辊均壁区的磨损，造成该处轧辊表面与芯棒表面之间的间隙不均匀，于是就产生了钢管"外螺纹"（经定径后成为"内螺纹"），这无法通过工艺参数的调整来解决。轧辊的磨损速度与所轧制的壁厚规格和钢种有关。在生产薄壁管和合金含量相对高的产品时，轧辊磨损速度快，就必须通过频繁更换轧辊来消除"内螺纹"。从本质上讲，"内螺纹"是一种呈螺旋形分布的壁厚不均的钢管内表面。若沿钢管纵向剖开，钢管内壁呈凹凸不平状，经测量波谷的深度约为 0.2 ~ 0.8mm[6]。

另外，Accu-Roll 轧管机在完成钢管减壁延伸的同时也要完成管壁均整。生产中厚壁管时，因变形区中的钢管管壁不与导盘边沿接触，导盘对孔型的密封性较好，轧管时不会产生破头、破尾事故；而生产薄壁管时，因管壁在孔型中弯曲变形严重，特别是在轧制温度较低的钢管头尾端时，管壁金属直接冲击导盘的边沿，使其边部破裂，影响导盘对孔型的密封性，从而产生钢管破头、破尾。

为了消除这些缺陷，宝钢对该机组进行了设备改造，即在 Accu-Roll 轧管机之后增加 1 台精轧机，采取将 Accu-Roll 轧管机的粗轧功能与精轧功能分离开的技术方案。增加精轧机以后，Accu-Roll 轧管机作为粗轧机，仅承担减壁延伸的作用，提高钢管壁厚精度及内外表面质量的任务由精轧机完成。精轧机的原理是对钢管进行减壁 $0.5 \sim 1.0$mm，磨光钢管的内外表面，这样可以对钢管内外表面进一步辗平，消除了钢管的"内螺纹"缺陷。同时，由于精轧机承担了一定的减壁量，减小了 Accu - Roll 的轧后钢管的 D/t 值，从而消除了 Accu - Roll 轧管机在轧制极限薄壁管时产生的一系列破头、破尾等现象，既提高了钢管质量和成材率，又提高了生产效率，降低了轧辊、芯棒和导盘的消耗。

精轧机的设备结构形式类同于 Accu - Roll 轧管机，变形工具由一对左右布置的锥形轧辊、一对上下布置的导盘、中间一根限动芯棒组成。与 Accu - Roll 轧管机不同的是，轧辊的辊型按照减壁 $0.5 \sim 1.0$mm、充分均匀钢管的壁厚进行设计。精轧机的工装及工艺与自动轧管机组中的均整机不同，且结构形式也不同，故称为平整机。

宝钢改造后的 Accu - Roll 轧管机组中增加了平整机作为精轧工序，同时将轧管机改成轧扩管机。其工艺流程是：穿孔机—轧扩管机—平整机—定径机—冷却。设备改造后，钢管"内螺纹"高度最大值 0.10mm，基本达到了消除内螺纹的目的，钢管内外表面质量明显提高。Accu - Roll 轧管机组的规格范围为 $\phi 114 \sim 219$mm，改造成轧扩管机组后，规格范围拓宽至 $\phi 114 \sim 325$mm，规格范围扩大，机组的工艺灵活性更高。以相对较低的投资获得较高的规模效益，并且具有产品规格范围宽、壁厚精度高、表面质量好、工艺调整灵活等优点，并成为宝钢生产中等外径尺寸的高强度抗挤套管的主要机组。

3.4.3 PQF 机组

为满足市场对大规格、大径厚比（D/t）、高合金等高附加值产品的需求，宝钢在吸取世界上同类机组生产经验的基础上，组建了世界上最先进的 $\phi 460$mm PQF 热连轧管机组。该机组自 2010 年 9 月开始设备安装，2011 年 4 月 28 日热轧线全线热负荷试车成功。该机组年设计能力为 52 万吨，产品规格范围为外径 $\phi 219 \sim 460$mm、壁厚 $5.9 \sim 55$mm，合金含量最高可达 30% 以上。$\phi 460$mm PQF 热连轧管机组主要用来生产外径 $244.5 \sim 339.7$mm 规格的大口径抗挤套管。

热轧生产线采用锥形辊穿孔机 + 三辊可调式限动芯棒连轧管机 + 脱管机 + 定径机的生产工艺。生产工艺流程见图 $3 - 13$。其中管坯直径有 300mm、380mm、450mm 等。

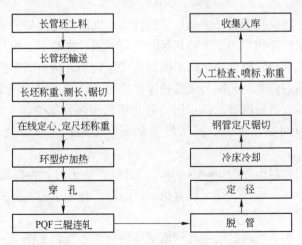

图 3 - 13 宝钢 $\phi 460$mm PQF 生产工艺流程

锥形辊穿孔机轧辊呈立式布置，见图 3-14，轧辊最大直径 1500mm，导向装置为水平布置的导板。穿孔机前台设有管坯预旋转装置，有利于提高管坯的咬入能力和提高轧辊使用寿命。轧机本体设有轧制力检测装置，实现在线轧制力检测，有利于设备的安全运行。该穿孔机主传动功率强大（7800kW），适于生产高合金、倍尺钢管，有利于提高成材率。与其他穿孔机相比，具有穿孔效率高、能成功地穿轧难变形的金属、可实现大延伸、大扩径量穿孔以及工具消耗少等优点。

热坯经穿孔机穿轧成毛管后，立即向毛管内部吹氮气和抗氧化剂。其作用是吹扫毛管内部的氧化铁皮，同时抗氧化剂与毛管内表面发生化学反应形成一层致密的膜，可避免毛管内表面再次氧化并起到毛管与芯棒润滑的效果，有利于改善内表面质量。经过吹刷后的毛管由高架式横移小车直接送到连轧机前台。穿孔机采用锥形辊导板式穿孔，使毛管外径的稳定性提高，所以连轧机未设置空减机架。

PQF 连轧机为三辊可调式限动芯棒连轧管机，见图 3-15。该机组具备离线插棒和在线插棒两种插棒模式。在线插棒主要用于薄壁管生产。由于在线插棒可降低毛管与芯棒的接触时间，减少温降，有效地降低轧制载荷和工模具消耗，有利于改善产品质量。而离线插棒可缩短轧制周期，提高轧机产量。

图 3-14 锥形辊穿孔机及其示意图　　　　　图 3-15 PQF 连轧机示意图

PQF 机架采用三辊式孔型设计，选用了刚性高、轧制稳定性好的轴向换辊机型。孔型的半径差小，有利于轧件的均匀变形和轧辊的均匀磨损，提高了工模具的使用寿命并提高了壁厚精度。轧槽底部和轧槽顶部之间的圆周速度差较小，从而能在稳定的条件下使轧制时的金属变形更加均匀，使所轧制的荒管径厚比达 50 以上，更有利于轧制薄壁管。另外，PQF 三个轧辊可同时或单独调整，即可用一种芯棒轧制多种规格，大大减少了芯棒规格。这些优点，使得钢管可在高起点、高质量和低成本下组织生产，使产品具有很强的竞争力。

宝钢该机组最大轧制扭矩为 280kN·m，和已投产使用的同类机组相比，更有利于轧制更高合金含量的产品，另外去除了脱管机出成品的不合理工艺，提高了钢管的尺寸精度和表面质量。

三辊式定径机采用不可调机架与可调机架相结合的形式，见图 3-16，辊缝可调，简化了机组生产管理，减少了换辊次数，提高了设备利用率，同时也提高了轧辊的使用寿命。采用同一轧辊孔型可以轧制不同外径规格的钢管，减少了轧辊备件数量。

图3-16 三辊式定径机及其示意图

为了保证产品的制造质量，热轧线采用高度自动化、智能化的质量保证系统。热轧线配有在线长度测长称重装置、定尺坯称重装置、环型炉出口测温、穿孔轧制力检测装置、穿孔后毛管外径长度温度测量系统、连轧前毛管测温、芯棒温度检测、脱管机后钢管全长测壁厚测径测温测长系统、定径前测温系统、定径后测径测长测温系统等。通过该系统，实现了对钢管的关键工艺参数（重量、温度、外径、壁厚、长度）进行全长测量、逐支跟踪并即时反馈，保证了最终产品每支钢管的壁厚精度、外径精度。另外，诸如穿孔机工艺辅助设计系统、连轧机自动辊缝控制系统、定径机工艺辅助设计系统以及整个产线的自动化管理系统等的采用，使得整个生产线的钢管生产制造、检验及管理都实现了高度自动化，从而为生产高品质无缝钢管提供了保障。

3.4.4 HFW机组

与无缝管相比，由于现代焊接技术、建模技术、质量检测和控制技术的发展，高频感应焊管在节约能源、尺寸精度和高生产效率方面体现出优势，因此宝钢于2005年引进ϕ610mm HFW生产线，该生产线汇集了国际ERW机组最新的生产工艺技术装备和完备的质量检测手段，整体工艺装备达到国内领先水平，为高质量管线管和高钢级石油套管等高端产品生产和研发创造了生产条件。抗挤焊管产品由于市场需求的原因国内外都还刚刚起步，宝钢ϕ610mm HFW高频直缝焊管机组用来生产ϕ219～339.7mm规格的抗挤毁焊接套管，目前已取得一定的业绩。

图3-17是宝钢ϕ610mm HFW焊管机组工艺平面布置图。该生产线分别由成型焊接生产线、精整线、整管热处理线、套管加工线组成。成型焊接生产线主要工序由上料、剪切对焊、活套储存、铣边、板探、成型焊接、在线探伤、在线热处理、空冷、水冷、定径及飞锯组成。精整线主要工序由平头倒棱、水压试验、通径试验、离线超声波探伤、人工检查、磁粉探伤、测长称重、喷印、表面涂层及收集入库所组成。焊管机组生产线工艺流程见图3-18。

3.4.4.1 排辊成型

宝钢ϕ610mmHFW高频直缝焊管机组成型设备，引进了西马克-梅尔（SMS Meer）

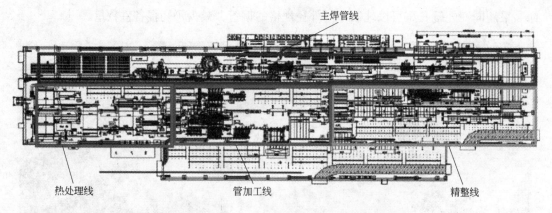

图 3-17 φ610mm HFW 焊管机组工艺平面布置图

图 3-18 φ610mm HFW 焊管机组成型焊接生产线工艺流程图

公司开发的直缝成型技术系统，如图 3-19 所示。该系统主要由夹送辊装置、弯边机、线性预成型装置、粗成型机、直缝排辊线成型装置、3 架精成型机和挤压机组成。

如图 3-19、图 3-20 所示，采用由计算机控制调整的排辊架，小排辊成对地按"变形花"布置在管坯边缘上，并将自由回转的内成型辊置于带钢上方。利用三点弯曲原理，迫使带钢在前进的同时，渐进、自然、均匀地变形。平板状的带钢经过排辊预成型、粗成型和线成型后，成为 U 形（见图 3-21），通过 3 架带有导向环封闭孔型的精成形及挤压机架后，成为 O 形椭圆管。这是一个连续的动态变形过程，其中包括横向和纵向上的拉伸、压缩、弯曲和扭曲,同时伴随着回弹过程。

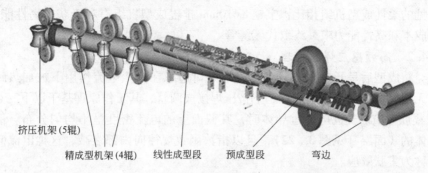

图 3 - 19   SMS Meer 直缝成型技术系统仿真图

挤压机架(5辊)   精成型机架(4辊)   线性成型段   预成型段   弯边

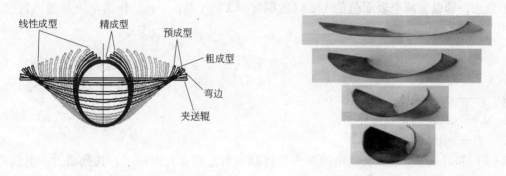

图 3 - 20   φ508mm × 16mm 圆管成型花图   图 3 - 21   带钢进精整机前的成型状态

排辊成型技术特点如下:

(1) 由许多小直径辊组成的排辊代替了辊式成型机的大直径水平辊,轧辊表面线速度差减少了,改善了钢带边部拉伸作用,最大边缘拉应变仅是传统辊式成型的 1/5 左右,基本上消除了表面划伤,提高了钢管外观质量。同时减少了轧辊与管坯间的相对运动所消耗的无用摩擦功,从而减少了功率消耗及轧辊磨损。

(2) 由于排辊成型机是采用连续局部弯曲变形,所以钢板的弯曲变形是从板到管连续局部弯曲变形的,弯曲力较均匀。排辊成型技术的粗成型段一般由 2 架水平辊机架和许多外排辊和内辊组成,对于产品范围内的所有规格,第 1 架水平辊和内辊通常情况只需要 1 套,(但第 2 架水平辊和内辊需要有几套),这和传统辊式成型机相比,减少了轧辊数量,减少了投资。

(3) 一般辊式成型机的变形区长度可由公式 $L_辊 = (40 \sim 60) D_{max}$ 确定,排辊式成型机的变形区长度可由公式 $L_排 = (28 \sim 38) D_{max}$ 确定。由以上经验公式可知,排辊成型的变形区长度几乎缩短了 30% 以上,从而减少了设备、厂房及土建的建设投资。

(4) 由于成型区缩短,带钢塑性变形小,同时排辊群由外侧束缚带钢边缘,并将边缘外侧变形以压缩形式吸收,防止带钢边缘发生折皱、鼓包,使钢管壁厚与管径比的范围扩大到 1:80,所以排辊成型的优势是能加工中大口径薄壁管。

(5) 排辊成型为连续成型法,成型性好,又由于采用"下山法"成型,在成型过程中带钢边缘的轨迹近乎直线,从而改善了成型质量,使焊接稳定可靠。

(6) 在更换焊管规格尺寸时,排辊不换,只需调整,与传统辊式成型相比,节约了换辊时间，降低了换辊切换成本，提高了产量。

　　和常见的柔性成型机组相比，宝钢 φ610mm 排辊成型机组有利于获得高性能的焊缝，利用其低成本和高性能力求最终取代无缝管。

3.4.4.2　高频感应焊接原理

　　带钢经精成型后呈开口 O 形管坯，管坯开口边缘在高频电流作用下被加热到焊接温度，并在无金属填充物和焊剂的状态下挤压焊接成圆管，其工作原理基于以下三点：

　　(1) 集肤效应。交流电通过导体时，其截面上的电流密度呈不均匀分布。最大电流出现在导体的表面层（见图 3 – 22），且以指数函数规律向内部衰减，这种电流向表面积聚的现象称为集肤效应。

　　集肤效应随频率的增高而加强，工程上为便于计算引入了"电流透入深度"这一假定的概念，即以衰减至表面值的 1/e 时的深度"Δ"（单位：m）作为电流的透入深度，见式 (3 – 1)。

$$\Delta = 503 \sqrt{\frac{\rho}{\mu_r f}} \qquad\qquad (3 - 1)$$

式中　ρ——导体的电阻率，$\Omega \cdot m$；

　　　　μ_r——导体的相对磁导率；

　　　　f——电流频率，Hz。

　　(2) 邻近效应。通以交流电的两根导体靠近时，在互相影响下，其截面上的电流密度要重新做不均匀分布。当两导体中的电流方向相反时，电流密度最大值出现在导体内侧（见图 3 – 23a），而当电流同向时，最大值被排斥到导体外侧（见图 3 – 23b）。

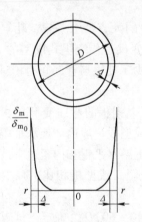

图 3 – 22　交流电集肤效应示意图

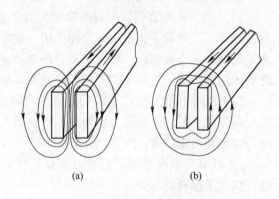

图 3 – 23　交流电邻近效应示意图

(a) 电流反相；(b) 电流同相

　　(3) 圆环效应。当交流电流通过导体绕制的环形线圈时，最大电流出现在线圈导体的内侧（见图 3 – 24）。

　　高频感应加热时，线圈本身存在着圆环效应，管坯上产生集肤效应，而两者之间由于电流反向，则存在有利于加热的邻近效应，尤其是在形成焊缝的管坯侧壁部分。与常规感应加热的不同之处，在于从焊接点起沿轴向在管坯上有一个 3° ~ 6° 的 V 形角，此 V 形开口切断了感应电流在管坯上的正常回路，使其分成两支。其主要部分沿 V 形角流向焊接点,在邻近效应作用下密集于开口内侧,并大量集中于焊接点附近,少量则通过已焊管体闭合(见图3-25)。需强调的是,V形角两侧的电流,即加热主电流从一侧边缘经焊接点附近绕过,从另一侧返回,正好反向,故电流积聚于两侧的"Δ"层内,并集中于焊接点附近,使其瞬间加热到焊接温度。

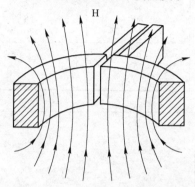 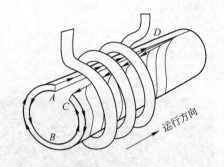

图3-24　交流电圆环效应示意图　　图3-25　高频磁场在管坯上产生的交变电流

在管坯内放置用导磁材料制成的阻抗器,相当于给线圈增加了一个磁路未闭合的铁芯,减少了漏磁和沿截面闭合部分电流的比例,增强了电效率。

3.4.4.3　HFW抗挤毁套管的开发

宝钢HFW高抗挤毁套管采用高频电阻焊的方式生产。宝钢炼钢、连铸、热轧、制管的一贯制工艺路线以及HFW套管无缝化技术,确保其在尺寸控制精度上存在先天优势。宝钢HFW高抗挤毁套管的钢级见表3-3。套管实体性能满足API 5C2标准要求,残余应力低于200MPa。

表3-3　宝钢HFW高抗挤毁套管拉伸性能

钢级牌号	屈服强度/MPa	抗拉强度/MPa
BG80ETT	552~758	≥689
BG95ETT	655~860	≥795
BG110ETT	758~965	≥862
BG125ETT	862~1034	≥930

宝钢HFW高抗挤毁套管在生产过程中历经带钢超声波探伤、在线焊缝超声波探伤、离线焊缝超声波探伤、管端磁粉探伤、全管体超声波探伤等五道探伤工序,在焊缝在线热处理之后还采取整管热处理工艺,出厂前进行逐根水压试验,这些措施确保了焊缝的质量。

宝钢全钢级、全API规格HFW高抗挤毁套管抗挤强度不低于无缝管产品水平,抗挤强度承诺值与同规格无缝管相同。生产的φ244.48mm×11.99mm规格套管实物水平见表3-4,压溃强度满足该规格套管54MPa的要求。

宝钢HFW高抗挤毁套管采用宝钢专有的合金化以及焊接技术生产以确保焊接套管的抗挤性能,焊缝的平均晶粒度控制在10级以上[7],见图3-26。这种细化的组织不仅有利于提高焊缝的强韧性,而且提高了套管的抗挤性能。

表 3 - 4 ϕ244.48mm × 11.99mm 规格 BG110ETT 套管力学性能

牌 号	拉伸试验			压溃强度/MPa
	屈服强度 $R_{t0.6}$/MPa	抗拉强度 R_m/MPa	冲击功（全尺寸、横向）/J	
HFW BG110ETT （管体）	920 900 890	970 940 960	85 80 78	66 68 70
HFW BG110ETT （焊缝）		950 920 930	70 75 70	

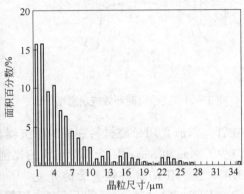

图 3 - 26 BG110ETT 焊缝金相组织

小 结

本章介绍了无缝钢管生产过程中的穿孔、轧制等工艺流程，主要阐述了无缝管生产机组。介绍了宝钢无缝厂 ϕ140mm 浮动芯棒机组、Accu - Roll 机组、ϕ460mm PQF 机组的特点，这是宝钢抗挤套管生产的主要设备，为大批量生产的抗挤套管提供优质的热轧钢管。热轧钢管经过调质热处理后，达到用户要求的力学性能，再经过管加工中心加工成用户要求的螺纹连接形式。

本章还简要介绍无缝管机组的生产工艺流程以及宝钢抗挤焊管产品的性能特征。宝钢 ϕ610mm HFW 焊管机组为国内先进的高频直缝焊管机组，其排辊成型工艺为获得高品质的焊缝提供了保障，利用其低成本和高性能力求最终取代无缝管。

参考文献

[1] 金如崧. 无缝钢管百年史话 [M]. 北京: 冶金工业出版社, 2008.

[2] 田党, 李群. 关于锥形辊穿孔机的穿孔原理及应用问题的讨论 [J]. 钢管, 2003, 32 (6): 1~4.

[3] 李群, 高秀华. 钢管生产 [M]. 北京: 冶金工业出版社, 2008.

[4] 张丕军, 卢于逑. 连轧管 "竹节" 问题的研究 [J]. 钢铁, 1995, 30 (2): 37~44.

[5] 潘峰. 宝钢钢管全浮动芯棒连轧工艺的技术进步 [J]. 钢管, 2006, 35 (5): 30~33.

[6] 王旭午, 杨为国, 李学进. ARE 高精度轧扩管机组的改进研究 [J]. 宝钢技术, 2008, 5: 30~34.

[7] 田青超, 董晓明, 郭金宝, 等. 抗挤毁系列套管产品的开发 [C]. 非 API 油井管工程技术国际研讨会, 成都, 2009: 158~165.

4 高抗挤套管螺纹连接与管柱设计

生产出来的高抗挤套管需要通过螺纹连接才能下井使用,使用螺纹将单根油套管连接成为长达数千米、能承受数百大气压的长管柱。油气井套管管柱在不同井段要长时间承受拉伸、压缩、弯曲、内压、外压和热循环等复合应力的作用,因此,必须具备两个特性:

(1)结构完整性。螺纹有内外之分,外螺纹是在圆柱或圆锥外表面上形成的螺纹,也称公扣、公端、管体螺纹;内螺纹是在圆柱或圆锥内表面上形成的螺纹,也称母扣、母端、接箍、接头。内外螺纹啮合后应具备足够的连接强度,使结构不至于在外力作用下受到破坏,要保证连接强度。

(2)密封完整性。含有数以百计螺纹连接接头的管柱若要在各种不同受力状态下承受内外压差(一般为几百个大气压)的长期作用而不泄漏,必须保证密封性能。短圆螺纹、长圆螺纹、梯形螺纹、直连型螺纹等 API 5B 标准螺纹的参数控制,都是以实现设计的结构完整性和密封完整性为目标的。

4.1 抗挤套管常用螺纹连接

高抗挤套管常用的螺纹连接主要为圆螺纹、梯形螺纹以及特殊扣螺纹连接。

4.1.1 圆螺纹

圆螺纹有套管短圆螺纹(SC)与套管长圆螺纹(LC)之分。圆螺纹为无台肩锥管螺纹,需要有接箍连接,牙型为三角形、圆顶圆底,牙型角为 60°,螺纹锥度为 1:16,牙型角平分线与轴线垂直,每 25.4mm 有 8 牙螺纹。当螺纹旋紧后,靠内外螺纹的牙侧面密封,如图 4-1 所示,套管和接箍的尺寸公差见表 4-1、表 4-2。

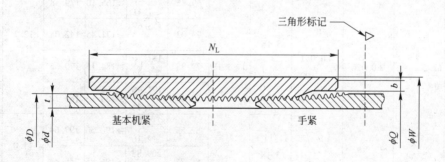

图 4-1   圆螺纹套管和接箍配合示意图

圆螺纹牙顶和牙底圆弧形有如下优越性:

(1)减轻螺纹在旋紧时由擦伤而引起的阻力。

(2)上紧螺纹时,牙顶间隙为外来的颗粒和污物提供了有限的间隙。

表 4 – 1　套管长圆螺纹尺寸公差

规格/in	锥度/mm·m⁻¹	螺距（每25.4mm累积）	齿高	紧密距 S_1	紧密距 P_1	管端至消失点总长度 L_4	接箍外径 W	最小接箍长度 NL	接箍镗孔直径 $Q_{-0}^{+0.79}$	接箍镗孔深度 $q_{-0}^{+0.79}$	管体直径 D
4½					25.40 ± 3.18	76.20 ± 3.18	127.0 ± 1.27	≥177.8	116.68		114.3
5					15.88 ± 3.18	85.73 ± 3.18	141.3 ± 1.41	≥188.69	129.38		127.0
5½				9.53 ± 3.18	15.88 ± 3.18	88.90 ± 3.18	153.67 ± 1.54	≥203.2	142.08	12.7	139.7
6⅝	62.5 $^{+5.2}_{-2.6}$	±0.076	$^{+0.051}_{-0.102}$		19.05 ± 3.18	98.43 ± 3.18	187.7 ± 1.88	≥222.25	170.66		168.3
7					22.23 ± 3.18	101.60 ± 3.18	194.46 ± 1.94	≥228.6	180.18		177.8
7⅝				11.11 ± 3.18	22.23 ± 3.18	104.78 ± 3.18	215.9 ± 2.16	≥234.95	197.64		193.7
8⅝					28.58 ± 3.18	114.30 ± 3.18	244.48 ± 2.44	≥254.0	223.04	11.0	219.08
9⅝					34.93 ± 3.18	120.65 ± 3.18	269.85 ± 2.70	≥266.7	246.86		244.48
9⅝				12.7 ± 3.18							

　　注：1. 1in = 25.4mm。

　　　　2. 除注明者外，尺寸均以 mm 为单位。

表 4 – 2　套管短圆螺纹尺寸公差

规格/in	锥度/mm·m⁻¹	螺距（每25.4mm累积）	齿高	紧密距 S_1	紧密距 P_1	管端至消失点总长度 $L_4 ± 3.18$	接箍外径 W	最小接箍长度 NL	接箍镗孔直径 $Q_{-0}^{+0.79}$	接箍镗孔深度 $q_{-0}^{+0.79}$	管体直径 D
4½						66.68	127.00 ± 1.27	≥158.75	116.68		114.3
5						69.85	141.30 ± 1.41	≥165.10	129.38		127.0
5½				9.53 ± 3.18		73.03	153.67 ± 1.54	≥171.45	142.08	12.7	139.7
6⅝	62.5 $^{+5.2}_{-2.6}$	±0.076	$^{+0.051}_{-0.102}$			79.38	187.70 ± 1.88	≥184.15	170.66		168.3
7					0 ± 3.18	79.38	194.46 ± 1.94	≥184.15	180.18		177.8
7⅝				11.11 ± 3.18		82.55	215.90 ± 2.16	≥190.50	197.64	11.0	193.7
9⅝						85.73	269.88 ± 2.70	≥196.85	248.44		244.48

　　注：1. 1in = 25.4mm。

　　　　2. 除注明者外，尺寸均以 mm 为单位。

　　（3）圆弧面牙顶对于因局部刮伤或凹痕损伤不敏感。

　　圆螺纹因其加工容易、密封性好、有一定的连接强度、现场维护和使用较简单、价格便宜的优点，在套管连接中被大量使用。

所有套管圆螺纹及接箍螺纹的基本形状是一样的，其齿高、螺距、锥度、牙型角等基本尺寸和公差范围完全相同。且齿顶和齿底圆弧形状、管端外倒角、消失锥角的要求也相同。API 圆螺纹关键参数如图 4-2 所示，不同外径套管短圆螺纹、长圆螺纹的主要参数尺寸分别列于表 4-3、表 4-4。

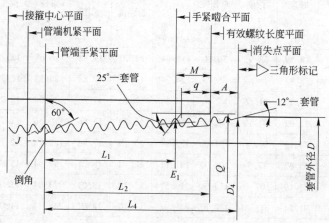

图 4-2　套管圆螺纹手紧上扣示意图

表 4-3　套管短圆螺纹尺寸

1	2	3	4	5	6	7	8	9	10	11	12	13	14
规格 D/in	带螺纹和接箍名义重量 /lb·ft^{-1}	大端直径 D_4	每英寸螺纹牙数	管端至手紧面长度 L_1	有效螺纹长度 L_2	管端至消失点总长度 L_4	手紧面处中径 E_1	机紧后管端至接箍中心距离 J	接箍端面至手紧面长度 M	接箍镗孔直径 Q	接箍镗孔深度 q	手紧紧密距牙数 A	从管端起全顶螺纹最小长度 L_c[①]
4½	9.50	114.30	8	23.39	43.56	50.80	111.8456	28.58	17.88	116.68	12.70	3	22.22
4½	其余重量	114.30	8	39.27	59.44	66.68	111.8456	12.70	17.88	116.68	12.70	3	38.10
5	11.50	127.00	8	36.09	56.26	63.50	124.5456	19.05	17.88	129.38	12.70	3	34.92
5	其余重量	127.00	8	42.44	62.61	69.85	124.5456	12.70	17.88	129.38	12.70	3	41.28
5½	全部重量	139.70	8	45.62	65.79	73.03	137.2456	12.70	17.88	142.50	12.70	3	44.45
6⅝	全部重量	168.28	8	51.97	72.14	79.38	165.8206	12.70	17.88	170.66	12.70	3	50.80
7	17.00	177.80	8	32.92	53.09	60.33	175.3456	31.75	17.88	180.18	12.70	3	31.75
7	其余重量	177.80	8	51.97	72.14	79.38	175.3456	12.70	17.88	180.18	12.70	3	50.80
7⅝	全部重量	193.68	8	53.44	75.31	82.55	191.1142	12.70	18.01	197.64	11.00	3½	53.98
8⅝	24.00	219.08	8	47.09	68.96	76.20	216.5142	22.23	18.01	223.04	11.00	3½	47.62
8⅝	其余重量	219.08	8	56.62	78.49	85.73	216.5142	12.70	18.01	223.04	11.00	3½	57.15
9⅝	全部重量	244.48	8	56.62	78.49	85.73	241.9142	12.70	18.01	248.44	11.00	3½	57.15[②]
9⅝	全部重量	244.48	8	54.91	78.49	85.73	241.8077	12.70	18.11	248.44	11.00	4	57.15[③]

注：1. 除注明者外，尺寸均以 mm 为单位。

2. 所有规格管子的螺纹在直径上的锥度均为 1.587mm/25.4mm。

3. 手紧紧密距"A"是基本机紧上扣的基本留量。

4. 1lb = 0.45kg，1ft = 0.3048m，1in = 25.4mm。

①对于 8 牙圆螺纹套管，$L_c = L_4 - 28.58$mm。

②适用于低于 P110 钢级的接箍。

③适用于 P110 钢级及更高钢级的接箍。

表 4 - 4　套管长圆螺纹尺寸

1	2	3	4	5	6	7	8	9	10	11	12	13
规格 D	大端直径 D_4	每英寸螺纹牙数	管端至手紧面长度 L_1	有效螺纹长度 L_2	管端至消失点总长度 L_4	手紧面处中径 E_1	机紧后管端至接箍中心距离 J	接箍端面至手紧面长度 M	接箍镗孔直径 Q	接箍镗孔深度 q	手紧紧密距牙数 A	从管端起全顶螺纹最小长度 L_c[①]
$4\frac{1}{2}$	114.30	8	48.79	68.96	76.20	111.846	12.70	17.88	116.68	12.70	3	47.62
5	127.00	8	58.32	78.49	85.73	124.546	12.70	17.88	129.38	12.70	3	57.15
$5\frac{1}{2}$	139.70	8	61.49	81.66	88.90	137.246	12.70	17.88	142.08	12.70	3	60.32
$6\frac{5}{8}$	168.28	8	71.02	91.19	98.43	165.821	12.70	17.88	170.66	12.70	3	69.85
7	177.80	8	74.19	94.36	101.60	175.346	12.70	17.88	180.18	12.70	3	73.02
$7\frac{5}{8}$	193.68	8	75.67	97.54	104.78	191.114	12.70	18.01	197.64	11.00	$3\frac{1}{2}$	76.20
$8\frac{5}{8}$	219.08	8	85.09	107.06	114.30	216.514	12.70	18.01	223.04	11.00	$3\frac{1}{2}$	85.72
$9\frac{5}{8}$	244.48	8	91.54	113.41	120.65	241.914	12.70	18.01	248.44	11.00	$3\frac{1}{2}$	92.08[②]
$9\frac{5}{8}$	244.48	8	89.84	113.41	120.65	241.808	12.70	18.11	248.44	11.00	4	92.08[③]

注：1. 除注明者外，尺寸均以 mm 为单位。

　　2. 所有规格管子的螺纹在直径上的锥度均为 1.587mm/25.4mm。

　　3. 手紧紧密距 "A" 是基本机紧上扣的基本留量。

　　4. 1in = 25.4mm。

①对于 8 牙圆螺纹套管，$L_c = L_4 - 28.58$mm。

②适用于低于 P110 钢级的接箍。

③适用于 P110 和高于 P110 钢级的接箍。

在 API SPEC 5B 标准中对同一种外径尺寸的套管圆螺纹，检验用量规只有一种，且都是按照相应规格短圆螺纹的尺寸设计的。也就是说，量规的基本尺寸与对应的短圆螺纹的基本尺寸相同，这就意味着要一规多用，即该量规既要检验同种外径的长圆螺纹，也要检验同种外径的短圆螺纹。

4.1.2　偏梯形螺纹

偏梯形螺纹是为了提高抗轴向拉伸或抗轴向压缩载荷能力，并提供泄漏抗力而设计，英文简写为 BC，无台肩锥管螺纹需有接箍连接，牙型为偏梯形、平顶平底。

外径小于 339.7mm 套管的偏梯形螺纹直径上锥度为 62.5mm/m，每 25.4mm 有 5 牙螺纹（螺距为 5.08mm）。导向牙侧面与螺纹轴线的垂线间的夹角为 10°，承载侧面与螺纹轴线的垂线间的夹角为 3°。牙顶和牙底为锥形，与螺纹锥度平行。导向侧面牙顶的圆角半径（0.762mm）比承载侧面牙顶的圆角半径（0.203mm）大，这有助于对扣和上扣。3°承载侧面可使螺纹在高拉伸载荷下具有抗滑脱性能，而 10°导向侧面可使螺纹承受高轴向压缩载荷。旋紧时，螺纹是全牙型配合，螺纹牙顶到牙底之间的最大间隙为 0.051mm。螺纹本身的机加工偏差造成接头螺纹部件一端的一个螺纹侧面上受力，并使配对接头螺纹构件在另一端的相反螺纹侧面上受力。用手工方法修复螺纹应谨慎进行，并仅限于完整螺纹长度上很小一部分。对外螺纹的不完整螺纹部分进行谨慎修复不会影响对泄漏抗力的控制。

在任何情况下，使用合适的螺纹脂或镀层（或两者都用）是保证螺纹泄漏抗力的重要手段。泄漏抗力只能通过完整螺纹长度范围内的适当组装（干涉量）来控制。这种接头螺纹的牙底沿连续锥体一直延伸到管体外表面上消失，接箍（内螺纹端部分）与不完整螺纹开始一直延伸到消失点。偏梯形螺纹套管和接箍配合示意图如图4-3所示，套管和接箍的尺寸公差见表4-5。

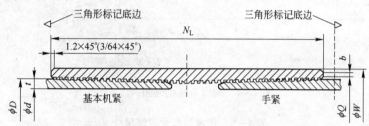

图4-3 偏梯形螺纹套管和接箍配合示意图

表4-5 套管偏梯螺纹尺寸公差

规格/in	锥度/mm·m⁻¹	螺距（每25.4mm累积）	齿高	紧密距 S_1	P_1	管端至消失点总长度 L_4	接箍外径 W	最小接箍长度 NL	接箍镗孔直径 Q	管端至△标记长度 $A_1 \pm 0.79$	完整螺纹最小长度 L_c
4½				2.54 -2.54		92.39	127.00±1.27	≥225.43	117.86	100.01	31.84
5						95.57	141.30±1.41	≥231.78	130.56	103.19	35.01
5½	外螺纹+3.5 -1.5 内螺纹+4.5 -2.5					97.16	153.67±1.54	≥234.95	143.26	104.78	36.60
6⅝	62.5	±0.051	±0.025	5.08 -2.54	0 +2.54	101.92	187.71±1.88	≥244.48	171.83	109.54	41.36
7						106.68	194.46±1.94	≥254.00	181.36	114.30	46.13
7⅝						111.44	215.90±2.16	≥263.53	197.23	119.06	50.89
9⅝						114.62	269.88±2.70	≥269.88	248.03	122.24	54.06

注：1. 1in=25.4mm。

2. 除注明者外，尺寸均以mm为单位。

API偏梯形螺纹关键参数如图4-4所示，不同外径套管螺纹的主要参数尺寸列于表4-6。

偏梯形螺纹牙型的优点如下：

（1）偏梯形螺纹由于具有3°承载牙侧面和10°引导牙侧面，所以能够承受足够大的拉伸或压缩载荷，特别是3°承载牙侧面使套管螺纹具有足够的抗拉强度。

（2）牙顶牙底平面的斜度与螺纹斜度相同，而且牙顶有圆弧。引导牙侧面在牙顶的圆弧半径比承载牙侧面在牙顶的圆弧半径大，这样有利于螺纹的旋合。

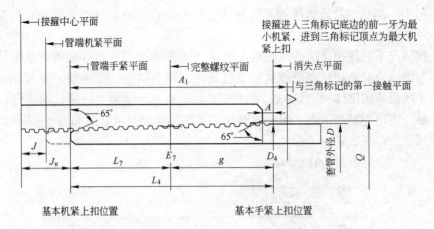

图 4-4 偏梯形螺纹上扣示意图

表 4-6 偏梯形套管螺纹尺寸

1	2	3	4	5	6	7	8	9	10	11	12	13	14
规格 D/in	大端直径 D_4	每 25.4mm 螺纹牙数	不完整螺纹长度 g	完整螺纹长度 L_7	管端至消失点总长度 L_4	中径① E_7	机紧后管端至接箍中心 J	手紧后管端至接箍中心 J_n	接箍端面至 E_7 平面长度	管端至三角形标记长度 A_1	手紧紧密距牙数 A	接箍镗孔直径 Q	从管端起全顶螺纹最小长度 L_c②
4½	114.71	5	50.394	41.999	92.393	113.132	12.7	22.86	47.85	100.01	½	117.86	31.839
5	127.41	5	50.394	45.174	95.568	125.832	12.7	25.40	45.31	103.19	1	130.56	35.014
5½	140.11	5	50.394	46.761	97.155	138.532	12.7	25.40	45.31	104.78	1	143.26	36.601
6⅝	168.68	5	50.394	51.524	101.918	167.107	12.7	25.40	45.31	109.54	1	171.83	41.364
7	178.21	5	50.394	56.286	106.680	176.632	12.7	25.40	45.31	114.30	1	181.36	46.126
7⅝	194.08	5	50.394	61.049	111.443	192.507	12.7	25.40	45.31	119.06	1	197.23	50.889
8⅝	219.48	5	50.394	64.224	114.618	217.907	12.7	25.40	45.31	122.24	1	222.63	54.064
9⅝	244.88	5	50.394	64.224	114.618	243.307	12.7	25.40	45.31	122.24	1	248.03	54.064

注：1. 在完整螺纹长度 L_7 端面处的管子螺纹和塞规螺纹的基本大端直径和管子名义直径 D 相同。

　　2. 手紧紧密距 "A" 是基本机紧上扣的基本留量。位于管子上距离管子端部 A_1 长度处的高为 9.52mm 的等边三角形标记有助于达到手紧紧密距 "A" 所规定的机紧状态。

　　3. 除注明者外，尺寸均以 mm 为单位。

　　4. 锥度均为 1mm/12mm。

① 偏梯形套管螺纹上的中径的定义是大径和小径之间的中间值。

② 对于偏梯形螺纹套管，$L_c = L_7 - 10.16$mm。在 L_c 长度范围内，允许存在两牙黑顶螺纹，但黑顶螺纹的长度不能超过管子圆周长的 25%，在 L_c 长度的其他螺纹均应是全顶螺纹。

　　但偏梯形螺纹密封性较低，尤其是套管下井后，在轴向拉力和一定的弯曲应力作用下，其抗气密封压力将进一步降低，同时螺纹接头发生了一次泄漏后，其二次气密封性会进一步下降。目前为了提高套管接头的密封压力，各套管厂均在开发新的特殊接头，如宝钢抗挤抗硫套管使用的 BGC 特殊扣型。为了不影响接头的连接强度，新的特殊接头一般采用偏梯形螺纹或改进的偏梯螺纹，提高了扭矩台肩及螺纹承载面承载压力，设计各种各样的金属对金属的过盈配合结构,大大提高了套管接头的密封压力。

套管螺纹连接是最薄弱的环节。螺纹连接的质量直接影响到套管柱的结构完整性和密封完整性,而螺纹加工精度又是螺纹连接质量的重要影响因素之一。API 5B 标准对螺纹质量的控制指标多达十余项,螺纹单项参数如锥度、螺距、齿高、牙型角等可以借助于螺纹单项参数测量仪进行测量,测量结果很直观,不需要进行数据处理,也不易出错。而综合反映各单项参数及表面加工质量的、也是最重要的一个参量——紧密距,需用工作量规进行检验。由于要考虑量规的结构形式及与校对规的传递值、螺纹的长短、套管壁厚、钢级等,需要对测量数据进行必要的判断和处理,才能获得所需紧密距。

4.1.3 特殊扣螺纹

对于含硫化氢的天然气井开采,所使用的抗挤抗硫套管一般采用特殊扣螺纹连接。符合 API 标准的螺纹连接形式在兼顾管柱结构完整性和密封完整性方面存在一定的问题:圆螺纹管柱的螺纹连接部分只能承受管体强度 70% 左右的拉伸载荷;偏梯形螺纹的密封性较差,其中水密封压力小于 28MPa,而气密封压力有时接近于零;通常,API 圆螺纹和偏梯形螺纹的有效使用温度低于 95℃,这是因为其连接需要借助螺纹脂来实现密封。特殊螺纹与 API 标准螺纹的区别在于:API 螺纹由连接螺纹组成,螺纹既要承担连接功能,又要承担密封功能;而特殊螺纹由三部分组成:密封部分 1、螺纹部分 2 以及扭矩台肩部分 3,见图 4 – 5。虽然特殊螺纹扣型众多,但其基本结构十分相似。特殊螺纹的连接功能由螺纹承担,密封功能由金属对金属径向密封

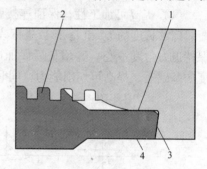

图 4 – 5 特殊螺纹扣型设计示意图
1—金属密封面;2—螺纹;
3—扭矩台肩;4—接箍、管体内径内平

结构和扭矩台肩承担,同时,扭矩台肩还可以准确控制上扣位置,分担螺纹部分的扭矩。因此,在特殊螺纹的设计过程中,通过优化和改进三个部分的相关参数,从而最大可能地保证管柱结构完整性和密封完整性[2]。

特殊扣螺纹连接往往以连接效率高的偏梯形螺纹为基础,增加了金属对金属密封结构,公、母头金属表面通过弹性过盈配合使接头连接部位具有气密封功能;优化螺纹中径,控制螺纹过盈量,提高了螺纹的上扣完整性;保证接头抗拉强度大于管体,实现套管结构完整性;具有便于修扣、连接强度高、密封性能好的特点。随着天然气开采量日益增加,对特殊扣抗挤系列套管的需求也日益增加。目前,宝钢钢管厂生产的特殊扣扣型主要是 BGC,为宝钢自主开发的特殊扣扣型,具有如下特点:

(1)采用改进的偏梯形螺纹形式,连接强度高,可与管体的强度相当。

(2)主密封采用柱面—柱面和球面—球面密封结构形式,以及扭矩台肩的辅助密封,使接头具有多重密封结构,密封可靠性高。尤其是主密封设计,使接头在拉伸和压缩载荷作用下,仍具有良好密封效果。

(3)采用了逆向 15° 扭矩内台肩,使接头抗压缩、抗弯曲、抗过扭矩能力强,同时在弯曲及复合载荷作用下,仍能保持台肩面上的表面压力。

(4)内平设计有效地减少了气体或液体在管道内的紊流现象,使能量损失小。

4.2　特殊外径抗挤套管螺纹连接

中原油田、辽河油田等区块对于套管的抗外挤压要求高，为了适应油田的需求，宝钢开发了系列非标规格的高强度薄壁抗挤套管，在保证抗挤强度的情况下，需要适当增加管体外径来达到套管通径的要求。

一般情况下，套管采用的是 API 标准螺纹，而在增加了管体外径后，API 标准螺纹已经不适用，尤其是可加工性能大打折扣。从提高螺纹加工性能、满足油田的使用需求以及满足和 API 螺纹的互换性三个方面考虑，必须重新设计一种适用的螺纹连接形式。

4.2.1　特殊外径螺纹设计思路

对于特殊外径的套管螺纹设计，设计思路主要是在 API 标准螺纹基础上进行改良设计，螺纹齿形选用 API 的圆螺纹，具体设计方案如下：

（1）提高可加工性，保证连接强度。为了提高可加工性并且保证螺纹连接强度，需要对螺纹长度的 L_2 和 L_4 参数进行改进。其中 L_2 保持不变，将 L_4 适当增长到 L_{4-1}，同时保持退刀角度不变。L_4 增长后保证退刀能完全退出管体外表。这样可在保证螺纹连接强度的基础上，提高可切削能力，同时保证螺纹的互换性，如图 4-6 所示。

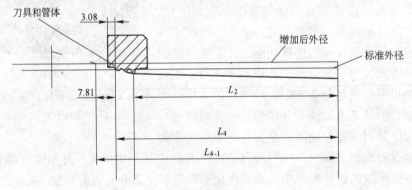

图 4-6　管体螺纹加工示意图

（2）修正接箍外径、长度、镗孔深度、镗孔直径等尺寸。

1）确保接箍螺纹强度设计。增加接箍外径可以保证螺纹的连接强度，确保接箍部分不成为薄弱环节。例如，API 规范中 5½ 英寸管体的外径 D_4 标准是 139.7mm，对应接箍外径 W 是 153.67mm。而为中原油田开发的 ϕ143.3mm × 12.3mm 规格的 BG150TT 抗挤套管，把管体外径 D_4 提高到 143.3mm，对应接箍外径 W 增大后，同时提升了管体、接箍以及螺纹连接处的抗外挤压能力。

2）螺纹防锈设计。接箍长度增长以及镗孔深度和直径的修正，保证接箍覆盖 L_2 和 L_4 之间的螺纹，可以利用螺纹脂避免这部分的锈蚀。以 143.3mm 外径套管为例，螺纹全长尺寸 L_4 增加加工时螺纹梳刀的退刀长度，提升可加工性。镗孔深度 q、镗孔直径 Q 也相应增大。这里的改进目的是：保证接箍可以覆盖 L_2 和 L_4 之间的螺纹，利用螺纹脂避免这部分的锈蚀。接箍最小长度 NL 和接箍端面至手紧面长度 M，这两个尺寸也需要根据上述变化而进行相应调整，如图 4-7 所示。其需要修改的参数汇总如下：

L_4——螺纹全长（在 API 基础上增加 7 ~ 10mm）；

W——接箍外径（在 API 基础上增加 3 ~ 5mm）；

NL——接箍最小长度（在 API 基础上增加 14 ~ 20mm）；

M——接箍端面至手紧面长度（在 API 基础上增加 7 ~ 10mm）；

Q——接箍镗孔直径（在 API 基础上增加 3 ~ 5mm）；

q——接箍镗孔深度（在 API 基础上增加 7 ~ 10mm）。

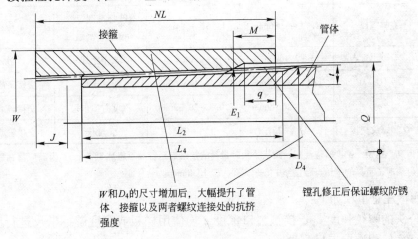

图 4 – 7　管体和接箍螺纹连接示意图

4.2.2　180mm 外径长圆螺纹加工

供中原油田的 ϕ180mm × 11.51mm 规格 BG160TT 套管，能和上下管柱设计使用的 API 标准规格的 ϕ177.8mm × 10.36mm 以及 ϕ177.8mm × 11.51mm 套管方便地连接。和 177.8mm 外径相比，管体外径增加到 180mm。螺纹加工过程中，管体螺纹公差见表4 - 7，接箍螺纹公差见表4 - 8。

表 4 – 7　管体螺纹公差

项目	位置	公差	内控公差	测量量具	最低频度
锥度	完整螺纹	1.52 ~ 1.72mm	1.55 ~ 1.66mm	API 标准圆螺纹套管锥度表	1 次/10 头
螺距	每 25.4mm 累积	±0.07mm ±0.15mm	±0.04mm ±0.08mm	API 标准圆螺纹套管螺距表	1 次/10 头
齿高	完整螺纹	1.71 ~ 1.86mm	1.76 ~ 1.84mm	API 标准圆螺纹套管齿高表	1 次/10 头
螺纹长度	L_4	105.4 ~ 111.7mm	106.6 ~ 110.6mm	深度游标卡尺	1 次/10 头
外倒角	端面	55° ~ 65°	55° ~ 65°	角度仪	交接班或调整后
紧密距		±3.16mm	±2.0mm	紧密距规	1 次/5 头
L_2 的长度		91.18 ~ 97.53mm		API 标准圆螺纹套管锥度表	1 次/10 头
J 值	拧接	6.35 ~ 19.05mm		J 值尺（放行）/钢直尺（内控）	1 次/10 头用 J 值尺；逐支用钢直尺

表 4 - 8　接箍螺纹公差

项 目	位　置	公　差	内控公差	测量量具	最低频度
锥度	完整螺纹	1.52 ~ 1.72mm	1.55 ~ 1.66mm	API 标准圆螺纹套管锥度表	1 次/10 头
螺距	每 25.4mm 累积	± 0.07mm ± 0.15mm	± 0.04mm ± 0.08mm	API 标准圆螺纹套管螺距表	1 次/10 头
齿高	完整螺纹	1.71 ~ 1.86mm	1.76 ~ 1.84mm	API 标准圆螺纹套管齿高表	1 次/10 头
紧密距		± 3.16mm	± 2.0mm	紧密距规	1 次/5 头
齿口直径	Q	183 ~ 183.79mm	183.1 ~ 183.69mm	游标卡尺	交接班或调整后
齿口深度	q	19.7 ~ 20.49mm	19.8 ~ 20.39mm	深度游标卡尺	交接班或调整后
齿口倒角	Q 和螺纹交接	15° ~ 25°	15° ~ 25°	角度仪	交接班或调整后

注：测量齿高、螺距、锥度时应注意，测量公头时量具的接触点距管端不超过 88.9mm，齿高应落在完整齿形处；测量母头时，量具的接触点距接箍中心距离要大于 15.88mm。

公头测量注意事项如下：

（1）公头的螺纹长度 L_4、接箍齿口深度 q 均使用样板或深度游标卡尺进行测量。接箍齿口直径 Q 使用游标卡尺测量。

（2）公头的 L_2 长度使用 API 长圆螺纹标准锥度表进行测量，以距管端 88mm 处为起点，往螺纹消失处推进一牙，后者减去前者，如果差值在 + 0.25mm 以内，则 L_2 长度合格。

接箍紧密距测量时，假设具体塞规的合格范围是 $X ~ Y$mm。测量塞规后部内、外端面的值 B。使用深度游标卡尺测量塞规外端面到接箍端面的距离。且具体塞规的合格范围调整为 $(X - 7 + B) ~ (Y - 7 + B)$ mm，如图 4 - 8 和图 4 - 9 所示。

图 4 - 8　测量塞规后部内、外端面的值 B

图 4 - 9　使用深度游标卡尺测量塞规外端面到接箍端面的距离

该产品的设计 J 值和 177.8mm 规格相同，为 12.7mm ± 6.35mm。但是，由于接箍长度本身增加了 7mm，如果采用深度游标卡尺测量接箍端面到管子端面的距离，其长度需要按照增加 7mm 进行折算。

L_4 和 L_2 之间的螺纹是不完整螺纹。外观检查时，L_2 和 L_4 之间的距离可能存在非螺纹的表面或者是不连续的螺纹，在 API 标准螺纹中有类似情况，属于正常。只是由于 143.3mm 套管的设计中 L_4 和 L_2 之间的距离增大，该情况会显得较为明显。由于 L_4 和 L_2 之间的距离不参与螺纹的连接，所以不会对产品性能有任何影响。

由于 L_4 和 L_2 之间的螺纹是不完整螺纹，所有尺寸不需要测量，包括齿高、螺距、锥度等。也就是说：从螺纹尾部往后退 7mm 的位置不需要测量。API 标准中这段螺纹所有尺寸也是不测量的，由于 L_4 和 L_2 之间距离的增加而特此说明，但不会对产品性能有任何影响。

上述的 180mm（替代 177.8mm）和 143.3mm（替代 139.7mm）两个规格的螺纹连接已经成功应用于中原油田，是一种用以替代 API 规范长圆螺纹套管的并且适应于高抗挤环境的螺纹连接形式。

4.3 管柱设计基本公式

套管柱设计的主要内容是根据套管柱在井内所受的外载，正确选择套管的钢级和壁厚，使之既要有足够的强度，以保证下入井内的套管不断、不裂、不变形，又要符合节约钢材、降低成本的要求。API 5C3 标准给出了相应的公式[3]。

4.3.1 管体屈服强度

管体屈服强度是使管子屈服所需的轴向载荷。对于某个特定钢级的管子，其屈服强度为管子横截面积与材料规定最小屈服强度的乘积。

管体屈服强度 P_Y 值由公式计算：

$$P_Y = 0.7854(D^2 - d^2)\sigma_s \tag{4-1}$$

式中　P_Y——管体屈服强度，磅（lb），圆整到最接近的 1000lb；

σ_s——材料规定最小屈服强度，磅每平方英寸（psi）；

D——规定外径，英寸（in）；

d——规定内径，英寸（in）。

4.3.2 内压抗力

4.3.2.1 管子内屈服应力

$$P = 0.875 \left(\frac{2\sigma_s t}{D}\right) \tag{4-2}$$

式中　P——最小内屈服应力，psi，圆整到最接近的 10psi；

σ_s——材料规定最小屈服强度，psi；

t——公称壁厚，in；

D——公称外径，in；

公式中出现系数 0.875 是考虑使用最小壁厚。

4.3.2.2 接箍内屈服应力

除了避免由于接箍强度不足导致泄漏而需要较低应力情况外，带螺纹和接箍管子的内屈服应力 P 与平端管相同。

$$P = \sigma_s \left(\frac{W - d_1}{W} \right) \qquad (4-3)$$

式中　P——最小内屈服应力，psi，圆整到最接近的 10psi；

　　　　σ_s——接箍材料最小屈服强度，psi；

　　　　W——接箍公称外径，in，圆整到最接近的 0.001in；

　　　　d_1——机紧状态下与外螺纹端面对应处接箍螺纹根部的直径，in，圆整到最接近的 0.001in。

对于圆螺纹套管和油管：

$$d_1 = E_1 - (L_1 + A)\, T + H - 2S_{rn} \qquad (4-4)$$

式中　E_1——手紧面中径，in（API SPEC 5B）；

　　　　L_1——外螺纹管端至手紧面的长度，in（API SPEC 5B）；

　　　　A——手紧紧密距，in（注意：在 API SPEC 5B 中，A 是用圈数给出的）；

　　　　T——锥度，0.0625in/in；

　　　　H——齿高，in：0.08660，对于 10 牙/in；0.10825，对于 8 牙/in；

　　　　S_{rn}——0.014in，对于 10 牙/in；0.017in，对于 8 牙/in。

对于偏梯形螺纹：

$$d_1 = E_7 - (L_7 + I)\, T + 0.062 \qquad (4-5)$$

式中　E_7——中径，in（API SPEC 5B）；

　　　　L_7——完整螺纹长度，in（API SPEC 5B）。

I、T 值见表 4-9。

表 4-9　I、T 值

尺寸/in	4½	5~13⅜	>13⅜
I/in	0.400	0.500	0.375
T/in·in^{-1}	0.0625	0.0625	0.0833

4.3.2.3　E_1 或 E_7 面的内压泄漏抗力

E_1 或 E_7 面的内压泄漏抗力公式的建立是基于圆螺纹在 E_1 面、偏梯形螺纹在 E_7 面保持密封，而且此部位是接箍最薄弱的部位，内压泄漏抗力也是最低的。建立的基础是：上扣及内压本身所产生的管子与接箍螺纹之间的干涉应力与内压泄漏抗力 P 相等，并且应力位于弹性范围内。

$$P = ETNp\,(W^2 - E_s^2) \,/\, (2E_s W^2) \qquad (4-6)$$

式中　P——内压泄漏抗力，psi，圆整到最接近的 10psi；

　　　　E——30×10^6（弹性模量）；

　　　　T——螺纹锥度，in/in：

　　　　　　0.0625，对于圆螺纹套管；

　　　　　　0.0625，对于小于或等于 13⅜in 的偏梯形螺纹套管；

　　　　　　0.0833，对于大于或等于 16in 的偏梯形螺纹套管；

　　　　N——螺纹上扣旋转圈数；

A，对于圆螺纹套管（API SPEC 5B）；

$A+1\frac{1}{2}$，对于小于或等于 $13\frac{3}{8}$in 的偏梯形螺纹套管；

$A+1$，对于大于或等于 16in 的偏梯形螺纹套管；

p——螺距：0.125，对于圆螺纹套管；0.200，对于偏梯形螺纹套管；

W——接箍外径，in；

E_s——密封面中径，in：E_1，对于圆螺纹；E_7，对于偏梯形螺纹。

由于上扣引起的内、外螺纹之间的接触应力如下所示：

$$P_1 = ETNp(W^2 - E_s^2)(E_s^2 - d^2) / [2E_s^3(W^2 - d^2)] \qquad (4-7)$$

式中　d——内径，in。

上扣后，内压 P_i 将引起接触应力变化，变化量如下所示：

$$P_2 = P_i d^2(W^2 - E_s^2) / [E_s^2(W^2 - d^2)] \qquad (4-8)$$

由于接箍直径始终大于接触面直径，接触面直径始终大于内部管子的直径，P_2 将始终小于 P_i。这样，当整体接触应力（$P_1 + P_2$）等于内部应力 P_i 时，螺纹连接就达到了泄漏抗力极限 P。换句话说，如果 P_i 大于（$P_1 + P_2$），将发生泄漏。

$$P_1 + P_2 = P_i = P \qquad (4-9)$$

将 P_1 和 P_2 的合适值代入式（4-9）并经简化就可以得到式（4-6）。

4.3.3　连接强度

4.3.3.1　圆螺纹套管连接强度

圆螺纹套管连接强度用式（4-10）和式（4-11）计算，取两个公式计算所得的较低值。

式（4-10）和式（4-11）对长、短圆螺纹及接箍均适用。式（4-10）用于计算接头连接发生断裂破坏的最小强度，式（4-11）用于计算接头连接发生滑脱破坏的最小强度。

断裂强度：

$$P_j = 0.95 A_{jp} U_p \qquad (4-10)$$

滑脱强度：

$$P_j = 0.95 A_{jp} L \left(\frac{0.74 D^{-0.59} \sigma_b}{0.5L + 0.14D} + \frac{\sigma_s}{L + 0.14D} \right) \qquad (4-11)$$

式中　P_j——最小连接强度，lb；

A_{jp}——最后一完整螺纹处管子的横截面积，in²：

0.7854 $[(D-0.1425)^2 - d^2]$，对于 8 牙圆螺纹；

D——管子公称外径，in；

d——管子公称内径，in；

L——螺纹啮合长度，in：

$L_4 - M$，对于正常上扣（见 API SPEC 5B）；

σ_s——管子材料最小屈服强度，psi；

σ_b——管子材料最小抗拉强度，psi。

API Bul 5C2 中给出的圆螺纹套管连接强度由直径和壁厚的表列值及 API 表列值 L_4 和

M 计算。

接箍断裂破坏强度：

$$P_j = 0.95A_{jc}\sigma_b \qquad (4-12)$$

式中 A_{jc}——接箍横截面积，in^2：0.7854（$W^2 - d_1^2$）；

$\quad W$——接箍外径，in；

$\quad d_1$——机紧状态下与外螺纹端面对应处接箍螺纹根部的直径，in，圆整到最接近的 0.001in，见式（4-4）；

$\quad \sigma_b$——接箍最小抗拉强度，psi。

4.3.3.2 偏梯形螺纹套管连接强度

偏梯形螺纹套管连接强度用式（4-13）和式（4-14）计算，取这两个公式求得的较低值。

管子螺纹强度：

$$P_j = 0.95A_P\sigma_b[1.008 - 0.0396(1.083 - \sigma_s/\sigma_b)D] \qquad (4-13)$$

接箍螺纹强度：

$$P_j = 0.95A_C\sigma_b \qquad (4-14)$$

式中 P_j——最小连接强度，lb；

$\quad \sigma_s$——管子材料最小屈服强度，psi；

$\quad \sigma_b$——材料最小抗拉强度，psi；

$\quad A_P$——平端管的横截面积，in^2：0.7854（$W^2 - d^2$）；

$\quad A_C$——接箍的横截面积，in^2：0.7854（$W^2 - d_1^2$）；

$\quad D$——管子外径，in；

$\quad W$——接箍外径，in；

$\quad d$——管子内径，in；

$\quad d_1$——机紧状态下与外螺纹端面对应处接箍螺纹根部的直径，in，圆整到最接近的 0.001in。

4.3.3.3 直连型套管连接强度

直连型套管连接强度由式（4-15）计算：

$$P_j = A_{cr}\sigma_b \qquad (4-15)$$

式中 P_j——最小连接强度，lb；

$\quad \sigma_b$——材料的规定最小抗拉强度，psi；

$\quad A_{cr}$——外螺纹、内螺纹或管子的临界横截面积，取其最小值，in^2：

0.7854（$M^2 - d_b^2$），如果外螺纹是临界的；

0.7854（$D_P^2 - d_j^2$），如果内螺纹是临界的；

0.7854（$D^2 - d^2$），如果管子是临界的。

以下将此处出现的各量顺序解释：

$\quad M$——接头连接公称外径，in；

$\quad d_b$——内螺纹临界面内径，in：$L + 2h - \Delta + \theta$；

$\quad D_P$——外螺纹临界面外径，in：$H + \delta - \phi$；

d_j——接头连接公称内径，in；

D——套管公称外径，in；

d——套管公称内径，in；

h——内螺纹最小齿高，in：0.060，对于 6 牙/in；0.080，对于 5 牙/in；

Δ——外螺纹完整螺纹长度内的锥度降值，in：

  0.253，对于 6 牙/in；

  0.228，对于 5 牙/in；

θ——最大螺纹干涉量的 1/2，in：$(H-I)/2$；

H——外螺纹最后一完整螺纹处齿根直径最大值，in；

I——内螺纹在 H 平面处的最小齿顶直径，in；

δ——H 平面和 J 平面间的锥度升值，in：

  0.035，对于 6 牙/in；

  0.032，对于 5 牙/in；

ϕ——最大密封干涉量的 1/2，in：$(A-O)/2$；

A——外螺纹密封切点处的最大直径，in；

O——内螺纹密封切点处的最大直径，in。

当使用 API 标准所列的值时，临界面积计算到 3 位小数，连接强度圆整到 1000lb。

小　结

  使用螺纹将单根套管连接成管柱。本章介绍了抗挤套管常用的圆螺纹、偏梯形螺纹以及特殊扣螺纹。特殊外径高抗挤套管的螺纹设计，是在 API 螺纹形式的基础上进行了优化，提升了管体本身及螺纹连接处的抗外挤压能力，不仅满足与 API 螺纹的互换性，还具备优良的可加工性，适合于现场的批量生产。本章还介绍了管柱设计的基本公式，与螺纹参数直接相关。特殊外径高抗挤套管的管柱设计采用相应的螺纹参数来计算。

参考文献

[1] API SPEC 5B 套管、油管和管线管螺纹的加工、校准和检验规范 [S].

[2] 王治国，刘玉文. 宝钢特殊螺纹油管的设计分析 [J]. 宝钢技术，2000，6：54.

[3] API Bul 5C3 套管、油管、钻杆和管线管性能的公式和计算公报 [S].

5 抗挤毁套管的微观组织与力学行为

抗挤强度是管体在径向上发生压溃失稳失效所承受的外压强度。一般而言，控制材质的屈服强度、残余应力、套管不圆度以及套管壁厚偏差等因素是提高套管抗挤毁性能的四大"法宝"。套管的挤毁过程是一受套管原始组织影响的塑性变形的过程，其抗挤毁性能不仅取决于材质的屈服强度、杨氏模量、本构关系，套管的残余应力、套管径厚比、尺寸精度（套管不圆度、套管壁厚偏差），还取决于试验时的测试模式、试样的长径比、加载速度等诸多因素。理解和控制套管的制备过程中的微观组织和力学性能的变化特点对抗挤毁套管的研发和生产具有重要的意义。

5.1 塑性变形对组织演变的影响

关于钢管大生产，制管是最重要的过程，这个过程中发生了剧烈的塑性变形，管坯的原始组织同时发生了巨大变化。制管变形方式有两类：斜轧和纵轧。前一种方式包含主变形应力和副变形应力，而第二种方式没有副变形应力。由于存在着副变形应力，穿孔和轧制过程所产生的应力较高。当斜轧穿孔时总的等效应力是纵轧的 2 倍，而斜轧轧管时达到2.6 倍。斜轧产生的高应力必将显著影响材料的微观组织及力学性能。因此与纵轧相比，斜轧能够更有效地改变管体的微观组织结构，从而对钢管的抗挤强度产生影响。对于轧制过程，人们往往联想到织构。织构是多晶体取向分布状态明显偏离随机分布的取向分布结构，它会导致钢板力学性能的各向异性。

人们对于热轧钢板织构的认识已经比较清楚。热轧钢板织构的形成过程可以根据终轧温度的范围分为四种基本类型：（1）奥氏体再结晶区终轧；（2）奥氏体非再结晶区终轧；（3）两相区（$\alpha + \gamma$）终轧；（4）铁素体区终轧。最终形成的织构具有不同的特征[1]。但综合考虑对热轧钢板塑性变形的影响，研究表明[2]，热轧织构从最理想到最不理想的排列顺序为 {111} <110>、{111} <112>、{554} <225>、{332} <113>、{223} <110>、{112} <110>、{113} <110>、{001} <110>、{110} <001>。然而，从延缓压溃失稳的角度考虑，可以通过使用不同的机组以获得理想的热轧织构组成。宝钢 ϕ140mm 浮动芯棒连轧机组和鲁宝 Accu – Roll 斜轧机组分属纵轧和斜轧两种类型，必将产生不同的织构类型，从而影响钢管的抗压溃性能。

5.1.1 塑性变形对材料组织和性能的影响

塑性变形不但可以改变材料的外形和尺寸，而且能够使材料的内部组织和各种性能发生变化。经塑性变形后，金属材料的显微组织发生明显的改变。除了每个晶粒内部出现大量的滑移带或孪晶带外，随着变形量的增加，原来的等轴晶粒将逐渐沿其变形方向伸长。当变形量很大时，晶粒变得模糊不清，晶粒已难以分辨而呈现出一片如纤维状的条纹，称为纤维组织。纤维的分布方向即是材料流变伸展的方向。注意冷变形金属的组织与所观察的试样截面位置有关，如果沿垂直变形方向截取试样，则截面的显微组织不能真实反映晶粒的变形情况。

晶体的塑性变形是借助位错在应力作用下运动和不断增殖的。随着变形量的增大，晶体中的位错密度迅速提高，经严重冷变形后，位错密度可从原先退火态 $10^6 \sim 10^7 \mathrm{cm}^{-2}$ 增至 $10^{11} \sim 10^{12} \mathrm{cm}^{-2}$。

变形晶体中的位错组态及其分布等亚结构的变化，主要可借助透射电子显微分析来了解。经一定量的塑性变形后，晶体中的位错线通过运动与交互作用，开始呈现纷乱的不均匀分布，并形成位错缠结。进一步增加变形量时，大量位错发生聚集，并由缠结的位错组成胞状亚结构，其中，高密度的缠结位错主要集中于胞的周围，构成了胞壁，而胞内的位错密度甚低。此时，变形晶粒是由许多这种胞状亚结构组成，各胞之间存在微小的位向差。随着变形量的增大，变形胞的数量增多、尺寸减小。如果经强烈冷轧或冷拉等变形，则伴随纤维组织的出现，其亚结构也将由大量细长状变形胞组成。

研究指出，胞状亚结构的形成不仅与变形程度有关，而且还取决于材料类型。对于层错能较高的金属和合金（如铝、铁等），其扩展位错区较窄，可通过束集而发生交滑移，故在变形过程中经位错的增殖和交互作用，容易出现明显的胞状结构；而层错能较低的金属材料（如不锈钢、α 黄铜），其扩展位错区较宽，使交滑移很困难，因此在这类材料中易观察到位错塞积群的存在，由于位错的移动性差，形变后大量的位错杂乱地排列于晶体中，构成较为均匀分布的复杂网络，故这类材料即使在大量变形时，出现胞状亚结构的倾向性也较小。

在塑性变形中，随着形变程度的增加，各个晶粒的滑移面和滑移方向都要向主形变方向转动，逐渐使多晶体中原来取向互不相同的各个晶粒在空间取向上呈现一定程度的规律性，这一现象称为择优取向，这种组织状态则称为形变织构。

为了具体描述织构（即多晶体的取向分布规律），常把择优取向的晶体学方向（晶向）和晶体学平面（晶面）跟多晶体宏观参考系相关联起来。这种宏观参考系一般与多晶体外观相关联，譬如丝状材料一般采用轴向；板状材料多采用轧面及轧向。多晶体在不同受力情况下，会出现不同类型的织构。

轴向拉拔或压缩的金属或多晶体中，往往以一个或几个结晶学方向平行或近似平行于轴向，这种织构称为丝织构或纤维织构。理想的丝织构往往沿材料流变方向对称排列。其织构常用与其平行的晶向指数 $<u, v, w>$ 表示。某些锻压、压缩多晶材料中，晶体往往以某一晶面法线平行于压缩力轴向，此类择优取向称为面织构，常以 $\{h, k, l\}$ 表示。轧制板材的晶体，既受拉力又受压力，因此除以某些晶体学方向平行于轧向外，还以某些晶面平行于轧面，此类织构称为板织构，常以 $\{h, k, l\} <u, v, w>$ 表示。

织构可以通过 X 射线衍射法来测定。

实际上，多晶体材料无论经过多么激烈的塑性变形也不可能使所有晶粒都完全转到织构的取向上去，其集中程度取决于加工变形的方法、变形量及变形温度，以及材料本身情况（金属类型、杂质、材料内原始取向等）等因素。在实用中，经常用变形金属的极射赤面投影图来描述它的织构及各晶粒向织构取向的集中程度。由于织构造成了各向异性，其存在对材料的加工成型性和使用性能都有很大的影响，尤其因为织构不仅出现在冷加工变形的材料中，即使进行了退火处理也仍然存在，故在工业生产中应予以高度重视。一般来说，不希望金属板材存在织构，特别是用于深冲压成型的板材，织构会造成其沿各方向变形的不均匀性，使工件的边缘出现高低不平，产生了所谓"制耳"。但在某些情况下，又有利用织构提高板材性能的例子，如变压器用硅钢片。

金属材料经冷加工变形后，强度（硬度）显著提高，而塑性则很快下降，即产生了加工硬化现象。塑性变形中外力所做的功除大部分转化成热之外，还有一小部分以畸变能的形式储存在形变材料内部。这部分能量称为储存能，其大小因形变量、形变方式、形变温度以及材料本身性质而异，约占总形变功的百分之几。储存能的具体表现方式为：宏观残余应力、微观残余应力及点阵畸变。残余应力是一种内应力，它在工件中处于自相平衡状态，其产生是由工件内部各区域变形不均匀性，以及相互间的牵制作用所致。按照残余应力平衡范围的不同，通常可将其分为三种：

（1）第一类内应力，又称宏观残余应力。它是由工件不同部分的宏观变形不均匀性引起的，故其应力平衡范围包括整个工件。例如，将金属棒施以弯曲载荷，则上边受拉而伸长，下边受到压缩；变形超过弹性极限产生了塑性变形时，则外力去除后被伸长的一边就存在压应力，短边为张应力。又如，金属线材经拔丝加工，由于拔丝模壁的阻力作用，线材的外表面较心部变形少，故表面受拉应力，而心部受压应力。这类残余应力所对应的畸变能不大，仅占总储存能的 0.1% 左右。挤毁应力公式中所说的残余应力即为这种内应力。

（2）第二类内应力，又称微观残余应力。它是由晶粒或亚晶粒之间的变形不均匀性产生的。其作用范围与晶粒尺寸相当，即在晶粒或亚晶粒之间保持平衡。这种内应力有时可达到很大的数值，甚至可能造成显微裂纹并导致工件破坏。

（3）第三类内应力，又称点阵畸变。其作用范围是几十至几百纳米，它是由于工件在塑性变形中形成的大量点阵缺陷（如空位、间隙原子、位错等）引起的。变形金属中储存能的绝大部分（80%～90%）用于形成点阵畸变。这部分能量提高了变形晶体的能量，使之处于热力学不稳定状态，故有一种使变形金属重新恢复到自由能最低的稳定结构状态的自发趋势，并导致塑性变形金属在加热时的回复及再结晶过程。

金属材料经塑性变形后的残余应力是不可避免的，它将对工件的变形、开裂和应力腐蚀产生严重影响和危害，因此冷拔钢管用来生产抗挤毁套管必须及时采取消除应力的措施（如去应力退火处理）。但是，在某些特定条件下，残余应力的存在也是有利的。例如，承受交变载荷的零件，若用表面滚压喷丸处理，使零件表面产生压应力的应变层，借以达到强化表面的目的，可使其疲劳寿命成倍提高。

金属和合金经塑性变形后，不仅内部组织结构与各项性能均发生相应的变化，而且由于空位、位错等结构缺陷密度的增加，以及畸变能的升高，将使其处于热力学不稳定的高自由能状态。因此，经塑性变形的材料具有自发恢复到变形前低自由能状态的趋势。当冷变形金属加热时会发生回复、再结晶和晶粒长大等过程。

5.1.2　回复

冷变形后材料经重新加热进行退火之后，其组织和性能会发生变化。观察在不同加热温度下变化的特点可将退火过程分为回复、再结晶和晶粒长大三个阶段。回复是指新的无畸变晶粒出现之前所产生的亚结构和性能变化的阶段；再结晶是指出现无畸变的等轴新晶粒逐步取代变形晶粒的过程；晶粒长大是指再结晶结束之后晶粒的继续长大。

图 5-1 为冷变形金属在退火过程中显微组织的变化。由图可见，在回复阶段，由于不发生大角度晶界的迁移，所以晶粒的形状和大小与变形态的相同，仍保持着纤维状或扁平状，从光学显微组织上几乎看不出变化。在再结晶阶段，首先是在畸变度大的区域产生新的无畸变晶粒的核心，然后逐渐消耗周围的变形基体而长大，直到形变组织完全改组为新的、无畸变的细等轴晶粒为止。最后，在晶界表面能的驱动下，新晶粒互相吞食而长大，从而得到一个在该条件下较为稳定的尺寸，称为晶粒长大阶段。

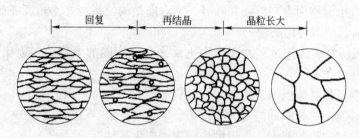

图 5-1 冷变形金属退火时晶粒形状和大小的变化

回复是冷变形金属在退火时发生组织性能变化的早期阶段，在此阶段内物理或力学性能的回复程度是随温度和时间而变化的。回复是一个弛豫过程，其特点有：

（1）没有孕育期。

（2）在一定温度时，初期的回复速率很大，随后即逐渐变慢，直到趋近于零。

（3）每一温度的回复程度有一极限值，退火温度越高，这个极限值也越高，而达到此一极限值所需时间则越短。

（4）预变形量越大，起始的回复速率也越快，晶粒尺寸减小也有利于回复过程的加快。

回复过程中主要特征有：

（1）强度与硬度的变化。回复阶段的硬度变化很小，约占总变化的1/5，而再结晶阶段则下降较多。强度具有与硬度相似的变化规律。上述情况主要与金属中的位错机制有关，即回复阶段时，变形金属仍保持很高的位错密度，而发生再结晶后，则由于位错密度显著降低，强度与硬度明显下降。

（2）内应力的变化。在回复阶段，大部或全部的宏观内应力可以消除，而微观内应力则只有通过再结晶方可全部消除。

（3）亚晶粒尺寸的变化。在回复的前期，亚晶粒尺寸变化不大，但在后期，尤其在接近再结晶时，亚晶粒尺寸就显著增大。

实验研究表明，对冷变形铁，在回复时因回复程度不同而有不同的激活能值。如在短时间回复时求得的激活能与空位迁移能相近，而在长时间回复时求得的激活能则与自扩散激活能相近。

回复阶段的加热温度不同，冷变形金属的回复机制各异。

低温时，回复主要与点缺陷的迁移有关。冷变形时产生大量点缺陷——空位和间隙原子，点缺陷运动所需的热激活较低，因而可在较低温度就可进行。它们可迁移至晶界（或金属表面），并通过空位与位错的交互作用、空位与间隙原子的重新结合，以及空位聚合起来形成空位对、空位群和空位片——崩塌成位错环而消失，从而使点缺陷密度明显下降。故对点缺陷很敏感的电阻率此时也明显下降。

加热温度稍高时，会发生位错运动和重新分布。回复的机制主要与位错的滑移有关：同一滑移面上异号位错可以相互吸引而抵消；位错偶极子的两根位错线相消等等。

高温时，刃型位错可获得足够能量产生攀移。攀移产生了两个重要的后果：

（1）使滑移面上不规则的位错重新分布，刃型位错垂直排列成墙，这种分布可显著降低位错的弹性畸变能，因此，可看到对应于此温度范围，有较大的应变能释放。

（2）沿垂直于滑移面方向排列并具有一定取向差的位错墙（小角度亚晶界），以及由此所产生的亚晶，即多边化结构。

显然，高温回复多边化过程的驱动力主要来自应变能的下降。多边化过程产生的条件有：

（1）塑性变形使晶体点阵发生弯曲。

（2）在滑移面上有塞积的同号刃型位错。

（3）需加热到较高的温度，使刃型位错能够产生攀移运动。

多边化后刃型位错的排列情况如图5-2所示，故形成了亚晶界。一般认为，在产生单滑移的单晶体中多边化过程最为典型；而在多晶体中，由于容易发生多系滑移，不同滑移系上的位错往往会缠结在一起，会形成胞状组织，故多晶体的高温回复机制比单晶体更为复杂，但从本质上看也是包含位错的滑移和攀移。图5-2中位错攀移使同一滑移面上异号位错相消，位错密度下降，位错重排成较稳定的组态，构成亚晶界，形成回复后的亚晶结构。

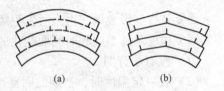

图5-2 位错在多边化过程中重新分布
（a）多边化前刃型位错散乱分布；
（b）多边化后刃型位错排列成位错壁

从上述回复机制可以理解，回复过程中电阻率的明显下降主要是由于过量空位的减少和位错应变能的降低；内应力的降低主要是由于晶体内弹性应变的基本消除；硬度及强度下降不多则是由于位错密度下降不多，亚晶还较细小之故。

据此，回复退火主要是用作去应力退火，使冷加工的金属在基本上保持加工硬化状态的条件下降低其内应力，以避免变形并改善工件的耐蚀性。

5.1.3 再结晶

冷变形后的金属加热到一定温度之后，在原变形组织中重新产生了无畸变的新晶粒，而性能也发生了明显的变化并恢复到变形前的状况，这个过程称为再结晶。因此，与前述回复的变化不同，再结晶是一个显微组织重新改组的过程。

再结晶的驱动力是变形金属经回复后未被释放的储存能（相当于变形总储能的90%）。通过再结晶退火可以消除冷加工的影响，故其在实际生产中起着重要作用。

再结晶是一种形核和长大过程，即通过在变形组织的基体上产生新的无畸变再结晶晶核，并通过逐渐长大形成等轴晶粒，从而取代全部变形组织的过程。不过，再结晶的晶核不是新相，其晶体结构并未改变，这是与其他固态相变不同的地方。

再结晶时，晶核是如何产生的？透射电镜观察表明，再结晶晶核是现存于局部高能量区域内的，以多边化形成的亚晶为基础形核。由此提出了几种不同的再结晶形核机制：

（1）晶界弓出形核。对于变形程度较小（一般小于20%）的金属，其再结晶核心多以晶界弓出方式形成，即应变诱导晶界移动或称为凸出形核机制。

当变形量较小时，各晶粒之间将由于变形不均匀性而引起位错密度不同。如图5-3所示，A、B两相邻晶粒中，若B晶粒因变形量较大而具有较高的位错密度时，则经多边化后，其中所形成的亚晶尺寸也相对较为细小。于是，为了降低系统的自由能，在一定温度条件下，晶界处A晶粒的某些亚晶将开始通过晶界弓出迁移而凸入B晶粒中，以吞食B晶粒中亚晶的方式开始形成无畸变的再结晶晶核。

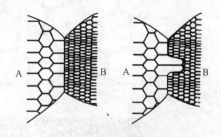

图5-3 具有亚晶粒组织的晶粒间的凸出形核示意图

（2）亚晶形核。此机制一般是在大的变形量下发生。前面已述及，当变形量较大时，晶体中位错不断增殖，由位错缠结组成的胞状结构，将在加热过程中容易发生胞壁平直化，并形成亚晶。借助亚晶作为再结晶的核心，其形核机制又可分为以下两种：

1）亚晶合并机制。在回复阶段形成的亚晶，其相邻亚晶边界上的位错网络通过解离、拆散以及位错的攀移与滑移，逐渐转移到周围其他亚晶界上，从而导致相邻亚晶边界的消失和亚晶的合并。合并后的亚晶，由于尺寸增大，以及亚晶界上位错密度的增加，使相邻亚晶的位向差相应增大，并逐渐转化为大角度晶界，它比小角度晶界具有大得多的迁移率，故可以迅速移动，清除其移动路程中存在的位错，使在它后面留下无畸变的晶体，从而构成再结晶核心。在变形程度较大且具有高层错能的金属中，多以这种亚晶合并机制形核。

2）亚晶迁移机制。由于位错密度较高的亚晶界，其两侧亚晶的位向差较大，故在加热过程中容易发生迁移并逐渐变为大角晶界，于是就可作为再结晶核心而长大。此机制常出现在变形量很大的低层错能金属中。

上述两机制都是依靠亚晶粒的粗化来发展为再结晶核心的。亚晶粒本身是在剧烈应变的基体只通过多边化形成的，几乎无位错的低能量地区，它通过消耗周围的高能量区长大成为再结晶的有效核心，因此，随着变形量的增大会产生更多的亚晶而有利于再结晶形核。这就可解释再结晶后的晶粒为什么会随着变形量的增大而变细的问题。

图5-4为三种再结晶形核方式的示意图。

晶核形成之后，它就借界面的移动而向周围畸变区域长大。界面迁移的推动力是无畸变的新晶粒本身与周围畸变的母体（即旧晶粒）之间的应变能差，晶界总是背离其曲率中心，向着畸变区域推进，直到全部形成无畸变的等轴晶粒为止，再结晶即告完成。

微量溶质原子的存在对金属的再结晶有很大的影响，可以显著提高再结晶温度，原因可能是溶质原子与位错及晶界间存在着交互作用，使溶质原子倾向于在位错及晶界处偏聚，对位错的滑移与攀移和晶界的迁移起着阻碍作用，从而不利于再结晶的形核和核的长大，阻碍再结晶过程。

第二相粒子的存在既可能促进基体金属的再结晶，也可能阻碍再结晶，这主要取决于基体上分散相粒子的大小及其分布。当第二相粒子尺寸较大，间距较宽（一般大于1μm）

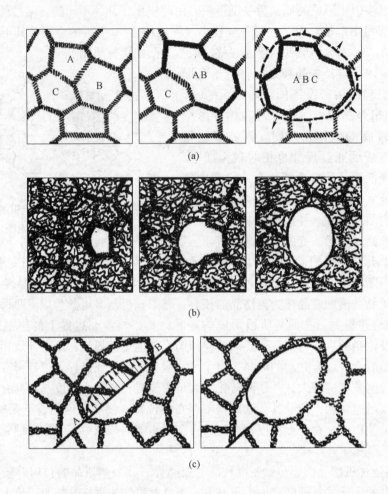

图 5-4 三种再结晶形核方式的示意图
(a) 亚晶粒合并形核；(b) 亚晶粒长大形核；(c) 凸出形核

时，再结晶核心能在其表面产生。在钢中常可见到再结晶核心在夹杂物 MnO 或第二相粒状 Fe_3C 表面上产生；当第二相粒子尺寸很小且又较密集时，则会阻碍再结晶的进行，在钢中常加入 Nb、V 或 Al 形成 NbC、V_4C_3、AlN 等尺寸很小的化合物 (＜100nm)，它们会抑制形核。

再结晶完成以后，位错密度较小的新的无畸变晶粒取代了位错密度很高的冷变形晶粒。由于晶粒大小对材料性能将产生重要影响，因此，调整再结晶退火参数，控制再结晶的晶粒尺寸，在生产中具有一定的实际意义。

5.1.4 晶粒长大

再结晶结束后，材料通常得到细小等轴晶粒，若继续提高加热温度或延长加热时间，将引起晶粒进一步长大。

对晶粒长大而言，晶界移动的驱动力通常来自总的界面能的降低。晶粒长大按其特点可分为两类：正常晶粒长大与异常晶粒长大（二次再结晶），前者表现为大多数晶粒几乎同时逐渐均匀长大；而后者则为少数晶粒突发性的不均匀长大。

再结晶完成后，晶粒长大是一自发过程。从整个系统而言，晶粒长大的驱动力是降低其总界面能。若就个别晶粒长大的微观过程来说，晶粒界面的不同曲率是造成晶界迁移的直接原因。实际上晶粒长大时，晶界总是向着曲率中心的方向移动。

由于晶粒长大是通过大角度晶界的迁移来进行的，因而所有影响晶界迁移的因素均对晶粒长大有影响，这些因素有温度、第二相、相邻晶粒间的位向差以及杂质与微量合金元素等。

钢管的轧制在高温下进行，轧制变形对材料组织性能的影响和冷变形条件下再加热发生的回复与再结晶的基本原理相同，只是在高温下轧制变形时同时发生回复与再结晶，谓之动态回复和动态再结晶。在纵轧或斜轧钢管的条件下，材料的这种热机械行为直接影响着热轧管的微观组织，从而对钢管的抗压溃性能产生深远的影响。

5.2 斜轧制管过程中材料的力学行为

鲁宝制管工艺为：斜轧穿孔 – 斜轧延伸 – 纵轧均整 – 纵轧定径，尔后获得热轧管。然后进行调质处理，并通过定径和矫直工艺生产出高抗挤套管。轧管是一种高应变速率的变形过程，尤其是在斜轧工艺下，能够显著影响力学性能和微观组织。很多有关材料高温下变形机制的研究集中于应变速率小于 5/s 的情况，本书所介绍的研究使用宝钢的 28MoV 抗挤毁钢种，采用热模拟机对轧管这种高应变速率下的高温变形过程进行了模拟，并对制管过程中微观组织的转变与变形过程的关系进行了讨论。

5.2.1 制管应变

在纵向变形过程中，纵向、径向、周向和当量应变用下列公式进行计算：

$$\left.\begin{aligned}
\varepsilon_1 &= \ln \frac{(D_0 - S_0)}{(D_z - S_z)} \frac{S_0}{S_z} \\
\varepsilon_2 &= \ln \frac{S_z}{S_0} \\
\varepsilon_3 &= \ln \frac{D_z - S_z}{D_0 - S_0} \\
\varepsilon_{eq} &= \frac{\sqrt{2}}{3} \sqrt{(\varepsilon_1 - \varepsilon_2)^2 + (\varepsilon_2 - \varepsilon_3)^2 + (\varepsilon_1 - \varepsilon_3)^2}
\end{aligned}\right\} \quad (5-1)$$

式（5-1）中，D_0、S_0、D_z 和 S_z 为变形前（下标为 0）和变形后（下标为 z）的外径和壁厚。

对于斜轧工艺的附加应变，可用下列经验公式来进行计算[3]：

对于斜轧穿孔，$\varepsilon_{Teq} = -2.69 + 2.59\mu$，对于斜轧延伸，$\varepsilon_{Teq} = -1.83 + 2.06\mu$，这里 μ 是变形前后的伸长率。

以 API 规格的 $\phi177.8mm \times 9.19mm$ 套管的生产为例，高温下斜轧穿孔和斜轧延伸的变形速率在 4~6/s 左右，主要的制造过程参数如表 5-1 所示。斜轧穿孔、斜轧延伸、均整和定径的当量变形分别为 5.96、0.89、0.07 和 0.09。斜轧穿孔（5.96）和斜轧延伸（0.89）的当量应变大约是纵轧穿孔（1.94）和纵轧延伸（0.33）的 3 倍。

表 5 – 1　斜轧制管工艺当量应变的计算

工艺	T/K	D_0/mm	S_0/mm	D_z/mm	S_z/mm	μ	ε_{eq}	ε_{Teq}
斜轧穿孔	1513	178	89	195	13	3.34	(1.94)	5.96
斜轧延伸	1373	195	13	192	9.8	1.32	(0.33)	0.89
纵轧均整	1223	192	9.8	192	9.19	1.06	0.07	
纵轧定径	1143	192	9.19	177.8	9.19	1.08	0.09	

注：括弧内数值为纵轧情况下的当量应变。

5.2.2　高温变形机理

5.2.2.1　试验方法

在钢管圆坯上切割出 $\phi8mm \times 12mm$ 的试样，采用 Gleeble 3800 热模拟机进行高温变形模拟实验。试样首先以 10K/s 的速度加热到 1250℃，保温 2min，然后冷却到不同温度并保温 1.5min，如图 5 – 5 所示。接下来，以 5/s 的变形速率进行变形，再以约 30K/s 的冷却速度淬火至室温。

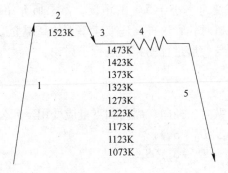

图 5 – 5　压缩变形示意图

1—以 10K/s 的速度升温到 1523K；2—在 1283K 保温 5min；3—以 5K/s 的速度冷到变形温度；4—在恒定温度下变形 (1473K，1423K，1373K，1323K，1273K，1223K，1173K，1123K，1073K)；5—以约 30K/s 的冷却速度淬火至室温

对试样抛光，在 323 ~ 353K 下用苦味酸进行腐蚀后进行晶粒度测定。采用金相显微镜进行观测。采用 Rigaku Rint – 2200/PC 衍射仪对调质热处理前后的管体外表面织构进行分析，使用透射电镜观察析出物分布。

5.2.2.2　高温下变形机制

在变形的初始阶段，加工硬化效应起主要作用，流变应力显著增加。随着变形程度的增加，加工硬化和动态软化效应同时发生。动态软化效应来源于动态再结晶和动态回复过程。一般在高应变速率情况下，当变形达到一定程度，产生动态软化效应，降低加工硬化效应所增加的流变应力，使两者最终达到动态平衡。而在低应变速率下，加工硬化不能与软化效应匹配，从而流变应力会出现多峰的特征。

图 5 – 6 为试样在不同温度下以 5/s 的应变速率变形的应力应变曲线。可以看出对于这一钢种，流变应力出现了多峰而不是稳定的值。但是 35CrMo 钢在这样高的应变速率下

只有一个峰[5]。这种现象不仅仅是由于加工硬化和软化效应平衡的结果，还与下面所讨论的析出物的形成有关。从图5-6可以看出，流变应力随着变形温度的降低而升高，在1473K和1073K的最高峰值分别为87MPa和258MPa。

图5-7给出了流变应力最大值与变形温度的关系，呈现两种明显不同的变化趋势。图中的两条拟合曲线实际上分别代表动态再结晶和动态回复过程。如图5-7所示，两线的交点1223K即为动态再结晶开始温度。

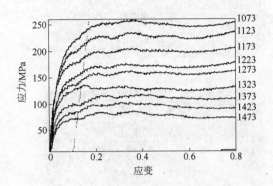

图5-6　不同温度下的流变应力

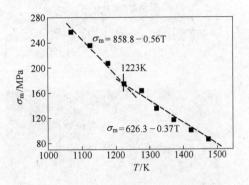

图5-7　流变应力最大值与变形温度的关系

5.2.2.3　高温下热机械过程

变形抗力可以通过热变形过程中的流变应力峰值来表述。Zener和Hollomon发现应力应变曲线与变形温度T和应变速率$\dot{\varepsilon}$有密切关系，可以用一个因子来表示：

$$Z = \dot{\varepsilon}\exp\left(Q/RT\right) = A\sigma_m^n \qquad (5-2)$$

式中，Z为Zener-Hollomon因子；R为气体常数（$R = 8.314\mathrm{J/(mol \cdot K)}$）；$Q$为激活能，对于35CrMo钢来说，动态再结晶的激活能为378.2kJ/mol，本研究使用了这一数据进行了以下的计算；σ_m为试验情况下最大的流变应力；A和n都是常数。

$\ln Z$和$\ln\sigma_m$的关系可以用图5-8来表示，可以看出$\ln Z$正比于$\ln\sigma_m$。由此，可以得出动态再结晶过程中的变性抗力和Zener-Hollomon因子的关系式：

$$\sigma_m = 1.46Z^{0.13} \qquad (5-3)$$

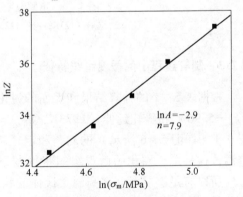

图5-8　$\ln Z$与$\ln\sigma_m$的关系

由于钢管从表面到中心的变形量不一样，因而在微观组织上就存在差异。为了进行更好的比较，只对变形量较高的试样中心的组织进行观察，如图5-9所示。当变形温度较低时，只发生动态回复，拉长的晶粒被保留下来（见图5-9a）；当变形温度较高时（1473K），发生动态再结晶，变形的奥氏体晶粒转变为等轴晶粒（见图5-9d）；在1223K的变形温度下，除了动态回复的特征，还能够看到再结晶晶核沿着原奥氏体晶界分布（见图5-9b），与预测的再结晶温度相一致；在1273K的温度下能够发现细小的奥氏体晶粒沿着变形的奥氏体晶界分布（见图5-9c）。

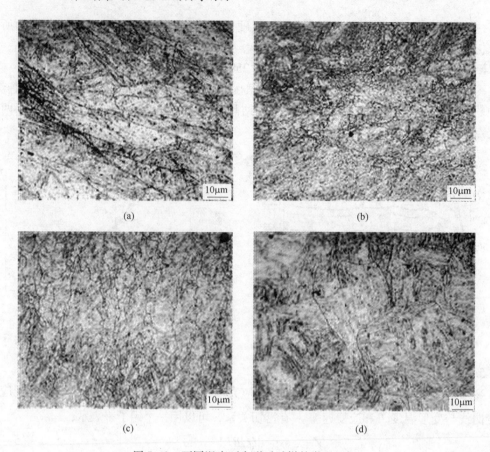

图 5 - 9　不同温度下变形后试样的微观组织
(a) 1123K；(b) 1223K；(c) 1273K；(d) 1473K

5.2.3　制管过程中的微观组织特征

　　根据表 5 - 1 的计算结果和上面的讨论，钢管坯在大应变速率下斜轧穿孔（1513K，$\varepsilon_{Teq} = 5.96$）和斜轧延伸（1373K，$\varepsilon_{Teq} = 0.89$）将发生完全的动态再结晶。在应变小于 0.1（如图 5 - 6 所示）的均整和定径工艺中，钢管只有加工硬化过程。如果淬火到室温，这种加工硬化的微观组织将保留下来。但是，实际大生产中钢管经过了空冷过程，所以有足够的时间在高温奥氏体的状态下发生静态再结晶。如图 5 - 10 所示，变形的晶粒被多边形的奥氏体晶粒所取代，晶粒尺寸大小约为 20 ~ 40μm。热轧管金相组织为贝氏体。

　　对试样进行 TEM 观测，发现沿着轧制方向析出大量碳化物，如图 5 - 11 所示。可以认为尽管变形的奥氏体晶粒已经转变为多边形晶粒，但是析出物的分布状态反映了变形晶粒的原始取向。

　　所研究钢种存在着大尺寸和中尺寸的 $(Cr, Fe)_{23}C_6$ 和 Mo_2C 粒子以及小尺寸的 M (C,N) （M 为 V 或 Ti 或 Nb）。根据 M (C，N) 形成的热力学机理[6~7]，在穿孔、轧制、均整和定径过程中，形成 TiC、NbN 和 NbC 粒子，而大部分的 V 在变形过程中仍以固溶态存在。一般认为，加工硬化是由位错密度的增加造成，高的位错密度区域不仅为再

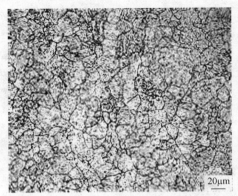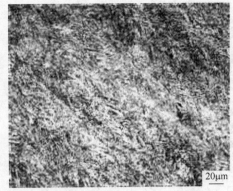

图 5 - 10 热轧状态下的原奥氏体晶粒及组织

结晶软化提供形核位置，也为 M（C，N）的生成提供形核位置，碳氮化物的大量析出打破了加工硬化和动态软化过程的平衡。这就是图 5 - 6 中流变应力发生波动的原因。另外，这些在制管过程中析出的碳化物通过细化晶粒、阻止奥氏体再结晶和阻碍 γ/α 相变的方式能够有效地改变织构的强度和类型。

图 5 - 12 为热轧态钢管周向欧拉空间 $\phi = 0$ 和 $\phi = 45°$ 截面织构组成。织构整体强度不高，主要织构的组成为 {111} <110> 组分，3.3 级，织构组分非常单一。

图 5 - 11 热轧管（Cr，Fe）$_{23}$C$_6$、Mo$_2$C、(Ti，Nb，V) C 等类型析出物

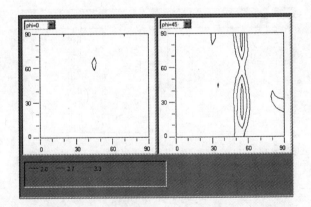

图 5 - 12 热轧管周向欧拉空间 $\phi = 0$ 和 $\phi = 45°$ 截面织构({111} <110>，强度3.3)

5.2.4 热处理后微观组织的演变

将钢管加热到 1173K 予以调质处理，原奥氏体晶粒度细化到 $10\mu m$，如图 5 - 13 所示。调质之后，析出物的分布较热轧态的分布有了很大的变化（见图 5 - 14）。在回火过程中 VC 充分析出，并且大量的小于 10nm 的 VC 析出物颗粒是在钢管调质后形成的。在外

图 5-13 热处理后的原奥氏体晶粒　　图 5-14 (Cr,Fe)$_{23}$C$_6$、Mo$_2$C、(Ti,Nb,V)C
等析出相 TEM 图像

压下的挤毁过程中，这些析出物能够有效地钉扎位错，阻碍滑移，从而显著提高抗挤性能。这些和试验室轧钢试样观察的结果一致，发现的针状纳米颗粒在下面介绍。

根据 Clinedinst 方程，API 110 钢级规格为 $\phi177.8mm \times 9.19mm$ 的套管是属于塑性挤毁的。增加屈服强度会提高抗挤毁性能。Hall - patch 方程描述了晶粒度与屈服强度之间的关系：$\sigma_s = \sigma_0 + kd^{\frac{1}{2}}$，这里 σ_0 和 k 是常数。随着晶粒的减小，屈服强度增加，从而提高了抗挤强度。

图 5-15 表明钢管调质后主要的织构仍为 {111}，组分为 {111} <110> 和 {111} <112>。显然，奥氏体化不能改变已经在制管过程中形成的织构，有趣的是，{111} 织构遗传了下来。可以肯定的是，将大应变分配于斜轧穿孔和斜轧延伸过程，在这一过程中发生了充分的动态再结晶。因此，可以说斜轧变形是 {111} 织构形成的原因。

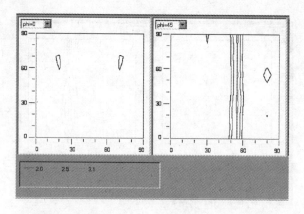

图 5-15 调质后钢管周向在欧拉空间 $\phi = 0$ 和 $\phi = 45°$ 界面的织构分布
（{111} <110>，{111} <112>，织构强度为 3.1）

研究以 $\phi177.8mm \times 9.19mm$ 规格的 BG110TT 抗挤套管为例，研究了斜轧穿孔、斜轧延伸、均整和定径等制管过程中的变形行为，发现在制管过程中形成了 {111} 织构，斜轧变形是形成这种织构的起因。轧制后的热处理不能改变这种织构，热处理后的钢管遗传了这种织构。因此，对于织构的研究可以直接取样热处理后的钢管。

5.3 斜轧工艺套管织构的研究

5.3.1 套管的轧制工艺

对使用鲁宝 Accu - Roll 机组和 ϕ140mm 浮动芯棒机组生产轧制的 ϕ177.8mm ×
10.36mm 规格 BG110 - 3Cr、BG110S 及 BG110TT 等 110 钢级套管进行比较。除 BG110TT
外，另两个钢种在两个机组的壁厚控制精度均为 ±10% t。套管主要化学成分如表 5 - 2
所示。

表 5 - 2　套管主要化学成分

标　识	牌　号	钢　种	各成分质量分数/%			
			C	Cr	Mo	V
T1	BG110 - 3Cr	20Cr3MoCuTi	0.21	3.0	0.4	
T2	BG110TT	28MoV	0.28	0.5	0.4	0.12
T3	BG110S	29CrMoVNb	0.29	0.5	0.85	0.07

主要轧管工艺流程为：斜轧穿孔—轧制（斜轧或纵轧）—定径—调质—定径和矫直。
关键参数如表 5 - 3、表 5 - 4 所示。T1、T3 钢分别采用了斜轧（鲁宝机组）和纵轧
（ϕ140mm 机组）的方式，分别标记为 T1C、T1L 和 T3C、T3L。T2 钢采用斜轧，标记为
T2C。淬火之后，采用不同的回火温度达到 110 钢级所要求的力学性能。

表 5 - 3　鲁宝制管各钢种的主要制管参数

工　艺	温度 /℃	轧制前外径 /mm	轧制前壁厚 /mm	轧制后外径 /mm	轧制后壁厚 /mm	当量应变
穿孔	1240	178		193.5	14	5.57
轧制	1100	193.5	14	190	11	0.64
均整	950	190	11	188	10.36	0.08
定径	850 ~ 900	188	10.36	178	10.36	0.09
调质	900 > 550					
定径/矫直	> 500					累计应变 6.4

表 5 - 4　ϕ140mm 机组制管各钢种的主要制管参数

工　艺	温度 /℃	轧制前外径 /mm	轧制前壁厚 /mm	轧制后外径 /mm	轧制后壁厚 /mm	当量应变
穿孔	1240	195		222	18.75	3.70
空减	1100	222	18.75	218	18.75	0.02
连轧	900	218	18.75	193.5	10.25	0.71
张减	950	193.5	10.25	178	10.36	0.10
调质	900 > 550					
定径/矫直	> 500					累计应变 4.5

所有的压溃实验均根据 API 5C3 的规定进行。试样的长度为管子外径的 8 倍，压溃试验机见图 5-16。

残余应力采用开口法测定，管体长度 450mm。XRD 测试采用 Rigaku Rint-2200/PC 衍射仪对织构进行分析，仪器参数为 18kW Mo 旋转靶，管电压 50kV，管电流 200mA。测定 α-Fe 的 {110}、{200} 和 {211} 不完整极图，利用极图数据用级数展开法计算三维取向分布函数（ODF）。试样取样位置示意图如图 5-17 所示。

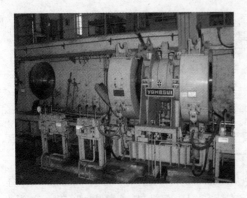

图 5-16 压溃试验机

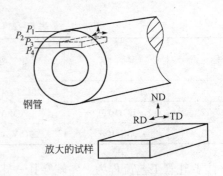

图 5-17 样品取样位置示意图

5.3.2 套管的性能和织构

制管、热处理后，各品种套管尺寸、性能见表 5-5。T1 钢种在 ϕ140mm 机组（以下简称 140）和鲁宝制管热处理后强度和尺寸公差水平接近，但在鲁宝的压溃强度较 140 高 9MPa；同样，T3 钢种在鲁宝和 140 同样的轧制精度控制下，鲁宝的压溃强度亦较 140 的高。

表 5-5 各 110 钢级 ϕ177.8mm×10.36mm 规格品种套管尺寸、性能比较

标 识			屈服强度/MPa	尺寸因素				残余应力/MPa	抗挤强度/MPa		备 注	
序号	标记	机组		壁厚/mm	不均度/%	外径/mm	不圆度/%		实测	预测	钢种	钢级
1	T1L	140	860	10.52	7.85	178.43	0.35	110	74	92	20Cr3MoCuTi	BG110-3Cr
2	T1C	鲁宝	845	10.54	10.61	178.51	0.25	105	83	92		
3	T3L	140	795	10.59	6.65	178.32	0.30	30.8	73	86	29CrMoVNb	BG110S
4			780	10.70	6.94	178.16	0.50	60.5	69	85		
5	T3C	鲁宝	800						75	85		
6			785						77	85		
7	T2C	鲁宝	915	10.71	10.73	179.15	0.31	107	95	93	28MoV	BG110TT

注：该规格 BG110TT 压溃强度保证值为 80.7MPa，API 标准值为 58.8MPa。

两个机组的当量应变计算结果也见表5-3、表5-4，鲁宝轧管的总的当量应变为6.4，而140机组为4.5，要较140机组高约40%，这是鲁宝钢管压溃强度较140高的最直观的原因。

各规格品种压溃强度的玉野（Tamano）公式预测值，也列于表5-5。但是根据公式，钢管的压溃强度预测值接近T2C钢种，但是远高于T1和T3。因此当使用玉野公式预测压溃强度时，应该考虑钢管材质和轧管工艺的影响。

图5-18为T1L、T1C和T2C于图5-17中P_1位置的取样在欧拉空间$\phi=0$和$\phi=45°$截面的织构组成。整体织构强度不是很强。纵轧下的T1L钢管主要织构为$\{112\}$ $<110>$，强度为3.7级，次要织构为$\{111\}$ $<112>$和$\{001\}$ $<110>$，强度分别为2.8和1.9级。而斜轧下的T1C钢管主要织构为$\{112\}$ $<111>$，强度为2.8级。从图中可以看到斜轧能够简化织构组成。图5-18（c）为斜轧下的T2C钢管的织构，存在着$\{111\}$ $<112>$、$\{111\}$ $<110>$，构成了强度为3.5级的$\{111\}$织构。

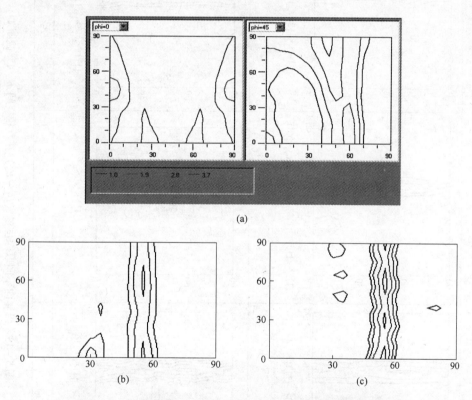

图5-18 沿钢管周向在欧拉空间$\phi=0$和$\phi=45°$截面织构分布
（a）T1L；（b）T1C；（c）T2C

图5-19为T1C和T2C在欧拉空间$\phi=45°$截面沿径向P_1到P_4位置的织构变化示意图。可以发现两者都含有$\{111\}$织构，并且由外到里强度逐渐下降，如图5-20所示。其中T2C呈线性下降，而T1C呈指数下降趋势。分析认为，T2C较大的压溃强度与织构强度的这种下降趋势有关。与$\{111\}$织构相似，$\{112\}$ $<111>$、$\{110\}$ $<001>$组分从P_1到P_4依次降低。显而易见，钢管外壁变形量较大，故而织构强度较大。

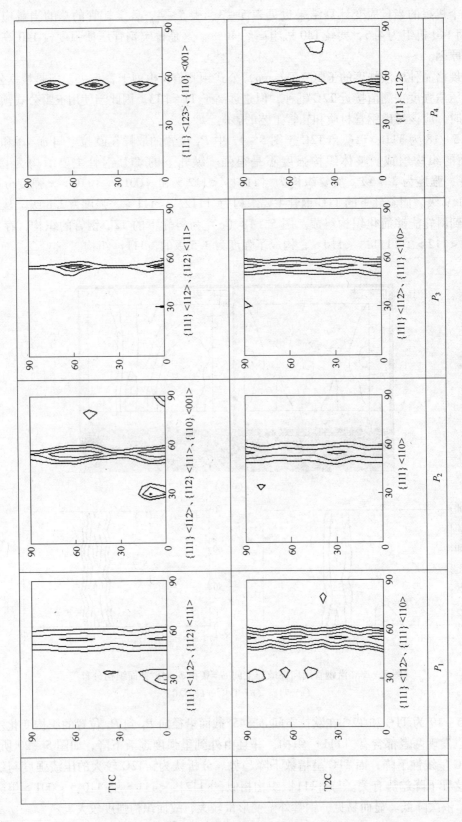

图 5-19 沿周向不同取样位置 ($P_1 \sim P_4$) 在欧拉空间 $\phi = 45°$ 截面 T1C 和 T2C 的织构分布

综上所述，沿周向分布的织构能够有效地提高抗挤性能。斜轧工艺简化了织构组成，而 V 含量的增加阻碍了 {112} <111> 织构的形成，斜轧和 V 微合金化能促进 {111} 织构的形成。微观组织的变化导致了屈强比和压溃强度的变化。

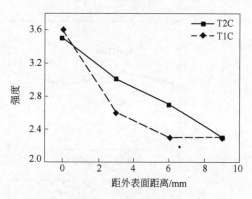

图 5-20　T2C 织构强度与 P_1 到 P_4 取样位置的关系

5.3.3　织构对抗挤强度的影响

本书所介绍研究中的超高抗挤套管尺寸规格为 φ177.8mm×10.36mm，根据 API 标准规定，该规格套管的抗挤强度为 58.8MPa，BG110TT 承诺值 80.7MPa。而实际的抗挤强度大大超出了 API 标准（见表 5-5 中的抗挤强度一栏），超了承诺值的 17%。在斜轧工艺下，管坯在轧辊和顶头的相互作用下做螺旋运动，受到交变的切应力和横向拉应力，这些作用力使套管晶粒产生偏转和滑移，从而产生了典型的 {111} 面织构。由于套管的外表面与轧辊接触，内表面与顶头接触，受到剪切变形的程度大于套管壁的中心部位，因此，在套管的外壁区域和内壁部位均出现了一定量的高斯织构和反高斯织构，这一现象与热轧板表层织构的形成颇为相似。

对于立方晶体材料而言，典型的原子排布图见图 5-21。在晶粒的所有各种取向中，{111} 织构取向的晶粒原子排列最为密布，因此也具有最稳定的屈服强度和最稳定的杨氏弹性模量，换言之，即具有 {111} 面织构的材料的各向异性是最小的，见图 5-22。

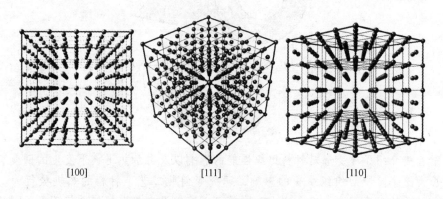

[100]　　　　　　　　[111]　　　　　　　　[110]

图 5-21　立方晶格原子排布图

由于 {111} 织构沿着径向是难以变形的，抵抗外压的能力最强。可以说沿套管的切向方向形成均一的 {111} 织构构成了一种框架结构，见图 5-23。所形成的这种框架结构能够有效地提高套管的抗挤性能。

与 {111} 面织构不同，{001} <110> 取向和 {110} <001> 高斯取向会加大材料的各向异性，因此必须尽量减少这些取向。在轧制时实施强润滑能够降低甚至消除 {001} <110> 取向和 {110} <001> 高斯取向，能进一步提高套管的抗挤性能。

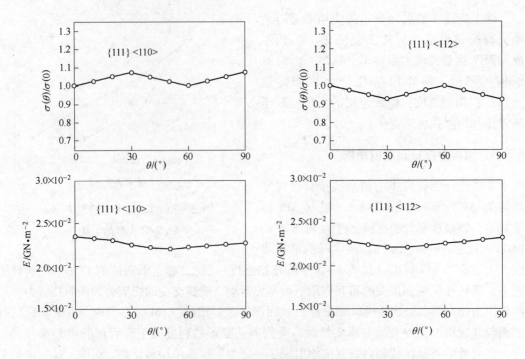

图 5-22 {111} 面织构的屈服强度和弹性模量沿轧向和横向分布图

图 5-23 均一的 {111} 织构形成了一种框架结构

本章首先介绍了冷变形对材料组织性能的影响以及再加热退火下发生的回复、再结晶和晶粒长大三个阶段对组织演变的影响，研究了斜轧工艺下材料的热机械行为。研究揭示，除了材质的屈服强度、残余应力、套管不圆度以及套管壁厚偏差等因素，斜轧强应变所产生的织构也对抗挤性能产生了影响。在纵轧和斜轧制管热处理后力学性能和尺寸公差水平接近的情况下，斜轧的压溃强度较纵轧高 5~9MPa，使用现有公式无法预测钢管材质和轧管工艺对压溃强度的影响。

斜轧工艺简化了钢管中织构的组成，使得主要织构为 {111}，这样沿钢管周向能够形成由均一的 {111} 织构构成的一种框架结构，能够有效地提升抗挤性能。考虑到钢管材质和轧管工艺的影响，还需结合前人的工作，在大量试验的基础上对现有的压溃公式进行改进或修正。

参考文献

[1] 吕庆功，陈光南，周家琮，等. 热轧钢板的织构 [J]. 钢铁钒钛，2001，22（2）：1~8.

[2] Ray R K, Jonas J J, Butron – Guillen M P, et al. Transformation texture in steels (review) [J]. ISIJ Inter. 1994, 34: 927~942.

[3] 朱景清，傅晨光，刘玉坤，等. 轧管过程中变形量的计算及其应用 [J]. 钢管，2002，29（5）：17~22.

[4] Tian Qingchao, Dong Xiaoming, Hong Jie. Thermal mechanical behavior and microstructure characteristic of microalloyed CrMo steel under cross – deformation [J]. Materials Science and Engineering A, 2010, 527: 4702~4707.

[5] 叶健松，徐祖耀. 35CrMo 钢动态再结晶的实验研究与数值模拟 [J]. 轧钢，2004，21（5）：23~27.

[6] Strid J, Easterling K E. On the chemistry and stability of complex carbide and nitrides in microalloyed steels [J]. Acta Metall. 1985, 33（11）：2057~2074.

[7] 陈茂爱，唐逸民，楼松年，等. TiVNb 微合金管线钢中的第二相粒子分析 [J]. 钢铁钒钛，2000，21：34.

6 抗挤套管钢的强韧化

根据挤毁应力公式，当钢管的几何尺寸一致时，提高钢管的屈服强度可以提高压溃强度。抗挤毁套管早期的生产实践主要着眼于具有优良性价比的碳锰钢，但其提高强度的空间十分有限，并且随着强度的提高，韧性急剧下降。另外就是规格的限制。普通碳锰钢适宜生产薄壁钢管，中厚壁钢管调质热处理后周向力学性能难以均匀稳定，而这对于提高钢管的抗挤毁性能是十分不利的。高钢级高抗挤套管用钢对材料的性能一般有如下要求：良好的淬透性；优良的回火稳定性；高的强韧性。由于其优异的强韧性和回火稳定性，目前广泛使用 CrMo 钢制造高抗挤套管，如 4130 钢制造。由于这种钢含有较高的 Cr、Mo、Mn 等元素，钢的淬透性好。随着油田企业对高强度、高韧性套管的需求，现有钢种的强韧性已远不能满足市场的需求。

6.1 钢的高强韧化设计思路

材料的强化一般分为固溶强化、析出强化、细晶强化、形变强化、热处理强化等。形变强化（也称加工硬化）的本质是金属在塑性变形过程中位错密度不断增加，使弹性应力场不断增大，位错间强烈的交互作用导致位错的运动越来越困难。形变强化在提高材料强度的同时大幅度降低了韧性，难以作为独立的抗挤套管产品的强化方法，这里不再做介绍。

6.1.1 固溶强化

固溶强化是由于溶质原子对位错运动产生了阻碍。物质是由原子组成的，按原子排列方式的不同可把物质分为晶体和非晶体两类。晶体中的原子排列是有规律的，即"有序排列"，这种规律的排列方式称为晶体的结构；而非晶体中的原子排列是无规律的，即"无序排列"。通常把原子的排列方式称为晶格结构，所有金属的原子排列方式都是有规律的。铁最基本的晶格结构有两种：即体心立方晶格（$\alpha-Fe$）和面心立方晶格（$\gamma-Fe$），见图 6-1。低碳低合金钢在低温下为体心立方晶格，在高温下为面心立方晶格，在更高的温度下又为体心立方晶格。

通常把铁（Fe）和一定的碳（C）组成的合金称为钢。C、Mn、Si 等元素都可以固溶于铁的晶格中。合金组元溶入基体金属的晶格形成的均匀相称为固溶体。形成固溶体后基体金属的晶格将发生程度不等的畸变，但晶体结构的基本类型不变。纯金属一旦加入合金组元变为固溶体，其强度、硬度将升高而塑性将降低，这个现象称为固溶强化。固溶强化的机制是：金属材料的变形主要是依靠位错滑移完成的，故凡是可以增大位错滑移阻力的因素都将使变形抗力增大，从而使材料强化。合金组元溶入基体金属的晶格形成固溶体后，不仅使晶格发生畸变，同时使位错密度增加。畸变产生的应力场与位错周围的弹性应力场交互作用，使合金组元的原子聚集在位错线周围形成"气团"。位错滑移时必须克服

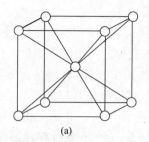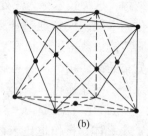

图 6-1 铁的晶格结构

（a）体心立方晶格；（b）面心立方晶格

气团的钉扎作用，带着气团一起滑移或从气团里挣脱出来，使位错滑移所需的切应力增大。此外，合金组元的溶入还将改变基体金属的弹性模量、扩散系数、内聚力和晶体缺陷，使位错线弯曲，从而使位错滑移的阻力增大。在合金组元的原子和位错之间还会产生电交互作用和化学交互作用，也是固溶强化的原因之一。

钢中普存的固溶强化元素有 Si、Mn 等，溶质原子造成点阵畸变，见图 6-2，其应力场与位错应力场发生弹性交互作用（柯氏气团），使位错被钉扎住并阻碍位错运动，从而使变形抗力提高。溶质原子浓度越高、溶质溶剂原子尺寸相差越大，强化效果越显著。

图 6-2 刃位错附近溶质原子的富集

6.1.2 热处理强化

碳在钢中除固溶于基体中外，还与铁等元素结合以化合物形式存在（与铁结合形成渗碳体，Fe_3C）。碳在钢中的存在，将对铁的晶格结构产生影响，并形成不同的组织，一般将钢中的各种组织统称为金相组织。钢的金相组织不同，其性能具有很大的差别。而对钢进行不同的热处理，就可以获得不同的组织，最终获得所需要的性能。

钢的基本组织有以下几种：

（1）奥氏体——铁和其他元素形成的面心立方结构的固溶体，一般指碳和其他元素在 $\gamma-Fe$ 中的间隙固溶体。

（2）铁素体——铁和其他元素形成的体心立方结构的固溶体，一般指碳和其他元素在 $\alpha-Fe$ 中的间隙固溶体。

（3）马氏体——奥氏体通过无扩散型相变而转变成的亚稳定相。实际上，是碳在铁中过饱和的间隙式固溶体。晶体具有体心四方结构。

（4）珠光体——铁素体片和渗碳体片交替排列的层状显微组织，为铁素体和渗碳体的机械混合物。

（5）贝氏体——过冷奥氏体在低于珠光体转变温度和高于马氏体转变温度之间范围内分解成的铁素体和渗碳体的聚合组织。在较高温度分解成的称为上贝氏体，呈羽毛状；在较低温度分解成的称为下贝氏体，呈类似于低温回火马氏体针状组织的特征。

通过加热、保温、冷却的方法使金属和合金内部组织结构发生变化，以获得工件使用性能所要求的组织结构，这种技术称为热处理工艺。

　　关于热处理强化，本文主要指通过淬火、回火提高强度。先通过加热到高温奥氏体区，即奥氏体化后固溶淬火获得过饱和固溶体，获得的马氏体在随后的回火过程中通过马氏体分解析出弥散分布的第二相，从而起到强化作用。淬火获得马氏体实际上就是一种综合性强化方法，它综合了细晶强化（马氏体晶粒远较母相晶粒细小）、固溶强化（马氏体是过饱和固溶体）、位错强化（马氏体中含有高密度位错）和第二相强化（主要是不可变形微粒的沉淀强化）于一体，操作也比较简便，是一种经济而有效的强化方法。在随后的回火过程中将在基体上沉淀出弥散分布的第二相（溶质原子富集区、过渡相或平衡相），通过沉淀强化使钢的强度、韧性升高。

6.1.3　析出强化

　　析出强化是由于析出的细小弥散的第二相阻碍位错运动而产生的强化，因此又称弥散强化、第二相强化等，是调质钢重要的强化机制。第二相的存在一般都使合金的强度升高，其强化效果与第二相的特性、数量、大小、形状和分布均有关系，还与第二相与基体相的晶体学匹配情况、界面能、界面结合等状况有关，这些因素往往又互相联系，互相影响，情况十分复杂。并非所有的第二相都能产生强化作用，只有当第二相强度较高时，合金才能强化。如果第二相是难以变形的硬脆相，合金的强度主要取决于硬脆相的存在情况。当第二相呈等轴状且细小均匀地弥散分布时，强化效果最好；当第二相粗大、沿晶界分布或呈粗大针状时，不但强化效果不好，而且合金明显变脆。当位错通过第二相粒子时，发生奥罗万机制（Orowan），首先运动位错线在粒子前受阻、弯曲，随外加切应力的增加使位错弯曲，直到在 A、B 处相遇，这时，位错线方向相反的 A、B 相遇抵消，留下位错环，位错增殖，然后，位错线绕过粒子，恢复原态，继续向前滑移。位错经过每个微粒时都留下一个位错环，见图 6 - 3。此环要作用一反向应力于位错源，增加了位错滑移的阻力，使强度迅速提高，因此这种强化比固溶强化的效果更为显著。

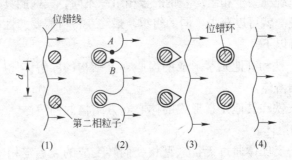

图 6 - 3　位错绕过机制（Orowan，奥罗万机制）

　　如果第二相微粒可以变形，位错将切过微粒使其随同基体一起变形。在这种情况下，强化作用主要取决于微粒本身的性质及其与基体之间的联系。强化机制的短程交互作用是：

　　（1）位错切过粒子形成新的表面积，增加了界面能。

　　（2）位错扫过有序结构时会形成错排面或反相畴，产生反相畴界能。

（3）粒子与基体的滑移面不重合时，会产生割阶，引起临界切应力增加。

其长程交互作用是由于粒子与基体的点阵不同（至少是点阵常数不同），导致共格界面失配，从而造成应力场。

6.1.4 细晶强化

多晶体试样经拉伸后，每一晶粒中的滑移带都终止在晶界附近。通过电镜仔细观察，可看到在变形过程中位错难以通过晶界被堵塞在晶界附近的情形，如图6-4所示。这种在晶界附近产生的位错塞积群会对晶内的位错源产生一反作用力，使晶体显著强化。

总之，由于晶界上点阵畸变严重且晶界两侧的晶粒取向不同，因而在一侧晶粒中滑移的位错不能直接进入第二晶粒，要

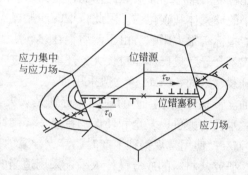

图6-4 位错在相邻晶粒中的作用示意图

使第二晶粒产生滑移，就必须增大外加应力以启动第二晶粒中的位错源动作。因此，对多晶体而言，外加应力必须大至足以激发大量晶粒中的位错源动作，产生滑移，才能觉察到宏观的塑性变形。

因此细晶强化是由于晶粒减小，晶粒数量增多，增大了位错连续滑移的阻力导致的强化；同时，滑移分散也使塑性增大。晶界上原子排列紊乱，杂质富集，晶体缺陷的密度较大，且晶界两侧晶粒的位向也不同，所有这些因素都对位错滑移产生很大的阻碍作用，从而使强度升高。晶粒越细小，晶界总面积就越大，强度越高。细晶强化遵循以下规律：

（1）金属材料的强度与晶粒尺寸之间符合霍尔－配奇公式：

$$\sigma_s = \sigma_0 + kd^{-\frac{1}{2}}$$

式中　d——晶粒平均直径；

　　σ_0——位错移动的摩擦阻力；

　　k——表征晶界对位错滑移阻碍作用的常数。

（2）细晶强化在提高强度的同时，也提高材料的塑性和韧性。这是因为细晶材料在发生塑性变形时各个晶粒变形比较均匀，可以承受较大变形量之故，该强化机制是唯一的同时增大强度和韧性的机制，是本书关注的重点。

（3）细晶强化的效果不仅与晶粒大小有关，还与晶粒的形状和第二相晶粒的数量和分布有关。欲取得较好的强韧化效果，应防止第二相晶粒不均匀分布以及形成网状、骨骼状、粗大块状、针状等不利形状。

（4）晶粒大小常会出现"组织遗传"现象，即一旦在生产中的某个环节形成了粗大晶粒，以后就难以细化。

（5）晶界在室温下阻碍位错滑移，在高温下却成了材料的脆弱之处，且材料在高温下的塑性变形机制与室温塑性变形机制也有所不同，故细晶强化仅适用于提高室温强度，对提高高温强度并不适用，甚至适得其反。

由于晶界数量直接取决于晶粒的大小，因此，晶界对多晶体起始塑变抗力的影响可通

过晶粒大小直接体现。实践证明，多晶体的强度随晶粒细化而提高。因此，一般在室温使用的结构材料希望获得细小而均匀的晶粒。细晶粒不仅使材料具有较高的强度、硬度，而且也使它具有良好的塑性和韧性，即具有良好的综合力学性能。

对于 CrMo 钢，一般关注的是其淬火回火后的力学性能，很少追溯到钢铁的原始奥氏体晶粒度。细小的原始奥氏体晶粒会为后续的相变过程提供更多的形核位置，有利于形成细小的铁素体和碳化物。因此，钢的原始奥氏体晶粒度会对钢的强度、韧性和疲劳抗力等性能指标有很大影响。由于调质钢在热轧后需要再加热到奥氏体化温度，适当的加热工艺不仅不会导致奥氏体晶粒长大，还能达到进一步细化的效果。但是，淬火时要减小变形避免开裂，因而，CrMo 钢一般采用油淬工艺。因为油的冷却性能接近于理想冷却性能，然而油淬带来环境保护上的缺陷，特别是火灾危险性。设计的高抗挤套管均采用水淬的方法。水具有廉价、安全和环保的特点，淬硬性强。但是它的最高冷却速度可以高达 700~800℃/s，使用常规钢种生产时，淬火导致的变形和裂纹的扩展就在所难免。

研究从材料的成分设计入手，采用适当的碳含量以减少水淬变形开裂的可能性。考虑采用了多种强化手段，提高材料的强韧性，以适当的 C、Cr、Mo 的含量，以期获得最佳的相变强化效果，适当加入 V、Nb、Ti、Cu 等以达到弥散强化、细晶强化的效果，加入适量的 Al 细化晶粒，加入适量的 Ni 以提高材料的韧性；控制终轧温度、再加热奥氏体化温度、回火温度以及保温时间，获得细小的原始奥氏体晶粒以及细小弥散分布的析出物以达到最大的强韧化效果。

6.2 抗挤套管钢中的析出相

28CrMoV 钢为宝钢自主研发的超高抗挤套管用钢，该钢种具有优异的淬透性，和常用的 32CrMo4 标准钢种相比，虽然表面淬硬性稍有降低，但淬透性显著提高，见图 6-5 (a)，适宜水淬生产。研究以生产 $\phi177.8mm \times 10.36mm$ 规格 BG110TT 套管为例，典型应力应变曲线如图 6-5 (b) 所示。

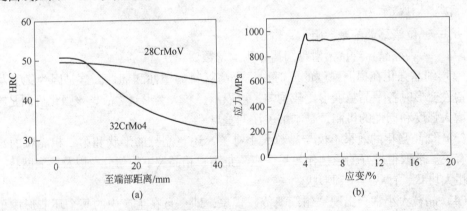

图 6-5 28CrMoV 钢的淬透性及拉伸曲线
(a) 淬透性；(b) BG110TT 拉伸曲线

制管工序如下：穿孔—斜轧—均整—定径—热处理—矫直。进行调质热处理后，进行金相检测。为了进一步表征微观结构，采用 H-800 透射电镜以及 JEM-2010 高分辨透射电镜对析出物进行分析。对 TEM 样品机械抛光后进行电解抛光，电解溶液中 CH_3COOH 和 $HClO_4$ 的体积比为 92.5:7.5。

6.2.1 金相组织

钢管调质热处理后，金相组织为均匀的回火索氏体，见图 6-6 （a）。金相试样经研磨抛光后用过饱和苦味酸、活化剂及适量盐酸按一定比例配制成的溶液在 50～80℃ 温度范围内侵蚀，在光学金相显微镜下观察，显示出原奥氏体晶界后，采用 Mias 晶粒度评级专用软件测量其平均晶粒尺寸及晶粒度。经腐蚀后原始奥氏体晶粒度见图 6-6 （b），晶粒尺寸为 9.95μm。

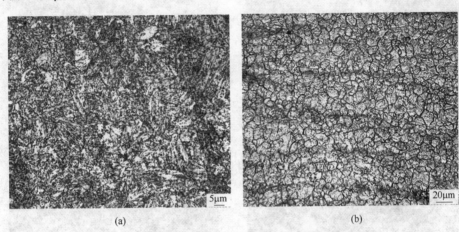

(a)　　　　　　　　　　　　　　(b)

图 6-6　超高抗挤套管微观组织

（a）套管金相组织；（b）试样原奥氏体晶粒形貌

6.2.2 钢中析出相的表征

图 6-7 给出了钢中析出碳化物的照片。从照片中可以看出，沿晶界分布的碳化物呈长条状，而且断断续续。有些长条状碳化物的宽度有 200nm 左右，而有些宽度则较小；它们的长短也不一致。通过选区电子衍射谱（如图 6-8b 所示）分析可以确定，这些沿晶界分布的析出物为面心立方结构的 $M_{23}C_6$ 型碳化物，虽然在薄膜样品中对其成分进行能谱分析比较困难，但根据钢的成分可以认为它主要是（Cr，Fe）$_{23}C_6$ 碳化物。

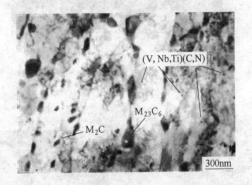

图 6-7　钢中析出碳化物的照片

（采用 H-800 电镜）

在图 6-8 中还可以看出，在基体上沿着特定方向析出的短杆状物质长度在 100～150nm 左右，粗大约为 30～50nm。通过图 6-8 （c）的选区电子衍射谱分析可以确定短杆状析出物为六方结构的 M_2C 型碳化物，其成分主要为 Mo_2C。

在图6-8的视场中，找到了基体上析出的50nm左右的颗粒，得到选区电子衍射谱如图6-8（d）所示，对此进行分析确定该析出物为（V，Nb，Ti）（C，N），其暗场像见图6-9；还可以看到在基体上还析出了非常细小的颗粒，如此小的颗粒无法采用选区电子衍射谱进行物相分析，因此利用高分辨透射电镜对此进行了分析。图6-10为这种细小颗粒的高分辨透射电镜照片，其形状有一定的规则，尺寸为10nm左右。将高分辨透射电镜照片进行FFT处理，可以确定是面心立方结构的MC型碳化物。根据钢中的成分，可以认为是复合的碳氮化物（V，Nb，Ti）（C，N），这种情况在复合添加微量V、Nb、Ti的钢中非常普遍。

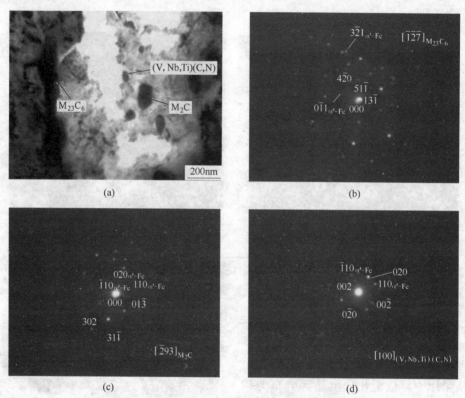

图6-8 钢中析出物的电镜照片（采用H-800电镜）

（a）析出物形貌；（b）$M_{23}C_6$型碳化物电子衍射谱

（c）M_2C型碳化物电子衍射谱；（d）（V，Nb，Ti）（C，N）电子衍射谱

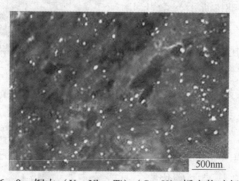

图6-9 钢中（V，Nb，Ti）（C，N）析出物暗场像

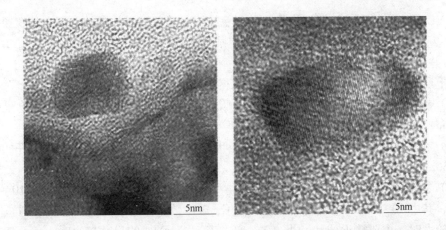

图 6 - 10 (V, Nb, Ti)(C, N) 高分辨电镜照片（采用 JEM - 2010 电镜）

非常有意义并且重要的是在基体上发现了非常细小的针状析出物，宽度只有 2nm 左右，如图 6 - 11 所示。由图 6 - 11 （d）的电子衍射谱可以分析出它为 V_8C_7，与基体保持一定的取向关系。VC 为 NaCl 型的面心立方结构，但是，如果碳的点阵位置没有被碳占满而存在大量空位，就会导致超点阵的形成，这时候就有可能形成 V_8C_7 简单立方超点阵晶胞，晶胞常数为 VC 晶胞常数的两倍。从图 6 - 11 中可以看出，针状 V_8C_7 的长轴沿着基体 $<100>_{\alpha'-Fe}$ 和 $<110>_{\alpha'-Fe}$ 的方向析出，也就是说它沿着基体一定的方向析出。这种结构

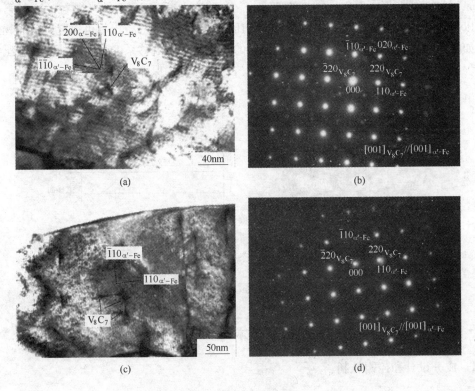

图 6 - 11 纳米析出物的取向关系

(a), (c) 基体上析出针状 V_8C_7；(b), (d) 基体和 V_8C_7 电子衍射谱

可能是 VC 析出物的形成初期形成的一种亚稳结构，随着时间的延长，钢中的金属原子和 C、N 不断扩散，细针状 V_8C_7 在后期转变成颗粒状的面心立方结构的 （V，Nb，Ti） （C，N)并不断长大。

综上所述，针对这些钢中的碳化物可以得到以下规律：

（1）在晶界处主要析出 （Cr，Fe$)_{23}C_6$ 碳化物，而且 （Cr，Fe$)_{23}C_6$ 碳化物呈条状不连续分布；条状 （Cr，Fe$)_{23}C_6$ 碳化物的宽度不一，最宽的尺寸为 200nm 左右。

（2）在基体上沿着一定的方向析出短杆状 Mo_2C 碳化物；Mo_2C 碳化物短杆的长度在 100～150nm 左右，粗大约为 30～50nm。

（3）在基体上析出大量的复合碳氮化物 （V，Nb，Ti）（C，N），尺寸在 10～200nm 范围内，其中 10～50nm 的 （V，Nb，Ti）（C，N） 数量最多；当 （V，Nb，Ti）（C，N） 的尺寸较大时，主要接近球状，当 （V，Nb，Ti）（C，N） 的尺寸较小时，主要接近长方形或椭圆状。

6.2.3 析出相的作用

当钢管的几何尺寸一致时，提高强度和韧性有利于提高压溃强度。Nb、V、Ti 作为强化元素能够细化晶粒，通过析出强化提高钢的强度。在本实验中，添加这三种元素后原奥氏体晶粒小于 $10\mu m$，钢的强度和韧性都随之提高。设计钢种中，析出相有较大颗粒的 （Cr，Fe$)_{23}C_6$，有短杆状的 Mo_2C，也有细小的 （V，Nb，Ti）（C，N），他们均小于 200nm，还有沿着基体$<100>_{\alpha'-Fe}$ 和 $<110>_{\alpha'-Fe}$ 等方向析出 V_8C_7 纳米颗粒，这些第二相都可以起到有效的强化作用。在承受外压的压溃过程中，这些析出物可以起到障碍物的作用，如图 6-12 所示，能够有效地钉扎位错的运动，阻碍滑移系的开动，从而延缓压溃失稳过程的发生，在微观结构上为实现超高抗挤性能提供了保障。

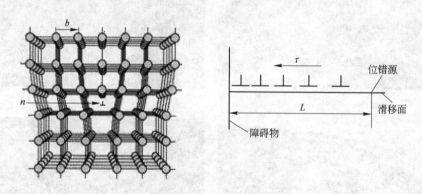

图 6-12 纳米颗粒钉扎位错示意图

6.3 高强度抗挤套管钢的晶粒控制技术

6.3.1 成分设计和控制轧制

为了提高强韧性，获得细晶是该产品材料设计的首选目标。在材料设计上，钢液凝固后，在冷却及轧制过程中 Ti、Nb、V 等合金元素均能与钢中的 C、N 等元素分别形成

TiN、TiC、NbN、NbC、VN、VC 碳氮化合物，这几种化合物固溶度积依次增大，形成温度依次降低[1]，其中 VC 主要从铁素体中沉淀出来[2]。这些化合物均为面心立方点阵，且点阵常数相近（分别为 0.4240、0.4328、0.4390、0.4470、0.4090 和 0.4190nm），可相互作用形成复杂的碳氮混合物[3]。（Nb，Ti）CN 在奥氏体未再结晶区变形期间还可以诱发析出，这些存在的大量的小尺寸粒子在加热过程中能够钉扎原始奥氏体晶界，有效地阻止原始奥氏体晶粒长大。因此，通过 Ti、Nb、V 微合金化是提高材料强韧性的重要手段。传统的 AlN 冶金也可以获得细小的奥氏体晶粒；在工艺控制上，一般而言，细晶的获得有两种方法，即再结晶法和相变法。再结晶包括在奥氏体区和铁素体区的动态再结晶，而相变法则包括应变诱导相变和应变强化相变以获得细小的组织。

应用这些方法的组织细化效果图见图 6 – 13，首先在轧制和热处理的再加热过程中就获得细小的原始奥氏体晶粒，然后获得弥散、精细的第二相颗粒，从而达到提高材料的强韧性，继而实现提高套管抗挤毁性能的目的。

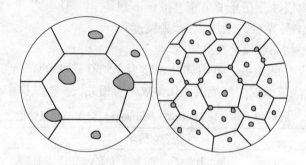

图 6 – 13　晶粒细化控制示意图

6.3.2　优化奥氏体化参数

传统对奥氏体化的研究是对单因子的优化，不能解释各参数间的交互作用。众所周知，提高奥氏体化温度对强度有影响，但会使晶粒粗化。延长保温时间也会粗化晶粒，另外碳化物会充分溶解，固溶强化和析出强化更明显，因此强度和塑性随之变化。这些变化对不同的钢种是不一样的，对晶粒度的影响不是线性的。

响应曲面法采用数学和统计工具模拟分析这些因素的影响。采用 Box – Behnken 设计研究了用来生产 BG110TT 的奥氏体化温度和保温时间对奥氏体晶粒度的影响。

采用 6σ 方法——RSM（响应曲面法）对奥氏体化参数进行优化。响应曲面法研究自变量对应变量的影响。自变量标记为 x_1，x_2，…，x_k，这些因素认为是连续和可控的[4]。Y 假定是随机变量。对两个自变量 x_1 和 x_2，响应值 Y 可以用下面方程表示：

$$Y = f(x_1, x_2) + \varepsilon$$

式中，ε 代表误差。

如果响应值标记为 $F(Y_1 - \varepsilon) = Y$，那么由 $Y = f(x_1, x_2)$ 表示的曲面就是响应面。二阶或二阶以上响应面模型为弯曲面。在大多数情况下，二阶响应面模型可以用如下方程表示：

$$Y = B_0 + \Sigma B_i X_i + \Sigma B_{ii} X_i^2 + B_{ij} X_i X_j \qquad (6-1)$$

式中，Y 为应变量；B_0 为常数；B_i 为线性效应；当 $i=j$ 时，B_{ij} 为二次效应，当 $i<j$ 时，B_{ij} 为交互效应；B_{ii} 是平方项；X_i 为第 i 个变量，称为自变量。二次方程用来评估因变量的响应。

Box – Behnken 设计是一种经济高效的设计方法，它不需要大量的实验次数，因子设计水平为 3 水平，通常用于非序贯性实验设计，能够有效地评价一阶和二阶实验模型参数[5]。本实验采用 Box – Behnken 设计建立数学模型来优化晶粒度。设计数据点的分布如图 6 – 14 所示。

采用 Box – Behnken 设计的参数对 BG110TT 试样进行淬火处理。试样经研磨抛光后用过饱和苦味酸、活化剂及适量盐酸按一定比例配制成的溶液在 50 ~ 80℃ 温度范围内侵蚀，在光学金相显微镜下观察，显示出原奥氏体晶界后，采用 Mias 晶粒度评级专用软件测量其平均晶粒尺寸及晶粒度。

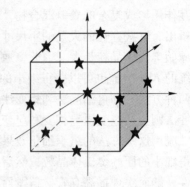

图 6 – 14　Box – Behnken 设计

表 6 – 1 给出两个自变量：奥氏体化温度从 850℃ 到 950℃，保温时间从 18min 到 60min。结果显示奥氏体晶粒度与奥氏体化参数密切相关，一些试样中出现了混晶现象。

表 6 – 1　BG110TT Box – Behnken 设计表及结果数据

RSM 计划		奥氏体化参数		结　果	
StdOrder	RunOrder	淬火温度/℃	保温时间/min	晶粒截距/μm	混　晶
1	1	867	18	9.18	N
8	2	900	60	10.91	Y
6	3	950	35	14.60	Y
13	4	900	35	9.60	N
12	5	900	35	9.80	N
11	6	900	35	9.40	N
2	7	933	18	11.09	N
5	8	850	35	9.23	N
3	9	867	52	9.62	N
4	10	933	52	13.33	Y
9	11	900	35	9.75	N
7	12	900	10	9.50	N
10	13	900	35	9.54	N

模拟方程经修正后表示如下：

$$GS = 722.153 - 1.6 * QT - 0.756 * HT + 0.0009 QT * QT +$$
$$0.00087 HT * HT + 0.00081 QT * HT \tag{6-2}$$

式中，GS 代表晶粒度；QT 代表淬火温度；HT 代表保温时间。

上述模型的响应曲线如图 6 – 15 所示，图 6 – 15（a）等高线图判定变量的交互作用是否显著。等高线图的直线表示变量之间的交互作用可以忽略，等高线图如果是曲线则说明变量之间的交互作用显著。从图 6-15 中可知，奥氏体化温度和保温时间交互作用显著，存在优化值。

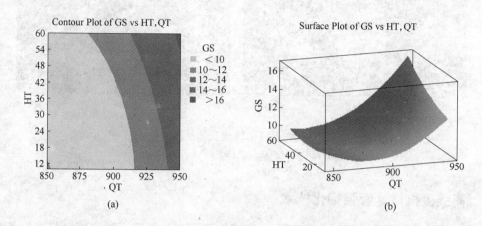

(a)   (b)

图 6-15 BG110TT 奥氏体化参数对晶粒度的影响

(a) 奥氏体化对晶粒度影响的等高线图；(b) 奥氏体化对晶粒度影响的响应曲面

图 6-16 为奥氏体化参数的响应优化器，从图中可以看出当奥氏体化温度为 880℃、保温时间少于 25min 时，晶粒尺寸最小。高或低的奥氏体化温度都会粗化晶粒，保温时间也有同样的趋势。当奥氏体化温度小于 900℃时，保温时间影响不明显，尤其是保温时间在 10~30min 内影响很小。随着奥氏体化温度的提高，保温时间对晶粒度的粗化作用也提高。

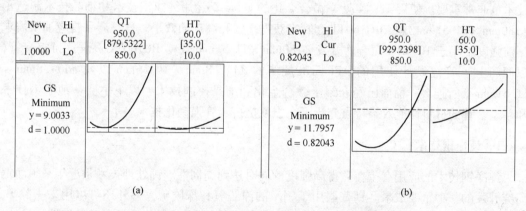

(a)   (b)

图 6-16 BG110TT 不同温度下奥氏体化参数响应优化器

腐蚀后的奥氏体晶粒度见图 6-17，在 867℃淬火和保温 18min 的条件下出现热轧态的带状组织遗传，说明这样的奥氏体化条件不能使成分均匀化，所以低于 20min 的保温时间是不可取的。

综上所述，奥氏体化温度最优值在 870~880℃，保温时间在 30~40min，预测的原奥氏体晶粒大约 9μm。

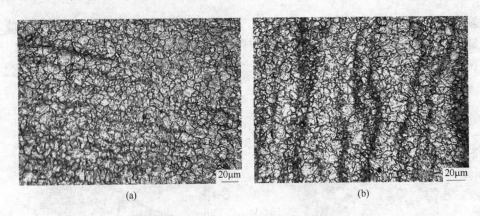

图 6 - 17　BG110TT 奥氏体晶粒金相

(a) 880℃保温 40min；(b) 867℃保温 18min

6.4　高强度抗挤套管强韧化技术

当钢管的几何尺寸一定时，提高强度和韧性可以有效提高压溃强度。但是对于超过 140kpsi 钢级的材料而言，同时获得高强度和高韧性是非常困难的。一般说来，钢级越高，高强度套管对表面缺陷越为敏感。随着钢级的增高，材料的屈服强度增大，材料的硬度相应变高而韧性逐渐下降，加上高钢级套管生产过程中带来的缺陷，是高钢级套管潜在的危险点。在高强度条件下，高韧性可以确保管体在高应力场中抵抗裂纹失稳扩展，对微细缺陷具有包容能力，从而具有更高的安全可靠性。所以超高钢级套管的设计需要兼顾到强度和韧性，在满足高强度的同时尽可能提高韧性指标，提高生产使用安全性。

对于 140kpsi 钢级以上的高强度抗挤套管，除了采取上述细晶强化等方法外，纯净钢技术也非常重要。使用 Ti、Nb、V 微合金化的 CrMo 钢运用纯净钢技术和细晶技术制造了 $\phi180mm \times 11.51mm$ 规格 BG160TT 套管来获得高强和高韧的效果。这一产品是应油田需求压溃强度不小于 103MPa 而合作开发 $\phi180mm \times 11.51mm$ 规格 BG160TT 高强度抗挤套管，以便和上下管柱设计使用的 API 标准规格的 $\phi177.8mm \times 10.36mm$ 以及 $\phi177.8mm \times 11.51mm$ 套管连接。前面已经介绍了微合金化和细晶控制技术，以下主要从纯净钢技术和新型套管的材料性能效果特点介绍了高强度抗挤套管强韧化技术。

6.4.1　纯净钢技术

纯净钢技术的应用有望在获得高强度的同时达到高韧性。钙处理技术是近年来纯净钢研究开发的一项重要成果。钙普遍用于钢水的深脱氧和深脱硫，另外还可以用来去除 P、As、Sn、Pb 等有害元素。钙处理还可以改变 Al_2O_3 和 MnS 的形貌，提高钢的韧性。另外，当 Al 和饱和的 CaO 产物平衡时，脱氧能力还会显著增加[6,7]。

为了提高材料的强韧性，首先要保证钢质的纯净度。炼钢主原料要求采用三脱铁水 + 厂内回收废钢。出钢温度为 (1630 ± 10)℃，电炉终点 $w[C] = 0.05\% \sim 0.10\%$，$w[P] \leqslant 0.010\%$。

要求 LF 处理过程中总喂丝量控制在 400 ~ 500m。采用二次喂丝方法，第一次喂入 250 ~ 300m，第二次在 LF 处理结束之前 5min 喂入 150 ~ 200m。要求 VD 高真空保持时间不少于 13min，真空度不大于 0.4τ。VD 处理结束，如进行成分微调时，添加任何合金必须在喂 Si - Ca 丝前进行，进行喂丝处理结束后严禁添加任何合金。钙处理后，吹氩镇静时间不少于 8min。吹氩结束，为了防止钢水浇注温降异常，钢包采用碳化稻壳作保温剂，加入 20 包/炉。拉速控制小于 2.5m/min。上述冶炼和连铸过程控制要点是降低 P、S、O、N 的含量，减少夹杂物数量，提高钢种的纯净度，同时采用 Ca 处理改变夹杂物形态，提高冲击性能。拉速的控制有助于降低微观偏析，提高材料的均匀性。

高强度和高韧性不仅要求钢的纯净度高，还要严格控制夹杂物。初生夹杂物可在炉渣中清除，但次生夹杂物则会在钢中保存下来。BG160TT 钢中的夹杂物评定结果见表 6 - 2。可以看出各类夹杂物的最严重等级也没有超过 0.5 级，说明炼钢工艺可以满足纯净钢的设计要求。

表 6 - 2 夹杂物评级

夹杂物类型	细	粗
A	0.5	0
B	0.5	0
C	0	0
D	0.5	0

6.4.2 高强度抗挤套管的性能

细晶强化的效果在高强度抗挤套管上的表现更为明显。制备的 ϕ180mm × 11.51mm 规格 BG160TT 套管，外径偏差 0 ~ 1%D，壁厚偏差 - 12.5% ~ 15%t。调质处理后屈服强度均值 1200MPa，抗拉强度均值 1300MPa，冲击试样半样（尺寸 5mm × 10mm × 55mm）横向 0 度冲击功均值为 41J（见表 6 - 3）。利用开口法测得钢管的宏观残余应力小于 100MPa，ϕ180mm × 11.51mm 抗挤强度比要求的 103MPa 大至少 11MPa。

表 6 - 3 管体力学性能（冲击试样半样尺寸 5mm × 10mm × 55mm）

屈服强度/MPa	抗拉强度/MPa	伸长率/%	冲击功/J
1150	1290	16	44
1200	1320	16	41
1160	1300	17	42
1170	1260	18	40
1190	1280	16	40
1200	1300	18	40
1170	1300	16	41
1230	1330	16	45
1210	1280	17	41
1240	1300	17	41
1200	1300	14	41
1210	1300	17	40

屈服强度/MPa	抗拉强度/MPa	伸长率/%	冲击功/J
1190	1270	18	42
1220	1300	20	42
1240	1310	17	44
1190	1310	20	38

BG160TT 在鲁宝制管后，采用优化的热处理参数，获得的奥氏体晶粒为5.0μm，见图6-18。这样，通过合金化以及合适的热处理工艺，材料的强韧性都得到显著提高。

试样压溃后宏观形貌见图6-19，在抗挤强度达114MPa的前提下尚无裂纹。这说明当这种高强度的套管在油田使用时，材料的高韧性是可以确保油田使用安全的。

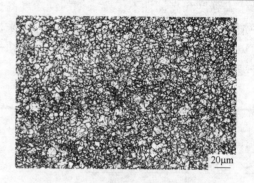

图6-18 BG160TT奥氏体晶粒度

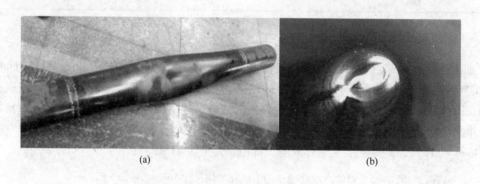

(a)　　　　　　　　　　(b)

图6-19 试样压溃后宏观形貌

(a) 外观；(b) 内视图

BG160TT 韧脆转变温度为-60℃，此时全尺寸冲击功依然高达60J，见图6-20。-60℃以上温度区间，冲击试样断口呈现剪切变形特征，见图6-21。使用扫描电子显微镜观察击断口面上呈韧窝特征（见图6-22a），说明是韧性断裂。需要指出的是，观察区域位于断口中心而非剪切唇部位。试样在-196℃温度下冲击，断口呈现典型的脆断特征，图6-22（b）给出了断面上河流花样和解理刻面，这时冲击功虽然达个位数，但断口上依然存在小韧窝区域。

图6-23给出MC纳米颗粒的暗场像。MC呈三个区域析出，对应为奥氏体的三角晶界，虚线上的黑洞应为在试样制备时脱落的大颗粒的析出相。一般而言，细小的奥氏体晶粒能够提供更多的形核位置，有利于析出细小的铁素体和碳化物。本研究BG160TT奥氏体晶粒细化至5μm，这样Nb、Mo、V等溶质原子的扩散距离被大角晶界限制在有限的空间，以致析出相无法长大而细化。

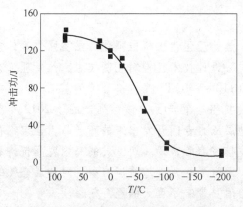

图 6 - 20 BG160TT 韧脆转变温度

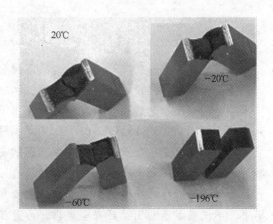

图 6 - 21 冲击试样断口

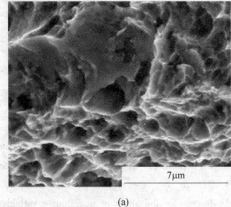

(a)

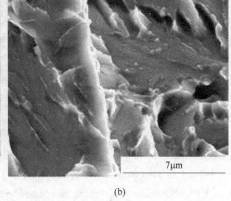

(b)

图 6 - 22 BG160TT 试样的冲击断口形貌
（a）－60℃；（b）－196℃

制备的 ϕ180mm × 11.51mm BG160TT 套管可以方便地连接 API 标准规格的 ϕ177.8mm × 10.36mm 以及 ϕ177.8mm × 11.51mm，给油田带来实在的方便和实惠。实测套管硬度均值 HRC41，表明套管材料的抗磨损性能优良，由于材料的韧性又好，很适合在钻井的"狗腿"处使用。

ϕ180mm × 11.51mm BG160TT 套管已在中原油田东濮凹陷区块成功下井使用，现场套管通径、下套管、固井、完

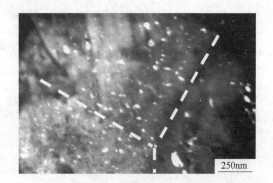

图 6 - 23 MC 纳米颗粒的暗场像

井试压等程序施工正常，均未出现质量问题。油田使用后证明套管设计合理，丝扣连接方便快捷。

小　结

　　抗挤套管钢的强韧化思路主要有固溶强化、热处理强化、析出强化、细晶强化等，宝钢抗挤套管的强韧化技术还包括纯净钢技术、成分设计技术、控制轧制技术、热处理工艺技术等，这些技术的应用使得宝钢在开发出 BG(110~130)TT 高抗挤套管的基础上，成功开发出 BG140TT、BG150TT、BG160TT 等高强度抗挤套管产品，该系列产品于 2012 年获上海市高新技术成果认定。针对中原油田的高地层压力专门开发出来的新产品，让宝钢在激烈的市场竞争中脱颖而出，成功开拓了高强度抗挤套管市场。所开发的高强度高抗挤系列套管各项性能指标完全达到东濮地区盐膏层、泥岩层等复杂地质应力条件对油层套管的要求，不仅满足了油田生产安全要求，而且还给用户带来了巨大的经济效益。

参考文献

[1] Strid J, Easterling K E. On the chemistry and stability of complex carbide and nitrides in microalloyed Steels [J]. Acta Metall, 1985, 33 (11): 2057~2074.

[2] 陈茂爱，唐逸民，楼松年，等. TiVNb 微合金管线钢中的第二相粒子分析[J]. 钢铁钒钛，2000，21: 34.

[3] Drian H A, Pickering F B. Effect of Ti addition on austenite grain growth kinetics of medium carbon V-Nb steels containing 0.008-0.18% N [J]. Materials Science and Technology, 1991, 7 (2): 176~182.

[4] Sarkar Mannan, Ahmadun Fakhru'l-Razi, Md Zahangir Alam. Optimization of process parameters for the bioconversion of activated sludge by Penicillium corylophilum, using response surface methodology [J]. Journal of Environmental Sciences, 2007, 19: 23~28.

[5] Box G E P, Behnken D W. Some new three levels designs for the study of quantitative variables [J]. Technometrics, 1960, 2: 455~476.

[6] Turkdogan E T. Slags and fluxes for ferrous ladle metallurgy [J]. Ironmaking & Steelmaking, 1985, 12: 64~78.

[7] Zhang L, Thomas B G. State of the art in evaluation and control of steel cleanliness [J]. ISIJ International, 2003, 43 (3): 271~291.

7 抗挤抗硫套管

许多油田的油气层中都含有硫化氢，如美国的巴罗马油田、加拿大的平切尔湾油田。国内也有许多含硫化氢的油气田，如四川、长庆、华北、新疆、江汉等油田。油气中硫化氢的来源除了来自地层以外，滋长的硫酸盐还原菌（SRB）转化地层中或化学添加剂中的硫酸盐时，也会释放出硫化氢。硫酸盐还原菌是指一类能与硫酸盐、亚硫酸盐、硫代硫酸盐等硫氧化物以及元素硫产生化学反应形成 H_2S 的生理特性细菌的统称。硫酸盐还原菌的腐蚀主要是由于氢化酶的作用，造成金属腐蚀的机理分两步：第一步是细菌通过氢化酶从金属表面放出原子态氢，并帮助氢原子将硫酸盐还原成硫化物；第二步是阴极去极化作用。因此，SRB 腐蚀实质上是电化学腐蚀的问题[1]。石油加工过程中的硫化氢主要来源于含硫原油中的有机硫化物如硫醇和硫醚等，这些有机硫化物在原油加工过程中受热会转化、分解出相应的硫化氢。干燥的 H_2S 对金属材料无腐蚀破坏作用，H_2S 只有溶解在水中才具有腐蚀性。

7.1 硫化氢引起的氢损伤

普通套管用于含硫化氢的油气资源开采时，套管在使用应力和硫化氢气体的作用下，往往会在受力远低于其本身屈服强度时突然发生脆断，这种现象称为硫化氢应力腐蚀开裂。美国腐蚀工程师协会（National Association of Corrosion Engineers，简称为 NACE）的 MR0175 "油田设备抗硫化物应力开裂金属材料" 标准，对湿硫化氢环境的定义是：对于酸性气体系统，气体总压不小于 0.4MPa（65psi），并且 H_2S 分压不小于 0.0003MPa（0.05psi）；对于酸性多相系统，当处理的原油中有两相或三相介质（油、水、气）时，条件放宽为：气相总压不小于 1.8MPa（265psi）且 H_2S 分压不小于 0.0003MPa，气相压力不大于 1.8MPa 且 H_2S 分压不小于 0.07MPa（10psi），或气相 H_2S 含量超过 15%（摩尔分数）。国内对湿硫化氢环境的定义是：在同时存在水和硫化氢的环境中，当硫化氢分压大于或等于 0.00035MPa 时则称为湿硫化氢环境；或在同时存在水和硫化氢的液化石油气中，当液相的硫化氢含量（质量分数）大于或等于 10×10^{-6} 时，则称为湿硫化氢环境。

在湿硫化氢环境中，硫化氢会发生电离，使水具有酸性，钢材受到硫化氢腐蚀以后阳极的最终产物就是硫化亚铁，该产物通常是一种有缺陷的结构，它与钢铁表面的黏结力差，易脱落，易氧化，且电位较正，因而作为阴极与钢铁基体构成一个活性的微电池，对钢基体继续进行腐蚀。硫化氢电化学腐蚀过程如下：

阳极　$Fe - 2e \rightarrow Fe^{2+}$

阴极　$2H^+ + 2e \rightarrow H_{ad} + H_{ad} \rightarrow 2H \rightarrow H_2 \uparrow$

$$\downarrow$$

$$[H] \rightarrow 钢中扩散$$

其中，H_{ad} 为钢表面吸附的氢原子；$[H]$ 为钢中扩散的氢。

　　反应产物氢一般认为有两种去向，一是氢原子之间有较大的亲和力，易相互结合形成氢分子排出；另一个去向就是原子半径极小的氢原子获得足够的能量后变成扩散氢[H]而渗入钢的内部并溶入晶格中。溶于晶格中的氢有很强的游离性，在一定条件下将导致材料的脆化（氢脆）和氢损伤。

　　湿 H_2S 环境中的损伤类型有氢鼓泡（hydrogen blistering，HB）、氢致开裂（hydrogen-induced cracking，HIC）、应力导向氢致开裂（stress oriented hydrogen induced cracking，SOHIC）、硫化物应力腐蚀开裂（sulfide stress corrosion cracking，SSCC）等[2]。

　　HB 是腐蚀过程中析出的氢原子向钢中扩散，在钢材的非金属夹杂物、分层和其他不连续处聚集形成分子氢，由于氢分子较大，难以从钢的组织内部逸出，从而形成巨大内压导致其周围组织屈服，形成表面层下的平面孔穴结构，其分布平行于钢板表面。它的发生无需外加应力，与材料中的夹杂物等缺陷密切相关。

　　HIC 则是在氢气压力的作用下，不同层面上的相邻氢鼓泡裂纹相互连接，形成阶梯状特征的内部裂纹，裂纹有时也可扩展到金属表面。HIC 的发生也无需外加应力，一般与钢中高密度的大平面夹杂物或合金元素在钢中偏析产生的非均匀微观组织有关。SOHIC 则是在应力引导下，夹杂物或缺陷处因氢聚集而形成的小裂纹叠加，沿着垂直于应力的方向（即钢板的壁厚方向）发展导致的开裂。其典型特征是裂纹沿"之"字形扩展。

　　湿 H_2S 环境中腐蚀产生的氢原子渗入钢的内部，固溶于晶格中，使钢的脆性增加，在外加拉应力或残余应力作用下形成的开裂，称为硫化物应力腐蚀开裂。工程上有时也把受拉应力的钢及合金在湿 H_2S 及其他硫化物腐蚀环境中产生的脆性开裂统称为硫化物应力腐蚀开裂。SSCC 通常发生在中高强度钢中或焊缝及其热影响区等硬度较高的区域。

　　SSCC 是氢原子进入钢中后，在拉伸应力作用下，通过扩散，在冶金缺陷提供的三向拉伸应力区富集而导致的开裂，开裂垂直于拉伸应力方向。SSCC 的本质属氢脆。SSCC 属低应力破裂，发生 SSCC 的应力值通常远低于钢材的抗拉强度。SSCC 具有脆性特征的断口形貌。穿晶和沿晶破坏均可观察到，一般高强度钢多为沿晶破裂。SSCC 破坏多为突发性，裂纹产生和扩展迅速。对 SSCC 敏感的材料在含 H_2S 酸性油气中，经短暂暴露后，就会出现破裂，以数小时到三个月情况为多。

7.2　应力腐蚀开裂机理与测试方法

　　SSCC 是应力腐蚀开裂（stress corrosion cracking，SCC）的一种。SCC 是材料在腐蚀介质中发生的低应力脆断，是应力和腐蚀介质共同作用的结果。SCC 机理主要是描写材料在 SCC 过程中裂纹的起源，扩展直至失稳断裂的全过程。对于不同的材料介质体系，材料的 SCC 可能有不同的规律。为了揭示 SCC 的规律，研究者提出了不同的 SCC 模型。从广义上讲，应力腐蚀开裂包括阳极溶解型和氢致开裂型：若 SCC 主要是由腐蚀阴极过程的释氢引起的，则这种 SCC 是氢致开裂；若 SCC 主要是阳极溶解过程引起的，则这种 SCC 不是氢致开裂[3]。

　　阳极溶解型应力腐蚀开裂现象是极为普遍的一种应力腐蚀开裂，但对其机理的认识有许多种不同观点[4]，主要包括活性通路理论、膜开裂理论、快速溶解理论、应力吸附理论、腐蚀产物楔入理论、隧道腐蚀理论和以机械开裂为主的两段论。阴极过程释氢引起的应力腐蚀开裂是指通过电化学反应产生的氢由介质扩散到金属内部以固溶态存在或生成氢化物而引起的脆性，其机理基本上包括氢的扩散机理、内压理论、吸附理论、位错输送理论、晶格弱化理论、氢化物或富氢相析出理论、氢促进了塑变理论等[5]。关于环境氢脆的机理，学派很多，都有一定的道理。但是，比较多数的人还是认为环境中的氢扩散到裂纹前缘金属内产生脆裂，随着更多的氢的进入，裂纹持续扩展。但是对于某一种金属材料，在某种特定的介质环境中所产生的环境氢脆的机理，还要就具体条件作具体的分析。

由于这两类应力腐蚀的机理不同，因此对每一类应力腐蚀体系，首先要确定它属于阳极溶解型还是氢致开裂型。区分应力腐蚀类型的方法主要有：

(1) 电化学研究。一般认为，对阳极溶解型应力腐蚀，阳极极化能促进阳极溶解过程，使裂纹扩展速率 da/dt 升高，断裂寿命 t_F 下降；阴极极化则使 da/dt 下降，t_F 升高。对氢致开裂型的应力腐蚀，情况正相反。研究电位的影响是判断应力腐蚀机理的重要手段之一，但对大多数应力腐蚀体系，这种影响比较复杂，仅仅用电化学方法无法确定应力腐蚀的类型。

(2) 门槛值的对比研究。将应力腐蚀的门槛值 K_{ISCC} 和大电流下动态充氢的门槛值 K_{IH} 相对比，如果 $K_{ISCC} < K_{IH}$，外加 K_I 大于 K_{ISCC} 而小于 K_{IH}，这时即使大电流动态充氢，也不会产生氢致开裂，但却能引起应力腐蚀，表明应力腐蚀不是进入试样的氢引起的，它属于阳极溶解型；对高强钢的应力腐蚀，情况正相反，它属于氢致开裂，由于应力腐蚀时进入的氢量比动态充氢时低，故 $K_{ISCC} > K_{IH}$，因此门槛值的对比研究是区分应力腐蚀机理的重要方法之一。

(3) 裂纹形核位置的对比研究。对 I 型试样，最大正应力和最大剪应力都处在同一位置，裂纹总沿原裂纹面形核和扩展；但如用 II 或 III 型试样，情况就不同。

(4) 断口形貌对比研究。无论是 I 型还是 II 或 III 型试样，奥氏体不锈钢在热盐溶液中应力腐蚀的断口形貌和动态充氢时氢致开裂断口形貌完全不同，前者是典型的解理断口（有时会混有一些沿晶断口），后者则是韧窝断口（应力强度因子 K_I 较高或准解理断口 K_I 较低）。但对高强度钢，应力腐蚀断口和氢致开裂断口基本一致。

综合起来，应力腐蚀具有以下四个显著的特征[6]：

(1) 只有在应力（特别是拉应力）存在时，才能产生应力腐蚀开裂。这种应力可以是外加应力，或是冷加工和热处理过程中引入的残余应力，也可以是腐蚀产物的楔入作用而引起的扩张应力。压应力一般不会产生应力腐蚀裂纹。

(2) 应力腐蚀开裂是一种延迟破坏，通常有一个潜伏期（即孕育期），潜伏期的长短随外加应力或应力强度因子 K_I 的减小而增长。

(3) 应力腐蚀开裂是一种低应力脆性断裂，开裂的最低应力（或 K_I）远小于过载断裂应力 σ_b（或临界应力强度因子 K_{IC}），且断口为脆性断裂形貌，往往会导致无任何先兆的灾难性事故。

(4) 应力腐蚀扩展速度一般为 $10^{-6} \sim 10^{-3}$ mm/min，比均匀腐蚀快 10^6 倍，而且和裂纹尖端 K_I 有关。

关于石油套管的硫化氢腐蚀开裂机理，人们已进行了大量研究，并且得出了一些结论和模型，但所有的模型都并非完满无缺的。已经得到普遍承认的是，钢在硫化氢介质的应力腐蚀开裂是由氢引起或促进的。一般硫化物应力腐蚀开裂（SSCC）发生在强度级别较高的钢种和有应力存在的情况下。一般而言，石油套管的强度较高，主要发生硫化物应力腐蚀开裂失效。由于石油套管的腐蚀破坏，不但会干扰油田的正常生产，而且会带来巨大的经济损失，因而石油套管的硫化氢应力腐蚀开裂问题历来为人们所重视。NACE TM 0177—2005 标准（GB/T 4157—2006）给出了测试硫化氢应力腐蚀开裂的 A、B、C、D 四种方法，其中方法 A 最为常用。

ISO15156 - 2 标准根据溶液的 pH 值和硫化氢分压将材料对 SSC 环境苛刻的程度划分为四个区，即 0 区、1 区、2 区、3 区，如图 7 - 1 所示。1 区、2 区、3 区分别代表轻度酸性环境、中度酸性环境和重度酸性环境，在这种条件下都需要考虑使用抗硫套管。各区相应的检测要求见表 7 - 1。

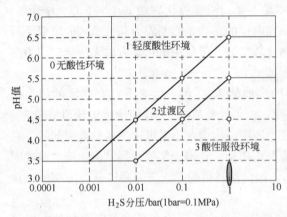

图 7 - 1 SSC 环境苛刻的程度分区及宝钢研究院恒载荷实验室

表 7 - 1 抗硫性能试验的检验要求

评价有效范围	实验方法	载荷	环境	H₂S 分压	验收标准
1 区、2 区或有特殊要求的环境条件	A 法、B 法或 C 法	≥90% SMYS	实际的 pH 值	根据实际环境要求设定	经 720h（30 天）无 SSC 开裂
1 区、2 区和 3 区	A 法、B 法或 C 法	≥80% SMYS	NACE A 溶液	0.1MPa	经 720h（30 天）无 SSC 开裂

方法 A 为恒载荷试验。使用拉伸试样，试件直径为（6.35 ± 0.13）mm，长为 25.4mm（ASTM A370 标准），或直径为（3.81 ± 0.05）mm，长 25.4mm。加载到试件钢级规定的最小屈服强度（specified minimum yield strength，SMYS）的 80% ~ 90%，在溶液 A 或 B 中持续 720h 不间断通入硫化氢来检验材料抗环境开裂（environmental cracking，EC）的能力。试验溶液 A 是饱和 H₂S 的酸性水溶液，与试件接触前，H₂S 饱和后 pH 值在 2.6 ~ 2.8 之间。试验溶液 B 是一种酸性缓冲溶液，pH 值在 3.4 ~ 3.6 之间。由于室温下 SSCC 最为敏感，所以，恒载荷试验一般要求控制环境温度为（24 ±4）℃，宝钢恒载荷实验室抗硫性能试验过程中中央空调全年稳定运行，硫化氢 720h 不间断通行，抗硫性能检验严于国内同行，见图 7 - 1。

方法 B 为弯梁试验（三点弯曲）。弯梁试件的尺寸是长（67.3 ± 1.3）mm，宽（4.57 ±0.13）mm，厚（1.52 ±0.13）mm，对一组试件施加弯曲应力使之挠曲，然后将受力的试件暴露于试验环境中。该实验便于检测小、局部和薄的材料。

方法 C 为 C 形环试验，特别适用于管子和棒材的横向试验，见图 7 - 2。在不同的应力等级下对多个试件试验后，就能获得 EC 的阈值。

方法 D 为 NACE 标准双悬臂梁（double cantilever beam，DCB）试验，通过使用延迟裂纹类型的断裂力学实验，获得临界应力场强度因子。

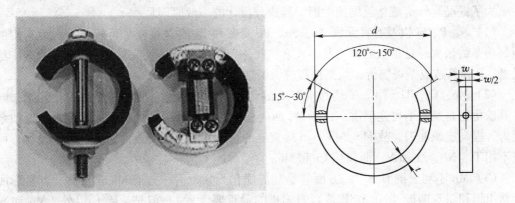

图 7-2　C 形环试验及试样尺寸示意图

7.3　抗挤抗硫套管钢的开发

7.3.1　SSCC 的影响因素

套管在油气田开发过程可能发生的腐蚀类型中，以硫化氢腐蚀时材料因素的影响作用最为显著。影响钢材抗硫化氢应力腐蚀性能的材料因素主要有材料的显微组织、强度、硬度以及合金元素等。一般认为，晶粒越细，不可逆陷阱中临界氢含量越高，抗硫性能越好[7]。金相组织对应力腐蚀开裂敏感性按下述顺序升高：铁素体中球状碳化物组织→完全淬火和回火组织→正火和回火组织→正火后组织→淬火后未回火的马氏体组织。马氏体对硫化氢应力腐蚀开裂和氢致开裂非常敏感，虽然在其含量较少时，敏感性相对较小，但 API 标准中还是禁止套管的组织中存在马氏体。

随屈服强度的升高，临界应力和屈服强度的比值下降，即应力腐蚀敏感性增加。同时随着材料硬度的提高，对硫化物应力腐蚀的敏感性提高。材料的断裂大多出现在硬度大于 HRC22（相当于 HB200）的情况下，因此，通常 HRC22 可作为判断材料是否适合于含硫油气井选材的标准。

经冷轧、冷锻、冷弯或其他制造工艺以及机械咬伤等产生的冷变形，不仅使冷变形区的硬度增大，而且还产生一个很大的残余应力，有时可高达材料的屈服强度，从而导致对 SSCC 敏感。一般说来钢材随着冷加工量的增加，硬度增大，SSCC 的敏感性增强，因此抗硫套管在生产中都严禁冷矫直。

7.3.2　抗硫套管的成分设计

合金化元素对套管的硫化氢应力腐蚀有重要的影响。加入 Cr、Mo、Ti、Nb 和 V 等可形成弥散的碳化物，产生大量的不可逆陷阱，从而提高了不可逆陷阱中的氢含量；加 Mo、Cr 和 Cu 可改变表面电极电位，或在 H_2S 溶液中形成致密的钝化膜，从而阻碍氢的扩散进入，降低钢中总的氢含量，其中加 Mo 更为有效。当 Mo 含量较高时（如质量分数高于

0.3%），将形成致密的表面膜，能有效地阻碍氢的扩散进入。在湿 H_2S 环境中，裂纹往往发源于 MnS 夹杂，因而降低 S 含量可使 MnS 夹杂总量降低。另一方面，通过 Ca 处理，使长条状 MnS 夹杂变成球形的，从而降低应力集中系数。

为了提高套管抗硫化氢腐蚀性能，其成分设计的一般原则是：

（1）S、P、Si 以及有害元素 As、Sn、Pb、Sb 和 Bi 的含量应尽可能低，因为它们的断裂功参数很大，是很强的脆化晶界元素；此外，MnS 夹杂是氢致裂纹发源地，故 S 应尽量低；P 容易造成微观偏析，从而提高应力腐蚀开裂敏感性。

（2）Mo、Cr、Ti、Nb、V 均为抗 H_2S 的合金元素，因为它们均为晶界韧化元素，同时其碳化物是氢的不可逆陷阱。由于 Mo 回火稳定性高，可尽量提高回火温度，降低残余应力，提高抗硫能力，故 Mo 是抗 H_2S 最重要的合金元素。为使设计简化且降低成本，可以不用 Ti、Nb、Zr 和 V，而仅用 Cr 和 Mo。

（3）Mn 不利于抗 H_2S，一方面它是晶界脆化元素，另一方面 Mn 含量高，容易形成带状组织和微观偏析（Mn 和 P 是影响偏析的最重要元素）；但是，除 C 以外，Mn 和 Si 是提高强度的最有效且最便宜的合金元素，考虑到 Mn 对 H_2S 的有害程度比 Si 小，故常选 Mn 作为提高强度的合金元素。

（4）C 是最有效的强化元素。

（5）Ca 或稀土可使条状 MnS 变成球状硫化物，提高抗硫性能。考虑到生产厂加 Ca 工艺已成熟，故往往采用 Ca 处理。

（6）其他合金元素，如 Ni 和 Al 等，对抗 H_2S 性能影响不大，故不加限制。

氢损伤导致套管过早失效，因此，开采含硫化氢的油气资源就必须使用抗硫化氢套管。抗硫化氢套管是高技术含量的产品，其生产技术在世界范围内被视为顶尖技术而严格保密。过去这些技术只被少数先进的大型钢管企业如日本的住友金属、NKK、美国的美钢联等垄断，我国高强度抗硫化氢套管完全依赖进口。目前宝钢已通过自己的努力逐步掌握了抗硫化氢套管的制造技术，开发了具有独立知识产权、性能稳定的 BG（80～110）SS 系列抗硫化氢套管产品，从而逐步占领国内市场，并参与国际竞争。

7.3.3 抗挤抗硫套管

抗挤抗硫石油套管是宝钢抗硫套管的升级产品，主要用于高地层压力以及同时含 H_2S 腐蚀介质的油气井中，可以有效地抵御地层高压和硫化氢腐蚀。抗挤抗硫套管的开发不仅要考虑抗挤性能，还要保证抗硫性能。钢管的抗挤强度和抗腐蚀性能是矛盾的对立体，也就是说，对于同一个钢级的钢管，提高材料的强度可以有效地提高钢管的抗挤强度，然而，强度的提高对于材料的抗硫化氢腐蚀性能不利。

抗挤抗硫套管采用宝钢的高抗挤技术、夹杂物处理技术、热处理工艺技术、合金化技术等来综合控制套管的抗挤抗硫性能。化学成分设计的关键是要材料满足抗挤性能的同时，保证抗硫化氢应力腐蚀性能。成分设计时除了考虑上述抗硫套管的设计因子外，重点考虑了设计的成分在高温回火的工艺制度下不仅可以满足必要的力学性能，还要获得低的位错密度，减少氢的扩散通道，从而保证抗硫性能；通过采取控制轧制以及优化的热处理工艺，达到细晶强化的目的，不仅可以提高强度，增益抗挤性能，还可以通过增大氢陷阱的面积来提高抗硫性能；通过析出相强化，进一步提升抗挤抗硫性能。另外，钢质纯净度是制造高品质抗硫套管的根本保证，直接影响抗硫、韧性等指标。冶炼过程中采用先进的工艺手段来控制有害元素含量及成分偏析，以获得性能可靠的高纯度优质钢。降低 P、S、O、N 等气体含量，从而减少夹杂物含量，提高材料纯净度。

由于钢在硫化氢中的失效行为与化学成分、微观组织、位错密度和氢陷阱是密切相关的，普遍认为高温回火马氏体组织的 CrMo 钢具有很好的抗硫化氢应力腐蚀开裂性能，宝钢抗挤抗硫套管也采用 CrMo 低合金钢制造。炼钢过程中采用钙处理，使夹杂物球化，降低微区应力集中程度。套管成品化学成分中，$w(S) \leqslant 0.003\%$、$w(P) \leqslant 0.015\%$、$w(O) \leqslant 0.005\%$、$w(N) \leqslant 0.007\%$，A、B、C、D 等各类夹杂物的级别总和小于 6。宝钢炼钢厂的精确的成分命中率，为抗挤抗硫套管产品的优异性能奠定了坚实的基础。

BG110TS 钢级抗挤抗硫套管代表行业的领先水平，目前宝钢已经可以稳定地、大批量地生产与销售市场需求的所有规格的产品。以采用两种成分的 CrMo 钢进行工业化生产的 $\phi177.8\text{mm} \times 9.19\text{mm}$ 规格的 BG110TS 抗挤抗硫套管为例进行研究，其主要成分如表 7-2 所示。研究的目的是以通过成分的优化设计形成良好的腐蚀膜用以提高抗硫性能。但是，很少有文献报道这种低合金钢的腐蚀机理。在采用宝钢高抗挤技术生产的抗挤抗硫套管的前提下，以下详细阐述了合金元素对 CrMo 钢抗硫性能的影响。

表 7-2　试样化学成分　　　　　　　　　　　%

钢种	C	Si	Mn	P	S	Cr	Mo	Cu
BH1	0.26~0.30	0.15~0.45	0.3~0.6	<0.010	<0.003	0.4~0.6	0.6~0.8	0
BH2	0.26~0.30	0.15~0.45	0.3~0.6	<0.010	<0.003	0.4~0.6	0.6~0.8	0.2

主要生产工艺流程如下：高品质原料—熔炼—铁水预处理（三脱）—电炉或转炉冶炼—RH 精炼—LF 精炼—全程无氧化连铸和模铸—热轧—热处理—管加工。

钢管经淬火回火后，套管的几何尺寸的测量结果显示平均外径为 178.46mm，平均壁厚为 9.53mm，不圆度小于 0.2%，壁厚不匀率均值为 5.4%，由于回火温度较高，制管后残余应力小于 120MPa，满足高抗挤套管的设计要求。从表 7-3 所示力学性能的测试结果可知，两种材料拉伸性能均符合 110 钢级的要求，但添加 Cu 的钢种屈服强度较高；抗挤强度在 73~76MPa，均超 110 钢级该规格 API 标准值 43MPa 的 60% 以上。按 NACE TM 0177 标准 A 法测定抗硫化氢腐蚀性能，在恒载荷试样上施加 80% 屈服强度 720h 均无开裂，符合套管抗挤抗硫的性能要求。

表 7-3　$\phi177.8\text{mm} \times 9.19\text{mm}$ 规格的抗挤抗硫套管的性能

钢种	屈服强度/MPa	抗拉强度/MPa	伸长率/%	抗挤强度/MPa	抗硫化氢腐蚀性能
BH1	807	862	21	73	按 NACE TM 0177 标准 A 法，施加 80% 屈服强度 720h 均无开裂
	800	862	21	74	
BH2	834	887	22	73	
	824	884	22	76	

从表 7-3 的实验数据看，Cu 的添加对抗挤强度和抗硫性能没有明显的影响，但采用 NACE TM 0177 标准所测定的抗硫化氢性能只是表明两个钢种的抗硫性能均在 720h 时没有断裂，无法表征铜的加入对 CrMo 钢的抗硫性能产生的影响，故在硫化氢溶液中采用电化学方法进一步研究两种钢在硫化氢溶液中的电化学行为。

　　钢材的抗硫化氢应力腐蚀敏感性与钢制构件表面和环境介质发生的电化学反应有关。要深入了解钢材的抗腐蚀性能，必须进行电化学研究，并且结合其他定性和定量的研究方法对腐蚀性能进行综合分析评定。

7.4 抗硫性能的试验方法

7.4.1 H_2S 介质中极化曲线测定

　　极化曲线测试采用三电极系统，工作电极为试验材料，辅助电极为铂电极，参比电极为饱和甘汞电极（saturated calomel electrode，SCE）。平板试样镶嵌在环氧树脂中，除了工作面外，其他面均密封。工作面的尺寸为 $1cm \times 1cm$，经过打磨后，依次用蒸馏水清洗，丙酮除油，最后用冷风吹干。试验溶液按照 NACE TM 0177 标准中 A 溶液（5% $NaCl + 0.5\% CH_3COOH$，质量分数），先通入 N_2 去除溶液中的氧气，再缓慢通入 H_2S 气体至饱和，此时 pH 值为 2.7~2.8。在极化曲线的测试中，电位扫描速率为 0.5mV/s，试验温度为 25℃。

7.4.2 H_2S 介质中渗氢曲线测定

　　渗氢曲线测定采用电化学方法，试验装置如图 7-3 所示。薄片试样两边是两个不相通的电解池，左边是充氢池（与试样 A 面接触），试验介质为上述 H_2S 饱和的 NACE 溶液；另一电解池（右边）介质为 $0.2mol/dm^3$ 的 NaOH 溶液，试样 B 面加上阳极电位，这样从 A 面扩散过来的氢原子到达 B 面后全部被电离，产生阳极电流 I_a，记录下来便可得到试样的氢渗透曲线。

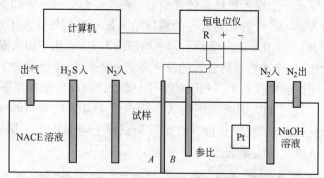

图 7-3　在 H_2S 饱和的 NACE 溶液中渗氢试验装置示意图
（试样 A 侧为开路电位，即在 H_2S 饱和的 NACE 溶液中自然浸泡）

　　薄片试样的尺寸为 $\phi18mm \times 1mm$，两面经 1200 号细砂纸打磨后抛光，用无水乙醇和蒸馏水清洗，然后立即进行单面镀镍（即试样 B 面镀镍）。镀镍溶液成分为每升溶液中 250g $NiSO_4 \cdot 7H_2O + 45g NiCl_2 \cdot 6H_2O + 40g H_3BO_4$，在室温镀镍时，样品 B 面为阴极，铂电极为阳极；电流由稳电流源提供，电流密度 $i = 10mA/cm^2$，时间 $t = 60s$。样品从镀镍溶液中取出后，立即用去离子水和酒精清洗表面附着的镍液，以免镍层被氧化。

　　将准备好的试样安装在氢渗透装置中，试样镀镍面作为扩散面（B 面），B 侧电解液采用 $0.2mol/dm^3$ 的 NaOH；试样 A 面作为渗氢面，A 侧介质为 NACE 溶液。然后在两个电

解池中通入 N_2 以除 O_2，避免因 O_2 所导致的电极反应的复杂化。首先在扩散面 B 上加恒电位 200mV（相对于参比电极），这时会产生残余阳极电流 I_a^0，它是试样中原来存在的氢以及电解池中易被氧化的杂质原子产生的。I_a^0 随时间延长而逐渐衰减直到稳定值。达到稳定值后 A 侧 NACE 溶液中通入 H_2S 气体并达到饱和，试样 A 面为开路电位（即在 H_2S 饱和的 NACE 溶液中自然浸泡），然后开始记录不同时刻试样扩散面（B 面）的阳极电流。试验温度为 25℃，试样工作面尺寸为 $\phi15$mm。

7.4.3 表面腐蚀产物膜的分析

将抛光样品在上述 H_2S 饱和的 NACE 溶液中自然浸泡 50h 后取出，可以发现在样品表面形成一层腐蚀产物膜。采用 PHI - 550 型多功能电子能谱仪对表面腐蚀产物膜进行表征，对腐蚀产物中元素价态进行分析。X 射线光电子能谱（X - ray photoelectron spectroscopy，XPS）和俄歇电子能谱（Auger electron spectroscopy，AES）分析，以确定样品表面的元素组成及化学状态。XPS 测试参数为：X 射线源 Al K_α 谱线（1486.6eV），功率 10kV×30mA，真空度 $1.33×10^{-6}$Pa（$1×10^{-8}$Torr），XPS PEAK - 4.0 软件用于 XPS 数据处理和分析。AES 测试参数为：电子枪工作电压 3kV，电流 10mA。

为了进一步探讨腐蚀产物膜的物相和结构特征，同时还利用 XRD 对表面腐蚀产物进行相分析，利用 SEM 对腐蚀产物膜进行形貌观察。根据上述实验结果，分析表面腐蚀产物膜的特征。

7.4.4 K_{ISSCC} 测试

试验使用标准紧凑拉伸型试样（compact tensile specimen，简称 CT 试样），见图 7 - 4。用疲劳试验机按标准 GB 12445.3—90 预制疲劳裂纹 2.0mm。用楔形块加载保持恒位

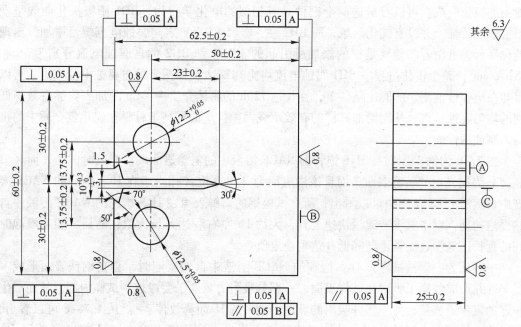

图 7 - 4　CT 试样加工尺寸图

移的方法来测得在 H_2S 饱和的 NACE 溶液中和动态电解充氢两种条件下的 $da/dt-t$ 曲线和 K_I-da/dt 曲线，根据止裂准则[8]，得到两种条件相对应的临界应力强度因子 K_{ISSCC} 和 K_{IH}，从而研究 110 钢级抗挤抗硫套管钢的应力腐蚀开裂性能。

SSCC 试验腐蚀介质选 H_2S 饱和的 NACE 溶液（NACE 溶液按 NACE 标准 TM0177—2005 推荐的比例）；动态充氢应力腐蚀试验，试验介质为 0.5mol/dm^3 的 H_2SO_4 溶液，试样为阴极，铂丝为阳极，充氢电流为 30mA/cm^2。

7.5　抗挤抗硫钢的电化学行为

杨怀玉等人研究钢在 H_2S 水溶液中腐蚀机理时发现，在 pH 值较低时，腐蚀电极主要受阳极溶解过程控制；在 pH 值大于 7 的碱性溶液中，电极表面因氧化膜的生成而呈现钝化特征[9]。在本研究中，采用的 H_2S 饱和的 NACE 溶液 pH 值为 2.7～2.8，因此不会出现钝化现象。但尽管如此，不同成分的油套管钢，其腐蚀速度不同。在腐蚀电化学测试方法中，极化曲线的测量是腐蚀电化学研究的重要手段，在研究金属的腐蚀行为及分析腐蚀过程时具有重要的意义。为了提高钢的抗硫性能，研究硫化氢介质条件下的腐蚀行为是必不可少的。因此，测量 BG110TS 抗挤抗硫套管用钢在 H_2S 介质中的极化曲线，研究其表面腐蚀和钝化规律，然后测量 BG110TS 钢在 H_2S 介质中的渗氢曲线，研究其钝化与再钝化规律，并采用 XPS 对表面钝化膜进行表征，再在这些工作基础上，分析和讨论合金元素对钝化膜的影响。

7.5.1　电化学曲线

判断材料的耐腐蚀性，主要是看腐蚀电流，对于自腐蚀（自溶解）即根据 I_{corr} 的大小来判断。I_{corr} 值越大，说明腐蚀速度越大。图 7－5 表明抛光的试样在硫化氢饱和 NACE 溶液中的极化曲线。可以看出这两个钢种具有相似的电化学行为。BH1 阳极极化曲线呈现阳极溶解特征，并没有钝化区域，而 BH2 在 －0.65～0.5V 之间腐蚀电流缓慢增加，出现钝化平台，这两者的差异是铜的添加所引起的。BH1 和 BH2 的自腐蚀电流分别为 76 和 45μA/cm^2，整个极化过程中 BH1 腐蚀电流均比 BH2 大，而两者的自腐蚀电位接近。可以得知在抗硫性能测定的同比条件下，在长达 720h 的腐蚀介质中，Cu 的加入能够有效降低钢的均匀腐蚀速率，从而增加试样的有效承载面积，进而提高了材料在硫化氢介质中的抗均匀腐蚀的性能。

图 7－6 为钢 25℃时在 H_2S 饱和的 NACE 溶液中的氢渗透曲线，充氢时试样 A 面（渗氢面）为抛光后的新鲜表面，而且该渗氢面为开路电位（相当于在 H_2S 饱和的 NACE 溶液中自然浸泡）。从图中可以看出，所有试验钢的新鲜表面在 H_2S 饱和的 NACE 溶液中自然浸泡初期，钢中氢渗透流量快速上升，大约 1h 左右后达到最大值；随后，随着浸泡时间的延长，氢渗透流量逐渐降低并达到稳定值。

一般认为，钢铁试样在 H_2S 饱和的 NACE 溶液中自然浸泡时，会在钢铁表面形成一层 FeS 并形成氢原子吸附在试样表面，一部分吸附的氢原子会渗透到试样内部，从而产生一定的氢渗透流量，另一部分吸附的氢原子会形成 H_2 而释放掉[10]。从图 7－6 可以看出，氢渗透曲线有三个腐蚀过程。开始浸泡阶段氢渗透电流迅速上升，当浸泡 1h（阶段Ⅰ）

氢渗透电流最大。这表明新鲜表面对硫化氢比较敏感，氢原子较易进入铁基体，浸泡时间的延长降低了氢渗透电流，浸泡 15h 后电流平稳。整个过程 BH2 的氢渗透电流比 BH1 大，在第三阶段均有轻微上升现象，如图 7 - 6 的箭头所示。

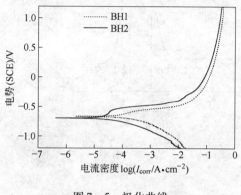

图 7 - 5 极化曲线

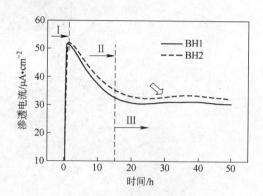

图 7 - 6 氢渗透曲线

钢在 H_2S 饱和的 NACE 溶液中浸泡时的氢渗透速率不仅受到腐蚀反应速度的控制，而且还受到吸附的氢原子被吸收进入材料内部的速率影响。因此，表面腐蚀产物膜以及钢中的氢陷阱均对套管抗硫化氢腐蚀性能有着重要的影响。

7.5.2 腐蚀产物与析出相

图 7 - 7 为试样在硫化氢饱和 NACE 溶液中浸泡 50h 后表面腐蚀产物膜的扫描电镜图像。腐蚀产物在空气中干燥后，可以看到膜上出现很多细小的裂纹。通过横断面观测，BH1 和 BH2 的厚度分别为 $8\mu m$ 和 $6\mu m$。

为了更好地研究腐蚀产物膜的结构，通过 XPS 来观测元素的化学状态，腐蚀产物外表面只发现铁、钼和硫。图 7 - 8（a）为腐蚀膜的 Fe 2p 图谱窄峰，710.9eV 的

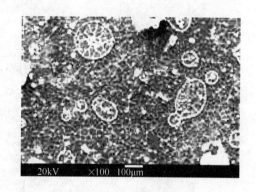

图 7 - 7 SEM 图像

Fe $2p_{3/2}$ 峰对应于 Fe_3O_4，这应是由于腐蚀产物暴露在空气中后由铁的氢氧化物氧化而成。图 7 - 8（b）为 Mo 3d XPS 谱图，MoS_2 中的 Mo $3d_{5/2}$ 的电子结合能为 228.8eV，但是本实验结果 Mo $3d_{5/2}$ 结合能为 231.7eV，靠近 Mo（Ⅵ）（232eV）的结合能，说明产物中含有钼酸盐。图 7 - 8（c）为 S 2p 谱峰，有两个峰，分别为 161.7eV 和 166.7eV。161.7eV 的谱峰对应于 FeS，166.7eV 的峰是硫酸盐的峰，应是硫化物在空气中被氧化而形成的。

通过 XRD 测定基体表面腐蚀产物的相组成，结果表明腐蚀产物主要为两种铁的硫化物：$Fe_{1-x}S$ 和 $Fe_{1+x}S$，另外还存在着 MoS_2、Cu_2S、Cr_2O_3 和 Fe_3O_4 的峰，见图 7 - 9。但是除了 Fe_3O_4，这些相在 XPS 图谱中并没有观测到，这可能是由于 XRD 能够探测到腐蚀膜内部的相组成，这样可以得知这些相存在于腐蚀膜的内层。

由图 7 - 9 的结果可知，在 H_2S 饱和的 NACE 溶液中，钢的表面会发生阳极溶解型腐

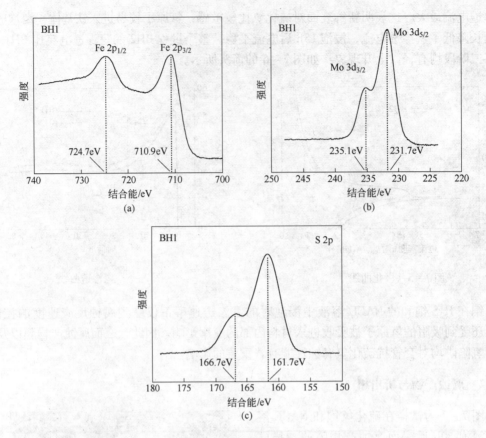

图 7-8 腐蚀膜中 XPS 谱峰

（a）Fe 2p；（b）Mo 3d；（c）S 2p

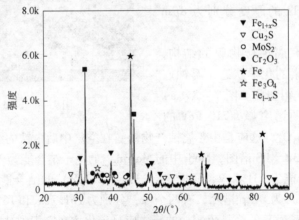

图 7-9 腐蚀膜的 XRD 谱图

蚀，腐蚀产物在材料表面形成一层腐蚀产物膜，其中四方结构的 α-FeS 和 MoS_2 存在于腐蚀产物膜的外层，Cu_2S 和 Cr_2O_3 靠近基体材料而处于腐蚀膜的里层。腐蚀产物膜的外层是疏松的，但内层的 Cr_2O_3 对阳极溶解型腐蚀有一定的阻碍作用。在钢溶解腐蚀、产生腐蚀产物的同时，有一定量的氢渗透到材料内部。

Cr 是抵抗钢在 H_2S 饱和的 NACE 溶液中溶解腐蚀的重要元素。当钢中 Cr 含量足够高时，在腐蚀的过程中会在钢的表面形成 Cr_2O_3 膜，而 Cr_2O_3 膜比硫化物膜致密得多，它对钢的进一步溶解腐蚀有阻碍作用。Mo 可以通过钼酸盐离子（缓蚀剂）提高材料的耐蚀性，但钢中同时加入 Cr 和 Mo 的作用比单独加入 Cr 或 Mo 的作用大得多，这种复合作用在抗 H_2S 腐蚀的油套管钢中尤其重要。在钢溶解腐蚀的过程中，Mo 生成硫化物可以促进 Cr 的氧化物在此阶段的形成，使得局部腐蚀的地方通过 Cr_2O_3 的形成而得以保护。

钢中如果存在大约 0.2%（质量分数）的 Cu，也可以对材料的溶解腐蚀具有阻碍作用。由于在腐蚀的过程中，Cu 容易在表面富集而在靠近金属基体处形成大量的 Cu_2S，不仅 Cu_2S 本身对材料具有保护作用，而且它也可以促进 Cr_2O_3 的形成，从而阻碍钢的进一步溶解腐蚀。

经过了调质热处理，试样的微观组织为铁素体和碳化物。使用 H－800 TEM 观察析出相的分布，TEM 样品先用机械抛光，然后双喷电解抛光，溶液中 CH_3COOH 和 $HClO_4$ 的体积比为 92.5:7.5。图 7－10 显示出碳化物的分布，渗碳体、钼的碳化物和铬的碳化物均匀分布在铁基体上，这些碳化物小于 200nm，没有观测到铜的富集相。析出相除了 Fe_3C，铁基体中还存在 Mo_2C 和 $Cr_{23}C_6$ 等碳化物颗粒。

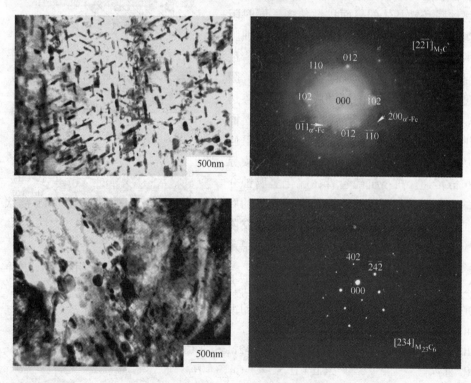

图 7－10 BH2 TEM 图像

7.5.3 钢在硫化氢介质中的腐蚀机制

低合金钢的硫化氢腐蚀受阳极溶解以及钢铁表面腐蚀产物形成的两大因素控制。据报道，碳钢在含硫化氢的盐溶液中的腐蚀分为两个阶段：腐蚀产物和铁基体之间的电子转移过程以及电子在铁的腐蚀产物膜转移的过程，上述电化学行为与腐蚀产物是密切相关的。一般情况下，钢基体表面生成的铁的硫化物会进一步生长为多层膜。由于氢渗透电流先变大后减小并稳定，本研究 CrMo 钢的腐蚀机理应该不同于两阶段机理。

一般认为正方体结构的 $Fe_{1+x}S$ 腐蚀产物存在于 100℃，在 138℃ 以上转变为六方体的 $Fe_{1-x}S$ 结构的腐蚀产物[7]。本实验研究发现，这两者都在腐蚀过程中生成，可能是铁素体和渗碳体分别与硫化氢反应导致了这两者的形成，其生成机制需要进一步研究。不考虑这两种硫化铁结构上的差异，基于上述结果，认为等原子比的 FeS 和氢原子在阶段 I 生成，可以用反应 I（R. I）表示：

R. I $$Fe + H_2S \longrightarrow FeS + 2H$$
$$2H \longrightarrow H_2$$

FeS 可能黏附在钢铁表面，也可能溶解于溶液中，而氢原子可能形成气泡也可能向基体渗透，在这个过程中氢渗透电流加大，当铁基体表面生成腐蚀膜时，氢渗透电流达到最大值。腐蚀膜阻碍了硫化氢从溶液和腐蚀膜的界面向腐蚀膜和铁基体的界面扩散传递，同时阻碍了氢从腐蚀膜/铁基体的界面向溶液/腐蚀膜界面的扩散传递，导致氢渗透电流的减小，最终达到平衡（阶段 III）。这样在第 II 阶段，膜的厚度增加，一定厚度的腐蚀膜稳定了氢渗透电流，它将阻碍硫化氢从溶液/腐蚀膜的界面向腐蚀膜/铁基体界面的扩散传递，同时阻碍了氢从腐蚀膜/铁基体的界面向溶液/腐蚀膜界面的扩散传递。抗挤抗硫套管在硫化氢腐蚀介质中的电化学过程可以总结为具有三阶段的腐蚀特征，分别为阶段 I 的非晶态 FeS 形成阶段、阶段 II 的动态腐蚀阶段以及阶段 III 的稳定腐蚀阶段，见图 7-11。

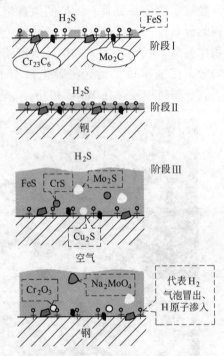

图 7-11 抗挤抗硫套管用钢在硫化氢饱和 NACE 溶液中溶解机制的示意图

XPS 和 XRD 结果显示腐蚀膜内外层存在不同的相组成，这可以解释阶段 III 中电流的波动，可能的化学反应如下所示：

R. II $$Mo_2C + 4H_2S \longrightarrow 2MoS_2 + CH_4 + 2H_2$$
R. III $$2Cu + H_2S \longrightarrow Cu_2S + H_2$$
R. IV $$Cr_{23}C_6 + 23H_2S \longrightarrow 23CrS + 6CH_4 + 11H_2$$

当腐蚀产物暴露在空气中时，Fe_3O_4、Cr_2O_3、钼酸盐和硫酸盐就可以形成：

R. V $$Mo_2S + 8H_2O + O_2 \longrightarrow 2MoO_4^{2-} + SO_2 + 16H^+$$

R. III 生成的致密 Cu_2S 吸附在铁基体表面，使极化曲线在 $-0.65 \sim 0.5V$ 之间出现钝化平台。

如上所述，铜的加入改变了阳极溶解速率，出现钝化现象，提高了钢的耐蚀性能。腐蚀反应形成不溶于水的腐蚀产物附着在钢的表面上，形成一层钝化膜，改变了钢表面腐蚀动力学过程。由于 BH2 的耐蚀性能好，BH1 的腐蚀膜比 BH2 的厚，从而减小了钢与溶液中氢离子的接触面积，并且对起腐蚀作用的 H_2S 渗透也起到阻碍作用，使得基体附近 H_2S 浓度减小，而 S^{2-} 对原子氢复合成氢分子的过程起着毒化作用，阻碍由腐蚀产生的原子氢结合成氢分子，增大了原子氢向钢内部扩散的比例，因此检测得到 BH1 的渗氢电流密度比 BH2 的小。而钢中的 Cu 无论以固溶态还是析出相的方式存在，都是氢在金属中的陷阱以及氢扩散的通道。

7.6　氢在钢中的扩散行为

一般地，氢进入钢中后，除了占据晶体点阵中的间隙位置外，还可以存在于氢陷阱中。在钢中，总会存在晶体缺陷，另外还可能存在第二相；而在晶体缺陷及第二相的周围有一应力场存在，因此能和氢相互作用从而把氢吸引在自己的周围，这种能捕获氢的缺陷实质上是一种氢陷阱。从能量角度来考虑，氢处在这些陷阱中比处在晶格中的间隙位置能量更低，即陷阱和氢之间存在陷阱结合能。根据陷阱结合能的大小，可以将陷阱分为可逆陷阱和不可逆陷阱。如果陷阱结合能小，即使在室温，氢也能从陷阱中跑出来而进入晶格的间隙位置，这类陷阱被称为可逆陷阱；如果陷阱结合能大，室温下氢很难从陷阱中跑出，这类陷阱为不可逆陷阱。钢中碳化物形成的氢陷阱对氢的溶解度以及氢的扩散等都具有很大的影响。

由于氢原子比金属原子要小得多，所以它往往处于金属点阵的间隙位置。但室温下氢在晶格中的溶解度是很小的，所以大量的氢处于钢中陷阱处，包括不可逆陷阱和可逆陷阱，其中可逆陷阱主要包括位错和晶界等。晶界作为可逆陷阱，与氢原子的结合能 E_b 较小，即使在室温下，氢也从晶界跑出而进入间隙位置[2]，因此晶界中的氢在室温下就能参与氢的扩散。晶界一方面是氢的陷阱，另一方面又是氢扩散的通道，所以对氢的扩散影响很大。钢中加入了少量的 B 后，由于 B 主要存在于晶界处，对氢扩散有很强的阻碍作用，所以加 B 钢的氢扩散系数会低一些。

研究[8~10]表明，TiC、TiN 等第二相颗粒可以强烈影响氢的容量和氢的扩散。细小的第二相颗粒之所以能作为不可逆氢陷阱，是因为它们与氢之间具有强烈的相互作用。如果氢要从陷阱中跑到晶格间隙中，就必须克服比正常的晶格间隙扩散所需克服的能垒大得多的能垒，因此强烈影响氢的扩散。

实际上，氢进入不可逆氢陷阱是被吸引在第二相颗粒的表面，不可逆陷阱的氢含量与第二相颗粒的表面积有关。第二相颗粒作为不可逆陷阱可以容纳的氢含量为：

$$C_T = N_v k_{sp} \pi d^2 / S \tag{7-1}$$

式中　N_v——第二相颗粒的密度（即单位体积内的质点数）；

　　　k_{sp}——第二相的单个晶胞中每个（100）面上的间隙数目；

　　　S——第二相晶胞的单个面的面积；

　　　d——颗粒直径。

单位体积内第二相颗粒的质点数为：

$$N_v = 6V_f / (\pi d^3) \tag{7-2}$$

式中　V_f——钢板中第二相颗粒所占体积分数。

因此，第二相颗粒可以容纳的氢含量也可以表示为：

$$C_{\mathrm{T}} = 6V_{\mathrm{f}}k_{\mathrm{sp}}/(Sd) \tag{7-3}$$

因此，钢铁材料中不可逆氢陷阱中氢含量与钢中碳氮化物等细小颗粒所占的体积分数 V_{f} 成正比，与颗粒的大小成反比，所以说细小弥散的第二相可以容纳较多的氢。

在所研究的钢中，大量细小弥散分布的 $(V, Nb, Ti)(C, N)$ 是最佳的不可逆氢陷阱，基体上析出短杆状 Mo_2C 碳化物也是一种较好的不可逆氢陷阱，而沿晶界析出的 $(Cr, Fe)_{23}C_6$ 碳化物虽然也起到一定的作用，但由于尺寸较大，其效果较差。这些不可逆氢陷阱对控制钢的氢致开裂起到重要的作用。

7.6.1　氢扩散方程

在理想的无陷阱的金属中，氢的扩散是通过晶格扩散来进行的。在氢渗透实验中，试样中氢浓度的分布满足以下边界条件：

$$C(x,0) = 0 \qquad (t = 0) \tag{7-4}$$

$$C(0,t) = C_0, C(L,t) = 0 \qquad (t > 0) \tag{7-5}$$

根据扩散方程可得到满足氢渗透条件的解[5]为：

$$\frac{C(x,t)}{C_0} = \left[1 - \mathrm{erf}\left(\frac{x}{2\sqrt{Dt}}\right)\right] - \left[1 - \mathrm{erf}\left(\frac{2L-x}{2\sqrt{Dt}}\right)\right] \tag{7-6}$$

式中，$\mathrm{erf}(x)$ 为误差函数。

根据 Fick 第一定律，氢渗透通量 J 为：

$$J = -D\frac{\partial C}{\partial x} \tag{7-7}$$

当扩散系数为 D、试样厚度 $x = L$ 时，存在以下关系：

$$J/J_\infty = \frac{2}{\sqrt{\pi}} \cdot \frac{1}{\sqrt{\tau}} \cdot \exp\left(-\frac{1}{4\tau}\right) \tag{7-8}$$

式中　J/J_∞——归一化通量；

　　　　J_∞——最大的通量（稳定通量）；

　　　　τ——$\tau = Dt/L^2$，t 为渗透时间。

由法拉第定律可知，阳极电流密度 i 为：

$$i = FJ \tag{7-9}$$

式中，F 为法拉第常数，$F = 96500\mathrm{A \cdot s/mol}$。在不同时刻，阳极电流密度 i（$\mu\mathrm{A/cm}^2$）与其饱和值 i_∞ 的比（即归一化阳极电流密度）为：

$$i/i_\infty = J/J_\infty = \frac{2}{\sqrt{\pi}} \cdot \frac{1}{\sqrt{\tau}} \cdot \exp\left(-\frac{1}{4\tau}\right) \tag{7-10}$$

因此在试验中测出的 i/i_∞ 随时间变化的曲线实际上就是归一化渗透量 J/J_∞ 随时间变化的曲线。根据该曲线可以知道一系列氢渗透特性，由这些特性便能对钢中氢渗透行为进行研究。

7.6.2　氢扩散系数

在氢渗透曲线中，当 $\tau = \frac{1}{6}$ 时所对应的氢渗透时间被称为滞后时间[2]，即为

$$t_L = L^2/(6D_L) \qquad (7-11)$$

实际上它是 i/i_∞（或 J/J_∞）等于 0.63 时所对应的时间。根据实验中测得的氢渗透曲线得到滞后时间 t_L 后，便可得到氢的扩散系数：

$$D_L = L^2/(6t_L) \qquad (7-12)$$

对于无陷阱金属来说，氢在其晶格中的扩散系数 D_L 可由式（7-12）求得。如果材料中有陷阱存在，这时滞后时间 t_T 则发生变化，扩散系数与氢在理想晶格中扩散系数不同，它被称为有效扩散系数 D_{eff}（或表观扩散系数 D_{app}）。

$$D_{eff} = L^2/(6t_T) \qquad (7-13)$$

7.6.3 可扩散氢浓度

钢中的氢浓度 C 为可扩散氢浓度 C_0 与不可逆陷阱中的氢浓度 C_T 之和，即 $C = C_0 + C_T$。电解充氢时，试样的 A 面是阴极；通电流 i_c 后在阴极（即 A 面）上通过反应 $H^+ + e \rightarrow H$ 产生原子氢，它一部分复合成分子氢放出，另一部分扩散进入试样内部。试样 B 面是另一电解池的阳极，当加上阳极电位 200mV 后，从 A 面扩散过来的氢原子能被电离，即 $H \rightarrow H^+ + e$，从而产生阳极电流 I_a；经过一定时间后，从 A 面产生的原子氢在到达 B 面后全部被电离即 B 面 $C_B = 0$。这时 I_a 达到最大值，称为稳态电流，用 I_∞ 表示。

达到稳态时由 Fick 第一定律：

$$J_\infty = -D\frac{C_1 - C_0}{\Delta x} \qquad (7-14)$$

式中，$\Delta x = L$ 是试样厚度；$C_1 = C_B = 0$，因为 B 面的 H 全部电离；$C_0 = C_A$ 是充氢面浓度，当充氢电流恒定时，它也是常数。故上式可写为：

$$J_\infty = D\frac{C_0}{L} \qquad (7-15)$$

1mol H 全部电离为 H^+ 所产生的电量等于法拉第常数 F（96500A·s/mol），故阳极电流密度为：

$$i_a = FJ \qquad (7-16)$$

i_a 的单位为 $\mu A/cm^2$，在稳态时测得 $i_a = i_\infty$，由式（7-12）和式（7-13）即可求得：

$$C_0 = \frac{Li_\infty}{DF} \qquad (7-17)$$

而 $i_\infty = I_\infty/S$，所以可扩散氢浓度为[1]：

$$C_0 = \frac{LI_\infty}{DSF} = 1.036 \times 10^{-11} \times \frac{LI_\infty}{DS}$$

C_0 的单位为 mol/cm^3，而 $1mol/cm^3 = 10^{-10} \times 1/\rho\%$，其中 ρ 为测试金属的密度，对于钢和铁 $\rho = 7.88g/cm^3$，从而得：

$$C_0 = 1.036 \times 10^{-11} \times \frac{LI_\infty}{DS} \times 10^{-10} \times \frac{1}{7.88} = 1.31 \times 10^{-10} \times \frac{LI_\infty}{DS} \qquad (7-18)$$

式中　L——试样厚度，cm；

　　　I_∞——稳态阳极电流，μA；

　　　D——表观扩散系数，cm^2/s；

S ——试样阳极面积，cm^2。

C_0 单位为 %。

7.6.4　不可逆陷阱中氢浓度的测定

钢在充氢时表面会出现氢鼓泡，钢铁材料的氢鼓泡在大多数情况下在晶内形核，同时在试样表面出现氢鼓泡。氢进入钢中后将处于立方晶格的间隙位置或被陷阱捕捉而处于陷阱（包括可逆陷阱和不可逆陷阱）中[2]，总的氢浓度 $C = C_0 + C_T$，C_0 和 C_T 分别为可扩散氢浓度与不可逆陷阱中的氢浓度。在室温的时候，处于间隙位置和可逆陷阱中的氢（浓度为 C_0）均能通过扩散从金属中跑出来，一般 24h 后氢就停止放出；剩下的氢处于不可逆陷阱中，浓度为 C_T。

将试样加工成 12mm×8mm×5mm 的小方块，然后将其中一个 5mm×8mm 的面用 400 号金相砂纸打磨后，焊上导线并用胶封好，只留出打磨面继续用 1200 号金相砂纸打磨并抛光，然后立即用蒸馏水和酒精清洗干净、吹干。制好的一批试样放在干燥皿中待用。

将这些试样以不同电流充氢 24h，充氢实验装置如图 7-12 所示。实验装置中，试样是阴极，铂丝为阳极，充氢电流由直流恒电流源提供，电解液为 1mol/dm^3 的 H_2SO_4。充氢完毕后取出试样，置于偏光显微镜的微分干涉差（differential interference contrast，DIC）状态下观察是否产生氢鼓泡，从而确定产生氢鼓泡的临界充氢电流。用排油集气法测量以临界电流充氢样品的可扩散氢浓度。以临界电流充氢 24h 后，样品立即放入一个上端封口、带有刻度并充满硅油的集气漏斗中，测出放出的氢气体积，算出可扩散氢浓度（质量分数，%）：

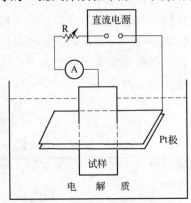

图 7-12　电解充氢装置示意图

$$C_0 = 2 \times 10^2 V_0 / (82.06 mT)$$

式中　V_0 ——可扩散氢体积，cm^3；

m ——样品重量，g；

T ——温度，K。

由此，可确定产生氢鼓泡所对应的临界可扩散氢浓度 C_0^*。对于某一特定的钢，不可逆陷阱中的饱和氢浓度 C_T 是一定的，因此可以确定产生氢鼓泡所对应的临界氢浓度 $C^* = C_0^* + C_T$；而临界氢浓度 C^* 可以衡量材料抗氢致开裂性能，临界氢浓度 C^* 越大，材料抗氢致开裂性能越好。

不可逆陷阱中的氢浓度 C_T 采用美国 LECO 公司生产的 RH-404 定氢仪测量。选用充氢后氢浓度为临界氢浓度 C^* 的试样，充氢试样先放置一段时间后，使处于间隙位置和可逆陷阱中的氢从钢中跑出来。被测试样置于脉冲炉内石墨坩埚中，在高温状态氧气流中熔融，钢中氧、氮、氢元素分别生成一氧化碳、氮气、氢气，逸出气体载至舒茨试剂，将一氧化碳氧化成二氧化碳，经 LECO 试剂将二氧化碳转化成水和碳酸钠，再经无水高氯酸镁将水吸收，剩下氢气和氮气经分子筛柱分离后进入热导池，从而测定氢含量，得到不可逆

陷阱中的氢浓度 C_T。

7.6.5 氢在 BG110TS 钢中的扩散行为

图 7-13 为 20℃时不同充氢电流下 BH1 钢的氢渗透曲线。从图中可以看出，随着氢渗透时间的延长，试样 B 面的阳极电流 I_a 不断增大，说明氢渗透量不断增多。当氢渗透到一定时间后阳极电流达到稳定值 I_∞，即氢渗透通量达到稳定值。同时还可以看到，随着充氢电流的增大，最大阳极电流 I_∞ 也不断增大，而且阳极电流达到最大所需要的时间缩短。

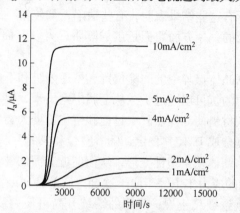

图 7-13 不同充氢电流下 BH1 钢在 H_2SO_4 溶液（$1mol/dm^3$）中的氢渗透曲线

由图 7-13 中的氢渗透曲线可以得到氢在钢中渗透的滞后时间 t_T，由滞后时间便可计算出 20℃时的表观扩散系数 D。由于试样工作面（渗氢面）的面积 S 已知，根据试样厚度 L、最大阳极电流 I_∞、表观扩散系数 $D^{[11]}$，由式（7-18）可以计算出可扩散氢浓度 C_0，结果如表 7-4 所示。

表 7-4 **BH1 钢氢渗透参数**（测量温度 20℃）

充氢电流 $i/mA \cdot cm^{-2}$	1	2	·4	5	10
试样厚度 L/mm	0.97	0.98	0.98	0.97	0.97
最大阳极电流 $I_\infty/\mu A$	1.20	2.26	5.54	7.15	11.43
滞后时间 t_T/s	5632	3923	2049	1881	1538
表观扩散系数 $D/cm^2 \cdot s^{-1}$	0.278×10^{-6}	0.408×10^{-6}	0.781×10^{-6}	0.833×10^{-6}	1.020×10^{-6}
可扩散氢浓度 $C_0/\%$	0.31×10^{-4}	0.40×10^{-4}	0.52×10^{-4}	0.62×10^{-4}	0.81×10^{-4}

氢在 BH1 钢中表观扩散系数随充氢电流的变化情况如图 7-14 所示。可以看出，随着充氢电流的增大，表观扩散系数逐渐增大并达到一稳定值，当充氢电流增大到 $10mA/cm^2$ 时，表观扩散系数达到一稳定值 $1.020 \times 10^{-6} cm^2/s$。可以认为该稳定值即为 20℃时氢在 BH1 钢中的扩散系数。可见其氢扩散系数 $1.02 \times 10^{-6} cm^2/s$ 与 SM90 钢的（$1.08 \times 10^{-6} cm^2/s$）相当，但比 C90 钢（$1.55 \times 10^{-6} cm^2/s$）和 SM95 钢（$3.38 \times$

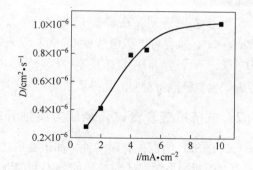

图 7-14 氢在 BH1 钢中表观扩散系数随充氢电流的变化

$10^{-6}cm^2/s$）的小[11]。如上所述，钢中氢陷阱对氢扩散系数有很大影响，抗挤抗硫套管用钢具有较小的氢扩散系数，这与钢中存在大量的氢陷阱有关，这对控制钢的氢致开裂型腐蚀具有重要的意义。

氢在金属中的扩散是一个复杂的行为，受很多因素的影响，比如晶体结构、组织形态、夹杂、第二相以及塑性变形导致的位错和孔洞等，这些影响因素中除晶体结构外，其余可归结为材料中氢陷阱对氢扩散性能的影响。Oriani 在总结了大量前人工作的基础上，提出氢的有效扩散系数是材料中氢陷阱密度和陷阱深度的函数[12]，但是这些陷阱对氢扩散的影响是很复杂的。所有这些结果表明，有些缺陷，如位错、晶界和夹杂物，它们对氢扩散行为的影响是多方面的：一方面它们是氢的陷阱；另一方面它们又是氢扩散的通道，使得扩散系数的变化变得复杂。

氢进入钢中后，占据晶体点阵中的间隙位置、可逆陷阱和不可逆陷阱。在室温下，处于间隙位置和可逆陷阱中的氢可以通过扩散从金属中跑出来，但不可逆陷阱中的氢很难跑出。钢在充氢时，氢进入材料使晶体点阵中过饱和空位浓度大幅度升高，它们容易聚集成空位团。氢进入空位团复合成 H_2 使其稳定，随着空位和氢的不断进入，含 H_2 空腔长大形成氢鼓泡。随氢压升高，基体发生塑性变形，从而使近表面的鼓泡凸出表面。氢压继续升高，"铁饼"形鼓泡前端的应力集中等于原子键合力后就会使鼓泡开裂。一旦开裂，体积增大，氢压下降，导致氢致裂纹止裂；氢压的继续升高可使裂纹重新扩展，直至鼓泡开裂[13]。可以通过测量产生氢鼓泡所对应的临界可扩散氢浓度 C_0^*、不可逆陷阱中的氢浓度 C_T，便可以确定产生氢鼓泡所对应的临界氢浓度 $C^* = C_0^* + C_T$，从而衡量材料抗氢致开裂性能。

在不同电流下对试样充氢24h，逐一观察试样表面是否产生了氢鼓泡。图 7 - 15 为观察到的试样表面的氢鼓泡，由此确定每种试样产生氢鼓泡的临界充氢电流。然后在临界充氢电流下对 8 种试样充氢24h，充氢后立即用排油集气法测量临界可扩散氢浓度。试样取出洗干净后放置晾干，最后采用 LECO 定氢仪测量不可逆陷阱中的氢浓度 C_T。

图 7 - 15　充氢后试样表面形成的氢鼓泡

测量结果表明，临界充氢电流 i^* 为 $37mA/cm^2$，临界可扩散氢浓度 C_0^* 为 $2.57 \times 10^{-4}\%$，不可逆陷阱中氢浓度 C_T 为 $6.85 \times 10^{-4}\%$，临界总氢浓度 C^* 为 $9.42 \times 10^{-4}\%$。可见钢产生氢鼓泡所对应的临界氢浓度 C^* 较大，说明都具有良好的抗氢致开裂性能。

7.7　抗挤抗硫套管硫化氢应力腐蚀开裂特性

研究 SCC 的方法有很多种，如恒变形法、恒载荷法、电化学测试法、断裂力学法等。其中，用断裂力学法研究材料的 SCC 性能时，通常测定以下几个参量：在腐蚀介质中裂纹开始扩展的临界应力强度因子 K_{ISCC}、$K - t_F$ 关系曲线和在某一初始应力强度因子 K_{I0} 下的裂纹扩展速率 da/dt。测定上述参量可以用恒载荷法，即在整个试验过程中，K 值随裂纹的扩展而逐渐增大, 此方法是通过 $K_{I0} - t_F$ 曲线而求出 K_{ISCC} 值, 一般情况下需要十几支试样, 并且耗费大量时间。用恒位移法, 即在整个试验过程中, 施力点张开位移保持恒定, K 值随裂纹扩展而逐渐减小。此方法的采用始于 1965 年, Brown 等人采用楔形张开加载 (wedge - open loading, WOL) 试样, 对有预制裂纹的试样给以不同的初始 K_I 值, 测得裂纹停止扩展时的临界应力强度因子即为 K_{ISCC}。本试验使用生产 BG110TS 钢级抗挤抗硫套管用 31CrMoVNb 钢, 加工成 CT 断裂韧性试样 1 ~ 8 号, 用楔形块加载保持恒位移的方法来测得在 H_2S 饱和的 NACE 溶液中和动态电解充氢两种条件下的 $da/dt - t$ 曲线和 $K_I - da/dt$ 曲线, 根据止裂准则, 得到止裂的临界应力强度因子 K_{ISSCC} 和 K_{IH}, 从而研究 BG110TS 钢级抗挤抗硫套管用钢的应力腐蚀开裂性能。

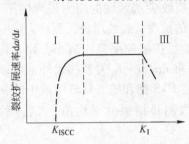

图 7 - 16　$da/dt - K_I$ 曲线示意图
(止裂准则)

止裂准则就是在试验过程中, 随应力腐蚀 (stress corrosion, SC) 裂纹的扩展, 裂纹尖端的应力强度因子水平逐渐下降, 当其达到一定程度时, SC 裂纹不再扩展即止裂, 并定义该止裂值为研究材料在腐蚀介质中 SCC 的临界值。用恒位移方法, 在 SCC 过程中, 裂纹扩展速率 da/dt 和裂纹尖端应力强度因子 K_I 关系曲线如图 7 - 16 所示。从图上可以看出, 材料的 SCC 过程分为三个区, 其中 I 区为 SC 裂纹起裂区, II 区为 SC 裂纹稳定扩展区, III 区为 SC 裂纹止裂区。采用止裂准则时, 起裂阶段的研究并不重要, 所以试验中一般不考虑其变化规律。在 II 区随裂纹尖端应力强度因子下降即 K_I 下降, SC 裂纹扩展速率 da/dt 基本保持稳定。在 III 区, 随裂纹尖端应力强度因子下降, SC 裂纹扩展速率 da/dt 缓慢下降, 当裂纹尖端应力强度因子 K_I 下降到一定程度时即下降到接近材料的 K_{ISCC} 时, SC 裂纹将止裂。在试验中可以用外推止裂阶段实验曲线的方法, 得到研究材料在腐蚀介质中的 K_{ISCC}。

本试验采用 CT 试样, 用楔形块张力加载, 根据标准 (GB 12445.3) 裂纹尖端的应力场强度因子 K_I 计算。在数据处理过程中, 根据每隔一定时间测得的裂纹长度得到裂纹长度和时间的 $a - t$ 关系曲线。利用 Origin 7.0 软件由 $a - t$ 曲线对 t 求导, 可得到研究材料的裂纹扩展速率 da/dt 与时间 t 的 $da/dt - t$ 曲线。再算出对应于任一裂纹长度 a 的裂纹尖端强度因子 K_I, 结合 $da/dt - t$ 曲线就可得到所研究材料在腐蚀介质中裂纹扩展速率 da/dt 与裂纹尖端强度因子 K_I 的关系曲线: $da/dt - K_I$ 曲线。要得到 K_{IH} (或 K_{ISSCC}) 只需要研究止裂阶段的裂纹扩展, 所以只要得到止裂阶段的 $da/dt - K_I$ 曲线, 然后通过 Origin 7.0 进行外推 $da/dt - K_I$ 曲线, 便可得到所研究材料在腐蚀介质中的 K_{IH} (或 K_{ISSCC})。

为了使预裂纹试样达到预期的初始应力强度水平, 先对其中一个预裂纹的试样 (1 号) 进行标定。通过位移传感器和力传感器, 记录下裂纹缺口端位移 COD 和载荷 P 之间的关系曲线。测得结果如图 7 - 17

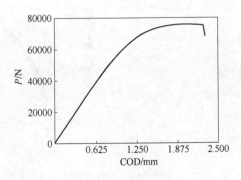

图 7 - 17　裂纹缺口端位移 COD 和载荷 P 的
关系曲线图

所示。

其中 $K_{IC} = 4866.27 \text{N/mm}^{3/2} = 153.88 \text{MPa} \cdot \text{m}^{1/2}$ 数据。根据 $P - COD$ 曲线即可确定裂纹尖端应力强度因子 K_I 与裂纹缺口端位移 COD 的对应关系。试验时通过楔形块给 CT 试样施加不同的初始载荷，即不同的应力强度因子。通过选取不同厚度加载楔形块来控制不同的 COD 值，从而控制 CT 试样裂纹尖端处于不同的应力强度因子水平。

7.7.1 硫化氢介质中的裂纹扩展速率和 K_{ISSCC}

从图 7-18 中可以看到，在裂纹扩展初期，裂纹扩展速率较大，在裂纹稳定扩展阶段，试样在 H_2S 饱和的 NACE 溶液中的裂纹扩展速率基本上为 $10^{-7} \sim 10^{-8}$ 数量级。裂纹尖端应力强度因子 K_I 是线弹性体中 I 型（张开型）理想裂纹尖端区域的应力强度因子，是外加载荷、裂纹长度和试样几何形状的函数。随着裂纹的扩展，裂纹增长，裂纹尖端应力强度因子 K_I 值逐渐减小，当裂纹扩展到一定程度时，裂纹扩展速率急剧减小，此时裂纹尖端应力强度因子 K_I 值也趋于一个临界值，即 K_{ISSCC}。将 $da/dt - K_I$ 关系曲线外推可以近似得到 K_{ISSCC} 值，如表 7-5 所示。可以看出，该材料在 H_2S 饱和的 NACE 溶液中的临界应力强度因子 K_{ISSCC} 在 $31 \sim 34 \text{MPa} \cdot \text{m}^{1/2}$ 之间，如果取测量结果的平均值，K_{ISSCC} 约为 $33 \text{MPa} \cdot \text{m}^{1/2}$。

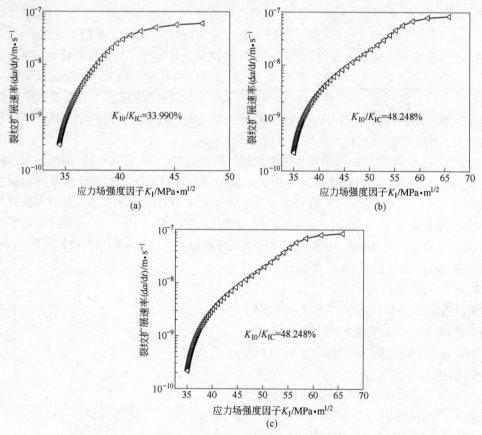

图 7-18 裂纹扩展速率 da/dt 和裂纹尖端应力强度因子 K_I 的关系曲线

（a）2 号试样；（b）3 号试样；（c）4 号试样

表7-5 研究材料在饱和 H_2S 溶液中的临界应力强度因子 K_{ISSCC}

试验环境	试样编号	初始应力强度因子水平 K_{I0}/K_{IC} /%	初始应力强度因子 /MPa·m$^{1/2}$	终了应力强度因子 /MPa·m$^{1/2}$	外推临界应力强度因子 /MPa·m$^{1/2}$
H_2S 饱和溶液	2	27.69	42.60	31.90	31.8
	3	33.99	52.30	34.49	33.8
	4	48.25	74.25	34.98	33.5

7.7.2 动态充氢条件下的裂纹扩展速率和 K_{IH}

用于动态充氢条件下 CT 试验的样品 5~8 号的初始值如表 7-6 所示。充氢不同时间，测得试样表面裂纹长度后，可以得到动态充氢条件下裂纹长度 a 与时间 t 的关系曲线，如图 7-19 所示。从图 7-19 中可以看出，在动态充氢条件下裂纹扩展与在 H_2S 饱和的 NACE 溶液中的裂纹扩展具有相似的规律。在裂纹稳定扩展阶段，试样在充氢过程中的裂纹扩展速率基本上为 10^{-7}~10^{-9} 数量级。当裂纹扩展到一定程度时，裂纹尖端应力强度因

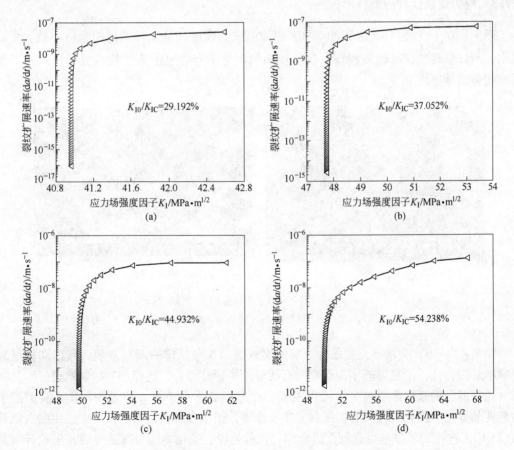

图 7-19 5~8 号试样裂纹扩展速率 da/dt 和裂纹尖端应力强度因子 K_I 的曲线

(a) 5 号试样；(b) 6 号试样；(c) 7 号试样；(d) 8 号试样

子 K_I 值逐渐减小，趋于一个临界值，即 K_{IH}。将 $da/dt - K_I$ 关系曲线外推可以近似得到 K_{IH} 值，如表 7-6 所示。可以看出，该材料在充氢过程中的临界应力强度因子 K_{IH} 大约在 $41 \sim 50 MPa \cdot m^{1/2}$ 之间，如果取测量结果的平均值，K_{IH} 约为 $47.2 MPa \cdot m^{1/2}$，大于试样在 H_2S 饱和的 NACE 溶液中的 K_{ISSCC}。这说明，在 H_2S 饱和的 NACE 溶液中，硫化物应力腐蚀开裂对裂纹的扩展起着主导作用，但氢致开裂（HIC）也起到促进作用。

表 7-6 研究材料在动态充氢时的临界应力强度因子 K_{IH}

试验环境	试样编号	初始应力强度因子水平 K_{I0}/K_{IC} /%	初始应力强度因子 /MPa·m$^{1/2}$	终了应力强度因子 /MPa·m$^{1/2}$	外推临界应力强度因子 /MPa·m$^{1/2}$
动态充氢	5	29.19	44.92	40.97	41.0
	6	37.05	57.02	47.76	47.8
	7	44.93	69.14	49.83	49.8
	8	54.24	83.46	50.05	50.0

7.7.3 应力腐蚀试样的断口形貌

图 7-20（a）为 H_2S 饱和的 NACE 溶液中应力腐蚀试验 2 号试样的断口形貌。可以看出，断口呈现氢脆准解理特征，在解理小刻面周围有明显的撕裂棱，说明材料对 H_2S 具有较强的敏感性。

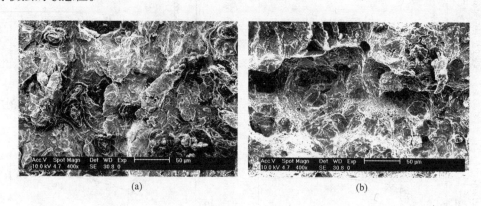

图 7-20 断口形貌

（a）2 号试样的饱和 H_2S 溶液中应力腐蚀断口；（b）5 号试样的动态充氢条件下应力腐蚀断口

图 7-20（b）为动态充氢条件下应力腐蚀试验 5 号试样的断口形貌。断口同样呈现氢脆准解理特征，但在解理小刻面周围有明显的撕裂棱以外，还存在一些韧窝带。

比较两者的断口形貌特征，可以发现，在 H_2S 饱和的 NACE 溶液中，H_2S 腐蚀产生的氢使晶界发生脆化对裂纹的扩展起着主导作用，但在含有硫化氢的介质中发生的氢致开裂（HIC）产生的氢鼓泡也起到促进作用，也就是说，硫化物应力腐蚀开裂和氢致开裂共同作用、相互促进，比充氢样品中单纯的氢致开裂更加敏感。这一结果与上面的 K_{IH} 和 K_{ISSCC} 的测量结果是相符的。

小　结

开发的抗挤抗硫套管通过适当添加 Cr、Mo、Cu 等合金化的手段，通过合金元素在腐蚀动力学过程中对钢表面腐蚀离子的靶向作用，改变抗挤抗硫套管用钢在硫化氢介质中的电化学行为。抗挤抗硫套管在硫化氢腐蚀介质中的电化学过程具有三阶段的腐蚀特征，分别为阶段 I 的非晶态 FeS 形成阶段、阶段 II 的动态腐蚀阶段以及阶段 III 的稳定腐蚀阶段。而腐蚀膜由 FeS、MoS_2、Cu_2S 和 Cr_2O_3 组成，其中 Cu_2S、MoS_2 和 Cr_2O_3 存在于腐蚀膜的内层，而钼酸盐在膜的外层。腐蚀产物引起电化学行为的变化以及在此过程中形成的碳化物、氧化物以及盐类有效地提高了抗挤抗硫套管的抗硫性能。

在氢渗透试验中，测得抗挤抗硫套管用钢的氢扩散系数为 $1.02 \times 10^{-6} cm^2/s$，和普通管相比具有较小的值，与钢中存在大量的氢陷阱有关。测得临界可扩散氢浓度 C_0^* 为 $2.57 \times 10^{-4}\%$，不可逆陷阱中氢浓度 C_T 为 $6.85 \times 10^{-4}\%$，临界总氢浓度 C^* 为 $9.42 \times 10^{-4}\%$。说明钢具有良好的抗氢致开裂性能。

在 H_2S 饱和的 NACE 溶液中测得的临界应力强度因子 K_{ISSCC} 在 $31 \sim 34 MPa \cdot m^{1/2}$ 之间，在充氢过程中测得临界应力强度因子 K_{IH} 大约在 $41 \sim 50 MPa \cdot m^{1/2}$ 之间，大于 K_{ISSCC}。说明在 H_2S 饱和的 NACE 溶液中，硫化物应力腐蚀开裂对裂纹的扩展起着主导作用。抗挤抗硫套管用钢的应力腐蚀开裂属于阳极溶解型。

参考文献

[1] 刘宏芳，刘涛. 嗜热硫酸盐还原菌生长特征及其对碳钢腐蚀的影响[J]. 中国腐蚀与防护学报. 2009, 29（2）：93 ~ 98.

[2] 褚武扬. 氢损伤和滞后断裂[M]. 北京：冶金工业出版社，1988.

[3] 肖纪美，褚武扬. 环境断裂机理及控制措施[J]. 腐蚀与防护. 1999, 20（1）：5 ~ 8.

[4] 肖纪美. 应力作用下的金属腐蚀[M]. 北京：化学工业出版社，1990.

[5] 乔利杰. 应力腐蚀机理[M]. 北京：科学出版社，1993.

[6] 小若正伦. 金属的腐蚀破坏及防蚀技术[M]. 北京：化学工业出版社，1998.

[7] 褚武扬，王燕斌，关永生，等. 抗 H_2S 石油套管钢的设计[J]. 金属学报，1998, 34：1073 ~ 1076.

[8] 董俊明. 管线钢及其焊接接头应力腐蚀破裂行为的研究[D]. 西安：西安交通大学，1998.

[9] 杨怀玉，陈家坚，曹楚南，等. H_2S 水溶液中的腐蚀与缓蚀作用机理的研究[J]. 中国腐蚀与防护学报，2000, 20（2）：97 ~ 104.

[10] Tsai S Y, Shih H C. A statistical failure distribution and lifrtime assessment of the HSLA plates in H_2S containing environments [J]. Corrosion Science, 1996, 38：705 ~ 719.

[11] 于广华，程以环，陈红星，等. C90 油管钢的氢损伤[J]. 金属学报，1996, 32：617 ~ 623.

[12] Oriani R A. The diffusion and traooing of hydrogen in steel [J]. Acta Metall., 1970, 18：147.

[13] 任学冲，褚武扬，李金许，等. MnS 夹杂对钢中氢扩散行为的影响[J]. 北京科技大学学报，2007, 29：232 ~ 236.

8　热采井用套管

稠油在世界油气资源中占有较大比例。我国稠油资源丰富，辽河油田、克拉玛依油田、胜利油田及大港油田等油区是我国主要的稠油开发区，稠油开采的潜力很大。在油层条件下，黏度大于50mPa·s或脱气黏度大于100mPa·s的原油称为稠油，表8-1为中国稠油的分类标准。

表8-1　中国稠油分类标准

稠油分类		主要指标		辅助指标	开采方式
名称	类别	黏度/mPa·s		相对密度(20℃)	
普通稠油	I　I-1	50（或100）~10000	50* ~100*	大于0.92	可以先注水
	I-2		100~10000	大于0.92	热采
特稠油	II	10000~50000		大于0.95	热采
超稠油（天然沥青）	III	大于50000		大于0.98	热采

注：*指油层条件下的原油黏度；无*者为油层温度下脱气原油黏度。

国际上称稠油为重质原油，黏度极高的重质原油称为沥青。高黏度、高相对密度成为稠油区别于普通原油的主要指标。稠油油藏相对于稀油油藏而言，具有油藏大多埋藏较浅，储集层胶结疏松、物性较好，稠油组分中胶质、沥青质含量高，轻质馏分含量低，稠油中含蜡量少、凝固点低，原油含气量少等特点。

我国稠油油藏一般集中分布于各含油气盆地的边缘斜坡地带以及边缘潜伏隆起倾没带，也分布于盆地内部长期发育断裂带隆起上部的地堑。油藏埋藏深度一般小于1800m，埋藏浅的有的可出露地表，有的则可离地表几十米至近百米。但井深3000~4500m也有稠油油藏，为数较少。

稠油油藏储集层多为粗碎屑岩，我国稠油油藏有的为砂砾岩，多数为砂岩，其沉积类型一般为河流相或河流三角洲相，储层胶结疏松，成岩作用低，固结性能差，因而，生产中油井易出砂。

8.1　稠油开采工艺

稠油黏度对温度的反应非常敏感。通过对油藏注入一定的热能，从而降低原油黏度。热力采油是开采稠油的主要方法。它是指以热力学和传热学的理论和方法为基础，以稠油和高凝油为主要开采对象，通过加热方式来降低原油黏度、解除油层堵塞、改善地层渗流特性，从而提高原油采收率的开采技术。常用的热力采油方法分为蒸汽吞吐、蒸汽驱、蒸汽辅助重力驱、热水驱、火烧油层、电磁加热、热化学法等，其中注蒸汽热力采油是目前开采稠油的主要技术，世界上约有80%的热采产量是通过注蒸汽采油法获得的[1,2]。

随着科学技术的进步，向地层注入的工作剂已从注蒸汽发展到非凝析气混注、化学添加剂混注等。进入20世纪90年代，稠油的开采技术呈现出综合或交叉特点，如水平井技术、物理法采油技术等，这些新技术已成为改善稠油开发效果和保持产量稳定增长的重要因素。

辽河油区、克拉玛依油田是中国目前主要的稠油开发区，稠油油藏类型很多，目前稠油开采方面主要采用蒸汽吞吐、蒸汽驱、蒸汽辅助重力泄油三种工艺。

8.1.1 蒸汽吞吐

蒸汽吞吐是指在一口井中完成注蒸汽、焖井和开井生产三个过程的稠油开采方法，从注蒸汽开始到油井不能正常生产为止，称为一个吞吐周期，见图8-1。蒸汽吞吐注汽参数主要是指周期注汽量、注汽速度、蒸汽干度和焖井时间，其中蒸汽干度是影响吞吐开采效果的重要工艺参数。

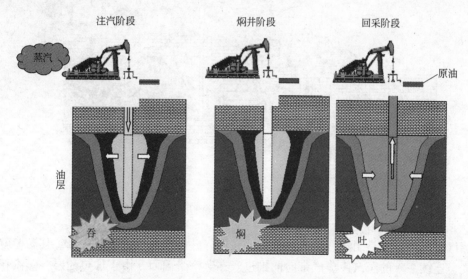

图8-1 蒸汽吞吐采油方法

在蒸汽注入前，要准备好机械采油设备及出油条件，油井中下入注汽管柱，即隔热油管及耐热封隔器。通常将隔热油管及封隔器下到注汽目的层以上几米处，尽量缩短未隔热井段，减少井筒热损失，提高井底蒸汽干度。注蒸汽锅炉及水处理设备调试正常后，开始通过注汽管柱向油层注汽。注气时间一般为10~20天。

焖井阶段，注完预定的蒸汽数量后，停止注汽，焖井，时间一般为2~7天。目的是使注入近井地带油层的蒸汽尽可能扩展，扩大蒸汽带及蒸汽凝结带（即热水带）加热地层及原油的范围，使注入热量分布较均匀。

回采阶段是将蒸汽凝结的流体和被加热的油藏流体一起开采到地面上来。一般包括自喷和抽油两个阶段。自喷阶段主要产出油井周围的冷凝水和大量被加热的原油。当井底流压接近且小于自喷流压时，即转入抽油阶段，该阶段持续时间从几个月到一年以上不等，这是原油产出的主要时期。随着回采时间延长，油层温度逐渐降低，黏度逐渐增高，原油产量逐渐下降，当抽油阶段的产量接近经济极限产量时，即开始下一个吞吐周期。

蒸汽吞吐通常只能采出井点周围油层中有限区域内的原油，井间存在大量蒸汽难以波及的死油区，蒸汽吞吐的原油采收率一般为10% ~ 20%。经过多周期吞吐作业，最后转入蒸汽驱开采。

8.1.2 蒸汽驱

蒸汽驱开采是稠油油藏经过蒸汽吞吐开采以后接着为进一步提高原油采收率的热采阶段。采用蒸汽驱开采技术时，通过适当井网，由注汽井连续注入高干度蒸汽，在注入井周围形成蒸汽带，注入的蒸汽将地下原油加热并驱赶到周围生产井后产出，见图8 - 2。蒸汽驱开采阶段的原油采收率一般可达20% ~ 30%。

图8 - 2　蒸汽驱采油过程示意图

蒸汽驱采油方法是当蒸汽注入油藏后，在注入井周围形成饱和蒸汽带，其温度就是蒸汽温度，连续注入的蒸汽使蒸汽带向前推进。在蒸汽带前面，由于加热油层，蒸汽释放热量而凝结为热水凝结带。热水凝结带包括溶剂、油及热水带，其温度逐渐下降。后续注入的蒸汽，推进热水带并将蒸汽带前缘的热量加热距注入井更远的冷油区，凝结水加热油层损失热量后，温度逐渐降到原始油层温度。未加热的油层保持原始温度。原油温度升高后黏度大幅度降低，是蒸汽驱开采稠油的最重要机理。蒸汽驱是提高采收率的有效开采方式，实验表明蒸汽驱驱油效率高，蒸馏作用强，前缘稳定性好，是稠油蒸汽吞吐开采之后实施驱动式开采可供选择的重要方式之一。对于整个稠油油藏，有计划地实施蒸汽吞吐向蒸汽驱转换，可以巧妙地避开蒸汽吞吐和蒸汽驱的低效期，保持稠油油藏的稳产。

8.1.3 蒸汽辅助重力泄油

目前在稠油开采方面，除蒸汽吞吐和蒸汽驱开采方式外，还有蒸汽辅助重力泄油（steam assisted gravity drainage，SAGD）。蒸汽辅助重力泄油特别适合于开采黏度非常高的特稠油或天然沥青。SAGD技术是近十年来发展起来的用于特稠油和超稠油开采的一种新型采油工艺，其采收率可达40% ~ 50%。

蒸汽辅助重力泄油是以蒸汽为热源，热传导与热对流相结合，依靠稠油及凝析液的重力作用开采。如图8-3所示，当蒸汽从上部的注入井注入油层时，蒸汽向上方及侧面移动，形成一个饱和蒸汽室，蒸汽在汽液界面冷凝，并通过热传导将周围油藏加热，被加热降黏的原油和冷凝水在重力驱动下流到底部生产井，随着原油采出，蒸汽室逐渐扩大。

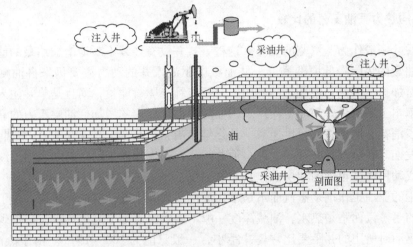

图8-3 蒸汽辅助重力泄油技术采油过程示意图

8.1.4 火驱采油

火驱采油是燃烧地层的一部分原油以提高稠油采收率的最具潜力的热采技术之一。火烧驱油采油技术是选择一口油井作为点火、注气井，利用点火器将油层内原油点燃，并持续注入空气，维持油层内原油燃烧，利用燃烧产生的热能和气体把原油驱向邻近生产井进行生产[1]，如图8-4所示。火驱原油过程是多种机制综合作用的结果，如热裂解、混

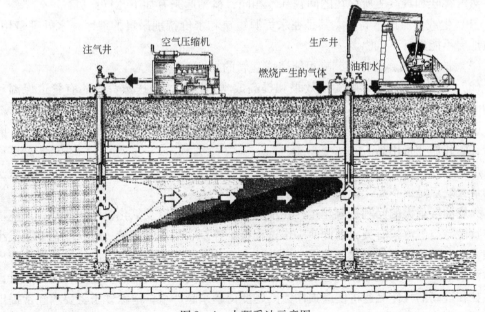

图8-4 火驱采油示意图

相驱动、气驱、岩石及油层流体的热膨胀作用、地下流体的重力分离作用、蒸汽导致油层岩石相对渗透率及毛细力的变化等。火烧驱油是最早用于开发稠油的热采技术，在国外已有多年较大规模的矿场应用历史，取得了许多成功的经验。现场试验资料证实，火烧驱油采收率可达 50% ~ 80%[2,3]。

8.1.5 不同热力采油工艺的比较

蒸汽吞吐一般作为蒸汽驱的先导。这种方式并没有连续不断地增加油藏的能量，而是依靠注入油藏的热能降低原油黏度。从油藏中驱油入井的动力主要仍来自油藏原有的能量，这同时加速了天然弹性能量的利用，并不能补充驱替能量，而且是单井注入蒸汽开采出原油，基本上不产生井间驱替作用。因而随着循环周期的增加、油层压力的衰减、油藏能量的逐步消耗，产量将大幅度递减，最终结束有效开发期。一般吞吐 10 周期以后即结束经济开发期。在蒸汽吞吐开采之后，油井间还存在大片尚未动用的剩余油，纵向上也存在未动用或动用程度很低的油层段，其采收率仅 15% 左右，不超过 20%。

蒸汽驱的驱油工作剂是蒸汽而不是水，蒸汽注入井中流动要损失热量，为了保证向油藏中注入的是蒸汽而不是热水，油藏深度一般不能太深。为了避免热水驱油带现象过早出现，蒸汽驱油时所用的井距要比常规井距小，一般只能为 100 ~ 150m。由于蒸汽比油轻，易出现上部越顶现象而形成舌进。此外还由于储层的非均质性使蒸汽前缘的移动在平面上和剖面上出现不均匀的推进并造成在一些井中出现汽窜现象，从而大大降低了波及系数，影响了采收率。在含有很高黏度原油的油层中，井间流动阻力很大，注入的蒸汽量非常有限，且蒸汽驱技术复杂，蒸汽耗量大，监测及调控蒸汽推进动态难度极大，尤其是我国油藏地质条件复杂，油藏类型多，多数稠油油藏深度超过 1000m。对于油层深度超过 1000m 的稠油油藏，由于深度大，引起了一系列工艺技术上的难点，例如由于井深，井筒隔热技术要求极高，很难保证蒸汽驱过程中井底蒸汽干度达到必需的 50% 以上。

蒸汽吞吐和蒸汽驱所存在的问题基本相同，概括起来有如下几点：

（1）生成蒸汽成本高，尤其是在水资源短缺和水价特别昂贵的地区，水处理费用高。水敏地层不能进行蒸汽驱。

（2）油井受热套管膨胀，有可能造成套管的损坏。

（3）热损失严重，影响驱油效果和提高成本，因此，输送蒸汽时还有管道保温和隔热的问题。

（4）出砂严重，造成井筒堵塞，影响产量，影响井下泵正常工作而减产，设备磨损严重，修井作业费用高。

热采时任一口井的作业和修井都要求至少冷却井筒附近地带。一般而言，用蒸汽法驱油的最大缺点是成本高，适用范围有限制。

火烧油层最大的问题是氧化过程在油藏中维持的时间以及氧化范围。通常，火烧油层工作特性与空气流量有关，因此使工作过程很难控制。最佳气流量一般只能在井距很小时达到，加上其他因素的干扰，热损失导致油大部分馏分冷凝而难以采出。另外燃烧产出的气体污染空气，不利于环保。在火驱中，如果砂层是高度未胶结的，出砂将更为严重，油焦颗粒和很高的气体流速将使磨损冲蚀问题变得越来越严重，清除砂子将要求经常提出井中油管和更换井下泵。由于注入空气需使用大功率高压空压机，为此技术要求高，成本也大，因此火烧油层一般应用于油层深度小于 1000 ~ 1500m 的情况。因此到目前为止，火烧油层法还只是处于工业试验阶段。

8.2 热采套管的套损及其钢种设计

8.2.1 热采套管套损机理

在稠油热采过程中，井筒的应力场和温度场将发生周期性变化，有可能引发套管的低周疲劳破坏。热采井套管损坏的原因很多，普遍认为，套管中热应力的产生及其急剧变化，是导致注蒸汽井套管损坏的主要原因。注蒸汽井套管损坏的主要形式有套管变形、套管错位、螺纹接头泄漏和脱扣等。据对套管损坏形式进行统计分析认为，套管损坏在注汽封隔器附近至油层部位居多（注汽封隔器一般位于油层上 10 ~ 30m 范围以内），占套管损坏总井数的 64.42%，其中套管变形占套管损坏总井数的 46.42%，套管错位占套管损坏总井数的 23.31%，螺纹泄漏脱扣占 16.35%。

注蒸汽时，套管柱温度曲线见图 8 - 5，套管最高温度可达 300 ~ 350℃，这时套管受热，热膨胀引起套管伸长。蒸汽停注时，套管冷却，就会引起套管收缩，多轮次注汽造成套管反复伸缩而疲劳。如果注蒸汽井套管返至地面并全封固，管柱就不能自由伸长，故而在受热过程中套管形成了压缩应力，冷却过程中形成了拉伸应力。如果套管内的应力未超过套管屈服强度，冷却时套管可回复到它的初始应力状态，但如果超过了屈服强度，塑性流动可使套管永久变形。这种情况的存在是由于塑性变形是一个不可逆过程，套管材料内部的结构已经改变。

热采井套管损坏的机理可用图 8 - 6 表示。图中 A 点表示注蒸汽前套管既无压缩应力又无拉伸应力的状态，B 点表示套管的屈服点，此时对应的温度升高值为 ΔT_1，如果温度升高值小于 ΔT_1，则当套管冷却时，套管应力将恢复到 A 点，一旦温度升高值超过 ΔT_1，即

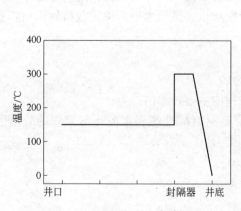

图 8 - 5 套管柱全长温度曲线

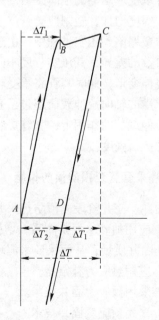

图 8 - 6 热采井套管损坏的机理

应力超过屈服强度，则套管应力与温度升高的关系曲线呈现 BC 线，此时超过屈服点的热膨胀应力通过套管的永久变形而消失掉了。在冷却过程中，套管表现为弹性特征，在应力 - 温升曲线上表现为 CD 线，且 CD 线平行于 AB 线。当套管温度下降到 $\Delta T_2 = \Delta T - \Delta T_1$ 时，应力值降低到 A 点，此时对应的套管温度将比原始温度高 ΔT_2，继续冷却，套管柱产生压缩应力，套管发生包申格效应（Bauschinger），导致屈服强度下降，在下一个热循环过程中更容易发生变形，这是套管损坏的根源。一旦这种拉伸应力超过了套管的抗拉强度，套管就会发生损坏。

套管钢材的屈服强度和抗拉强度随温度变化而变化。一般而言，温度升至 150℃ 后，屈服强度和抗拉强度开始有所降低，而注蒸汽井注蒸汽平均温度在 300 ~ 350℃。套管因高温导致的屈服强度降低，热采套管在残余应力的作用下，使套管基本处于屈服状态。在持续高温和轴向拉应力作用下，由于套管材料的包申格效应，拉伸屈服强度有所降低，套管产生疲劳裂纹和压缩变形，造成套管损坏，松弛现象使套管接头的密封性能受到影响。对于一般材质的圆螺纹和偏梯形螺纹，耐温极限都在 300℃ 以下，在高温轴向载荷作用下，接头与套管螺纹的径向变形超过允许公差，可能造成泄漏和脱扣。套管断裂通常发生在接头处。当蒸汽吞吐时，一旦超过套管的屈服应力就会发生塑性变形而引起套管的失效，即使在第一个周期中不失效，也会留下残余应力，使得套管在以后的注汽周期中失效。

由于油层套管射孔井段长期进出热蒸汽，油层部位岩性疏松导致原油携砂进入套管内，会造成油层套管外水泥环胶结变差，使套管失去水泥的封固作用，套管热胀冷缩得不到有效控制而发生疲劳损坏。

热采井出砂是常见的问题。油层出砂会加快套管损坏。如果地层出砂不均匀，在井眼附近某个方向的出砂比起其他方向来说较为严重，则在这些方向套管局部将会缺少支撑，使得套管承受非均匀的径向载荷。尤其是在定向井、大斜度井或水平井中，载荷的非均匀程度会大幅度增加，轻则使套管产生椭圆变形或单向挤扁变形，重则套管将被挤毁。

在油藏塌陷、压实过程中，由于地层层间，尤其是油层和上覆岩层之间存在物性参数和力学参数的差异，其压实程度不同。在生产层段的顶部或者上覆岩层段，套管轴向上将会发生拉伸变形，此时套管将承受较大的轴向拉伸载荷。与套管屈服的机理相似，此时如果套管承受的轴向拉伸载荷超过了套管达到屈服时的轴向载荷，套管将会发生破坏。并且在轴向拉伸载荷的作用下，套管更容易发生挤毁变形，这是因为轴向拉伸载荷的作用降低了套管的抗挤强度。

8.2.2　热采套管套损的预防措施

在钻井、完井阶段，预防热采井套管损坏采用的主要技术措施有：

（1）应用加砂水泥浆体系，增强水泥环的抗高温衰减性能和水泥环与套管的胶结强度，保证固井质量，从而保证水泥环对套管的约束力。

（2）应用热应力补偿器。

（3）采用预应力固井技术。

（4）采用预应变固井技术。

在上述的方法中，前三种方法已基本成熟。

热应力补偿器采用耐高温、高压波纹管做密封件，波纹管密封原件的上下端分别焊接在上端环和下端环上，波纹管密封原件套装在中心管中部的抗拉力台阶上。为防止中心管和限位接头在下井时产生同向位移，在其间装一圆头平键，以保证它们之间在外力作用下只能产生一定范围的上下运动。热应力补偿器中的波纹管密封原件在油井中处于原始状态，当来自配合短节方向的力使外管向上产生位移时，波纹管即开始伸长，反之波纹管则被压缩。当产生热应力变化时，生产套管则会产生微量的伸缩以防止生产套管损坏。完井时在油层上部的一定位置加装一个热应力补偿器，即可对生产套管的这种微量伸缩进行补偿，从而达到保护套管的目的。若将热应力补偿器接到水泥未返到地面的井口上，也可起到保护井口的作用。热应力补偿器上端母扣和下端公扣与管柱连接在一起，固井时同时被水泥封固。

预应力固井技术对套管柱施加预应力的技术方法大致有四种：

（1）注水泥施工过程中提高碰压压力，给套管施加预应力，并一直保持到水泥浆完全胶结，使套管保持预应力。

（2）采用两凝水泥浆，当下部速凝水泥浆凝固后，使用提升设备提拉套管，给套管施加预应力并保持到上部水泥浆凝固。

（3）使用二次地锚预应力固井方法，即先将作为地锚的一段套管用钻杆送到井底注水泥固住。再起出钻杆下套管，通过释放打捞矛打开地锚。用提升系统对套管提拉预应力，然后固井注水泥，并保持到水泥浆凝固或及时固定井口。

（4）采用一次地锚预应力固井方法，即将地锚接在油层套管下部下入井内，然后进行常规注水泥作业，固井碰压到达设计压力后憋压，在内压力作用下锚爪吃入地层，然后用提升设备提拉整个套管串，并保持到水泥浆凝固或及时固定井口。

地锚设计结构原理图见图 8-7，其外部部件由地锚爪、地锚主体、中间接箍、旋流管和上接箍组成[4]，地锚爪通过销子装于主体，上下部组件通过套管螺纹扣相连接。内部

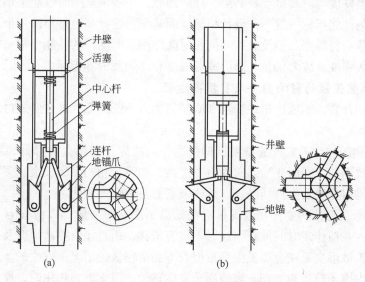

图 8-7 地锚设计结构原理图

（a）地锚初始状态；（b）地锚极限张开状态

部件由连杆、连杆座、中心杆、弹簧座、弹簧、活塞等部件组成，通过连杆与三只地锚爪相连接，其他组件通过丝扣连接。地锚上端为套管母扣，下端为套管公扣，旋流管上加工有返液旋流孔。

采用热应力补偿器以及预应力固井法等措施都是目前应对热采套管破坏普遍采用的方法，各有优缺点。如关于预应力法防治套管损坏的有效性目前在国内尚存在争议：一种意见认为提拉预应力可以减少套管受热而产生的热应力，从而防止套管损坏；另一种认为提拉预应力效果不大，随着时间的延长，施加的预应力可能因时效而应力松弛。另外，当提拉的预应力使套管轴向应力为零时，反而降低其承受高温的能力，这种方法虽然减小了套管中的轴向应力，但在全拉预应力时，套管的承温能力有所下降。

除上述在钻井、完井阶段所采用的防止热采井套管损坏的技术措施外，在套管设计上采用高强度套管或者厚壁套管来弥补高温强度的损失无疑是防止套管套损最为重要而且有效的措施。耐热套管或抗挤耐热套管因为采用特有的合金成分设计方法，屈服强度和抗拉强度随温度升高而下降的幅度很小，从而可以有效地抵御热采条件下的损坏。以下详细介绍宝钢在热采井用套管方面，尤其是抗挤耐热套管的理论与实践。

8.2.3　热采井套管用钢的设计原理

8.2.3.1　金属材料的高温力学性能

根据工作环境和条件的要求，热采井套管用钢必须具有足够的高温力学性能。在室温下，钢的力学性能与加载时间无关，但在高温下钢的强度及变形量不但与时间有关，而且与温度有关，这就是所谓的热强性。热强性系指钢在高温和载荷共同作用下抵抗塑性变形和破坏的能力。由此可见，在评定高温条件下材料的力学性能时，必须用热强性来评定。热强性包括材料高温条件下的瞬时性能和长时性能。

瞬时性能是指在高温条件下进行常规力学性能试验所测得的性能指标，如高温拉伸、高温冲击和高温硬度等。其特点是高温、短时加载，一般说来瞬时性能是钢热强性的一个侧面，所测得的性能指标一般不作设计指标，而是作为选择高温材料的一个参考指标。

长时性能是指材料在高温及载荷共同长时间作用下所测得的性能。常见的性能指标有蠕变极限、持久强度、应力松弛、高温疲劳强度和冷热疲劳等指标。

8.2.3.2　热强性的影响因素及其提高途径

随着温度的升高，钢抵抗塑性变形和断裂的能力不断降低，这主要是由以下两个因素造成的：

（1）影响钢的软化因素。随着温度的升高，钢的原子间结合力降低，原子扩散系数增大，从而导致钢的组织由亚稳态向稳定态过渡，如第二相的聚集长大、多相合金中成分的变化、亚结构粗化及发生再结晶等，这些因素都导致钢的软化。

（2）形变断裂方式的变化。金属材料在低温下形变时一般都以滑移方式进行，但随着温度的升高，载荷作用时间加长，这时不仅有滑移，而且还有扩散形变及晶界的滑动与迁移等方式。扩散形变是在金属发生变形但看不到滑移线的情况下发生的。这种变形机制是高温时金属内原子热运动加剧，致使原子发生移动，但无外力作用时，原子的移动无方向性，故宏观上不发生变形；当有外力作用时，原子移动极易发生且有方向性，因而促进变形。当温度升高时，在外力作用下晶界也会发生滑动和迁移，温度越高，载荷作用的时间越长，晶界的滑动和迁移就越明显。

常温下金属的断裂在正常情况下均属穿晶断裂，这是由晶界区域晶格畸变程度大、晶内强度低于晶界强度所致。但随温度升高，由于晶界区域晶格畸变程度小，原子扩散速度增加，晶界强度减弱。温度越高，载荷作用时间越长，则金属断裂方式更多地呈晶间断裂。基于上述分析，提高钢的热强性主要有三个途径：

（1）基体强化。主要出发点是提高基体金属的原子间结合力、降低固溶体的扩散过程。研究表明，从钢的化学成分来说，凡是熔点高、自扩散系数小、提高钢的再结晶温度的合金元素固溶于基体后都能提高钢的热强性。如高温合金中主要的固溶强化元素有 Mo、W、Co 和 Cr 等。从固溶体的晶格类型来说，奥氏体基体比铁素体基体的热强性高。这是由于奥氏体的点阵排列较铁素体致密，扩散过程不易进行。如在铁基合金中，Fe、C、Mo 等元素在奥氏体中的扩散系数显著低于在铁素体中的扩散系数，这就使回复和再结晶过程减慢，第二相聚集速度减慢，从而使钢在高温状态下不易软化。

（2）第二相强化。主要出发点是要求第二相稳定，不易聚集长大，在高温下长期保持细小均匀的弥散状态，因此对第二相粒子的成分和结构有一定的要求。耐热钢中大多用难熔合金碳化物作强化相，如 MC、$M_{23}C_6$、M_6C 等。

（3）晶界强化。为减少高温状态下晶界的滑动，主要有下列途径：

1）减少晶界。需适当控制钢的晶粒度。晶粒越细，晶界越多，虽然阻碍晶内滑移，但晶界滑动的变形量增大、塑变抗力降低。晶粒过大，钢的脆性增加，所以要适当控制钢的晶粒度，晶粒度一般在 2~4 级时能得到较好的高温综合性能。

2）净化晶界。钢中的 S 和 P 等低熔点杂质易在晶界偏聚，并和铁易于形成低熔点共晶体，从而削弱晶界强度，使钢的热强性下降。钢中加入 B、稀土等元素，可形成高熔点的稳定化合物，在结晶过程中可作为晶核，使易熔杂质从晶界转入晶内，从而使晶界得到净化，强化了晶界。

3）填补晶界上空位。晶界处空位较多，使扩散易于进行，是裂纹易于扩展的地方，加入 B、Ti、Zr 等表面活化元素，可以填充晶界空位，阻碍晶界原子扩散，提高蠕变抗力。

4）晶界的沉淀强化。如果在晶界上沉淀出不连续的强化相，将使塑性变形时沿晶界的滑移及裂纹沿晶界的扩展受阻，使钢的热强性提高。例如用二次固溶处理的方法可在晶界上析出链状的 $Cr_{23}C_6$ 化合物，从而提高钢的热强性。除此之外，还可用形变热处理方法将晶界形状改变为锯齿状晶界和在晶内造成多边化的亚晶界，进一步提高钢的热强性。

8.2.3.3　其他性能要求

对于火驱采油用套管，所用钢种不仅要有足够的热强性，在高温下有足够强度而不产生大量变形或断裂之外，还要具有一定的抗氧化、抗二氧化碳腐蚀等能力。

从国外火烧驱油井腐蚀的案例[5]并结合实际井况，可能产生三类腐蚀：

（1）高温氧化。套管和注入空气中的氧发生氧化反应。

（2）在高温、高矿化度地层条件下的腐蚀。原油燃烧生成的 CO_2、SO_2 以及过剩的 O_2 与地层内部的水发生化学反应形成碳酸、亚硫酸、硫酸，对套管产生严重的电化学腐蚀。注入井湿式火烧过程中，空气与水交替注入引起氧腐蚀，使管材局部产生很深的腐蚀坑，长期作用导致管材腐蚀穿孔，或出现严重的麻点现象，使管材强度降低。

（3）生产井中的硫化氢腐蚀。生产井由于产液温度较高（150℃左右），酸性腐蚀、氧化腐蚀同时并存。原油中硫醇、硫醚等有机硫化物在高温下反应生成硫化氢；地层中含硫矿物在高温下反应生成硫化氢；地层水中硫酸盐还原菌在油层条件下将硫酸盐还原成硫化氢。实验表明，温度是产生硫化氢的主要外在因素，温度在100℃以上时，每升高20℃，硫化氢含量平均增加0.03%左右；温度在160~180℃时硫化氢含量增加幅度最大；温度高于180℃后硫化氢含量增加幅度明显减小[6]。而生产井中的温度在150℃左右，故硫化氢的腐蚀问题应当考虑。

8.3 抗挤耐热套管的开发

在抗挤耐热套管新产品的开发中，结合用户对管材的要求和实际使用条件，化学成分设计原则是：采用低碳和低锰含量，加入适量的 Cr、Mo、W、V 等高温合金元素，以改善钢的高温力学性能。设计化学成分碳当量 C_{eq} 小于 0.6%，以控制钢的水淬开裂敏感性以及具有一定的焊接性能。在模拟油田使用工况下，使用复合试验机加载（见图 8 - 8），以经过六次热循环未发生失效为设计原则，对套管材料的螺纹连接性能进行评定。图 8 - 9 为 BG110H 加载 2343kN 后经 6 次热循环的试验，在 350℃时，实测 BG110H 的屈服强度为 730MPa。自 2005 年以来，已经成功开发出 BG(80 ~ 110)H 系列耐热套管、BG(80 ~ 120)TH 抗挤耐热套管等产品，并在辽河油田、新疆油田等油田成功下井使用。

图 8 - 8 复合拉伸试验机

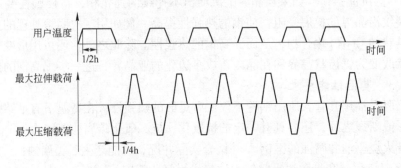

图 8 - 9 模拟热采井拉伸 - 压缩加载步骤图

8.3.1 抗挤耐热套管的设计

对于弱胶结的疏松砂岩油藏，少量出砂通常会在射孔炮眼附近形成小空洞，导致地层支撑的缺失，造成套管同一处产生应力集中，使得套管径向承受非均匀的外挤载荷，并且这个额外的应力集中值随着空洞的扩展而增加；当油层大量出砂后，上覆地层局部失去了下部岩层的支撑，将会产生垂向变形而出现坍塌，最终形成较稳定的拱形顶面，因此空洞大部分存在于上覆岩层或油层顶部，油层大部分被散砂所掩埋。此时套管承受轴向压力的作用，将会发生轴心压杆的失稳屈曲。因此，从套管设计的管柱力学角度考虑，设计上除了要考虑提高套管的抗外挤能力外，还要提高套管抵抗轴向失稳的能力。

根据材料力学弹性平衡的稳定性理论，压杆临界压力的欧拉公式为

$$F_{cr} = \frac{\pi^2 EI}{(\mu l)^2}$$

式中　E——材料的弹性模量；

　　　I——横截面的最小惯性矩；

　　　μ——长度系数；

　　　l——压杆长度。

除去长度因素，影响临界应力的关键指标：一是弹性模量，和材料的本质有关；另一为惯性矩，与套管的尺寸有关。提高材料的弹性模量不仅可以提高临界失稳应力，还对套管的压溃强度有好处；同样，增加套管的壁厚直接提高惯性矩，进而对提高抗挤强度和临界失稳应力都有益。在这种研发思路的引领下，开发了 BG(80~120)TH 不同钢级的抗挤耐热套管产品。

以 110 钢级不同壁厚的 177.8mm 套管为例，根据挤毁应力公式，容易发现压溃失效形式主要为塑性挤毁或屈服挤毁。毫无疑问，提高材料的屈服强度自然提高套管的抗挤强度。在 API 的标准范围内，对套管壁厚的调整范围是极其有限的，因此，产品的设计着重于通过材料化学成分的设计以获得强度和弹性模量等性能对温度不敏感的 BG110TH 抗挤耐热套管材料。

产品设计考虑套管使用温度范围至 400℃ 的高温，在此温度范围内，材料的强度在 110 钢级范围内，见表 8-2。

表 8-2　ϕ177.8mm × 9.19mm BG110TH 套管设计力学性能

屈服强度 $R_{t0.6}$/MPa	抗拉强度 R_m/MPa	冲击韧性 A_{KV}/J	压溃强度/MPa
（室温至 400℃）	（室温至 400℃）	（0℃）	（室温）
758~965	>862	>50	>57

使用 50kg 真空感应炉，通过化学成分优化设计，确定采用一种微合金化的 Cr-Mo-V 钢来保证套管高的屈服强度和弹性模量，以及高温环境下的性能稳定性，确保套管在高温情况下的抗挤耐热能力。使用高抗挤技术生产了 ϕ177.8mm × 9.19mm 规格 BG110TH 套管，该规格套管 API 标准规定的压溃强度为 43MPa，设计 BG110TH 使用条件下抗挤强度不低于 57MPa。生产工艺流程为：炼钢—浇铸成管坯—轧管—热处理—定径、矫直，套管和接箍采用相同的化学成分以及热处理工艺制造。

8.3.2　抗挤耐热套管的实测性能

在生产过程中分别对化学成分、力学性能、金相检验、套管使用性能及高温性能进行

分析。套管的力学性能检验结果见表 8 - 3，在 400℃以下的温度范围内，屈服强度为 774 ~ 938MPa，抗拉强度为 869 ~ 989MPa，均在 API 标准规定的 110 钢级的范围内。0℃冲击韧性见表 8 - 4，套管和接箍都具有很高的韧性。金相检验结果见表 8 - 5，为均匀细小的回火索氏体组织，原始奥氏体晶粒度达 10 级，四类夹杂物的级别都很低，钢质纯净度高。产品在室温的使用性能见表 8 - 6，拉伸至失效拉力为 4206.5kN，超 API 标准的 10.8% 以上；爆破压力最小值为 97.3MPa，超 41.6%；压溃强度均值为 78.5MPa，超过设计指标 57MPa 的 36.3%；所检测样管在 62.7MPa 静水压下保持 10min 均未发生泄漏。上述结果证明，生产出的套管各项性能都达到设计要求，可以满足油田实际使用需要。

表 8 - 3   套管室温至 650℃的强度

温度/℃	$R_{t0.6}$/MPa	R_m/MPa
25	938	989
200	866	960
300	836	938
400	774	869
500	630	688
650	318	330

表 8 - 4   横向 0℃冲击韧性试验结果

项目	A_{KV}/J			试样尺寸/mm × mm × mm
管体	97	95	98	7.5 × 10 × 55
接箍	141	148	152	10 × 10 × 55

表 8 - 5   金相分析结果

项目	夹 杂 物								组 织	晶粒度
	A		B		C		D			
	细	粗	细	粗	细	粗	细	粗		
管体	0.5	0	0.5	0	0	0	0.5	0	回火索氏体	10.0 级
接箍	0.5	0	1.0	0	0	0	0.5	0	回火索氏体	10.0 级

表 8 - 6 ϕ177.8mm × 9.19mm BG110TH 室温使用性能

项 目	拉伸至失效/kN	静水压 (62.7MPa × 10min)	爆破压力 /MPa	压溃强度 /MPa
1	4242.5	未泄漏	97.5	79.7
2	4206.5	未泄漏	97.3	78.1
3	4352.8	未泄漏	98.8	77.7
API 标准值	3794.1	未泄漏	68.7	43

8.3.3   套管的抗挤耐热性能

8.3.3.1   抗挤耐热套管的高温力学性能

为了便于说明问题，将宝钢的 BG110H 耐热套管、BG110TH 抗挤耐热套管和普通的

P110 进行比较，研究衡量套管抗挤耐热能力的两个典型材料性能参数，即屈服强度和弹性模量。首先将屈服强度随温度的变化关系示于图 8 - 10，可以看出，三种材料的屈服强度都随温度的升高而降低，尤其在 400℃以后的区间降低的梯度更为显著，但在室温至 400℃的范围内，和普通的 P110 钢级材料相比，BG110H 耐热套管屈服强度明显高，并且随温度的升高下降得较为舒缓，而 BG110TH 套管屈服强度的降低更为缓慢，表现出优良的耐热能力。

BG110H 和 BG110TH 钢级耐热套管的弹性模量如图 8 - 11 所示。BG110H 的弹性模量随温度的升高线性下降，而 BG110TH 则表现出明显的非线性。在 300℃之前，BG110TH 的弹性模量随温度下降得较为缓慢，在 400℃依然比 110H 的高，说明 110TH 具有良好的耐热性能。

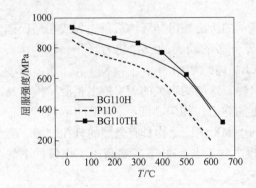

图 8 - 10 BG110H、BG110TH、P110 屈服强度和温度的关系

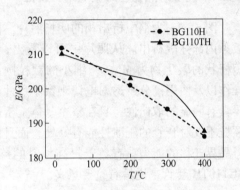

图 8 - 11 BG110H、BG110TH 弹性模量和温度的关系

8.3.3.2 抗挤耐热套管的抗挤压性能

套管产品的抗挤压性能是由压溃试验机测定的，是在室温下对套管施以外压（一般是水压）直至钢管压溃失稳。由于目前在高温下国内外的压溃试验机都无法对钢管的压溃性能进行测定，如何评价抗挤毁耐高温套管在高温使用条件下的抗挤性能尚无明确的方法。

根据玉野预测抗挤强度的公式，可以用来预测高温下套管的抗挤强度，定量给出抗挤耐热套管高温下的剩余抗挤强度。

$$P_{cult} = \frac{P_e + P_y}{2} - \sqrt{\frac{(P_e - P_y)^2}{4} + P_e P_y H_{ult}} \qquad (8-1)$$

式中

$$P_e = 1.08 \times \frac{2E}{1 - v^2} \frac{1}{m(m-1)^2}$$

$$P_y = 2\sigma_s \frac{m-1}{m^2} \left(1 + \frac{1.5}{m-1}\right)$$

$$H_{ult} = 0.071\mu + 0.0022\varepsilon - 0.18\sigma_r/\sigma_s$$

$$\mu = 100 \times \frac{D_{max} - D_{min}}{D_{av}}$$

$$\varepsilon = 100 \times \frac{t_{max} - t_{min}}{t_{av}}$$

$$m = \frac{D}{t}$$

可以看出套管的抗挤强度是弹性模量（E）、屈服强度（σ_s）、残余应力（σ_r）、外径（D）以及壁厚（t）的函数。根据式（8-1），输入 BG110TH 套管相应检测数据后，预测室温下管体压溃强度值为 78.4MPa，和套管实际测得的压溃强度相当。使用实测的屈服强度和弹性模量，设残余应力随温度的升高递减。预测高温下压溃强度如图 8-12 所示，可以看出 300℃以下套管具有优良的抗挤毁能力，在 400℃的抗挤强度也能满足设计的要求。可以说宝钢研发的 BG110TH 抗挤耐热套管不仅能满足热采井的要求，也能满足盐岩层、盐膏层、地应力异常段及大断层井段对套管抗挤强度的苛刻要求。

8.3.4　抗挤耐热套管的微观结构特征

图 8-13 为钢中析出相的明场照片。图中显示的析出相沿马氏体板条边界或在马氏体板条内部弥散析出。从照片中可以看出，沿晶界分布的较大的碳化物为（Cr，Fe）$_{23}$C$_6$，短杆状的碳化物为 Mo$_2$C，细小的颗粒则为 NaCl 晶体结构的 M$_{(V,Nb,Ti)}$X$_{(C,N)}$。通过暗场操作以及使用高分辨透射电镜观察小尺寸的析出物，这些纳米级的 MX 析出相沿马氏体晶界具有明显的取向性，且在整个基体上析出得更加弥散、均匀、细小，见图 8-14。这种颗粒不仅对套管的压溃性能有好处，而且由于细小 MX 碳氮化物具有强烈的钉扎位错、阻碍晶界迁移的能力，有益于提高材料的持久强度，这对长期处于高温高压工作条件下的 BG110TH 套管来说具有重要意义。

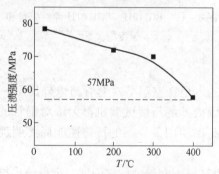

图 8-12　预测压溃强度和温度的关系

图 8-13　钢的电镜照片（H-800 电镜）

(a)　　　　　　　　　　　(b)

图 8-14　钢中 MC 析出物

（a）暗场像（H-800 电镜）；（b）MC 纳米析出相（JEM2010 高分辨电镜）

8.4 火驱采油用套管的开发

前述的抗挤耐热套管主要是针对注蒸汽热采油用的，本节主要介绍针对火驱采油用套管产品的开发实践。经过了国内外几十年的研究发展，随着火烧驱油采油技术的不断推广，注气井、生产井管柱的腐蚀问题逐渐开始被重视。如某油田采用火驱采油，其井深600m，油层为典型的环烷基原油，胶质含量为42.2%，含蜡量为1.36%，酸值（KOH）为3.25mg/g，地层水氯离子含量为3431.5mg/L，总矿化度为8430.6mg/L，水型为NaH-CO_3型。注气井参数：注入压缩空气，压力为10MPa，60～70℃左右，连续供气3～5年；底部40～50m井段450～500℃高温，其余的500～550m温度250℃左右，持续480h。生产井参数：产出气体有CO_2、CO、H_2S、N_2等；产出液温度一般小于150℃。

在火烧原油过程中，高温火焰和套管接触传热，钢管的温度达500℃。高温不仅会使材料软化，而且还会使钢管氧化减薄。原油燃烧所产生的大量的二氧化碳会使钢管产生二氧化碳腐蚀。由于高温氧化腐蚀及酸性腐蚀，管材局部产生腐蚀坑，长期作用导致管材腐蚀穿孔甚至断裂。为此，有必要从高温下防腐蚀及保持持久强度的角度来考虑管柱的选材研究和产品开发。

8.4.1 火驱采油用套管的实测性能

经过大量的试验研究证明，较普通套管而言，Cr含量（质量分数）为3%的套管产品具有良好的抗CO_2、H_2S和Cl^-腐蚀性能，是一种价格适中的"经济型"非API系列油套管产品。因此，火驱采油套管用钢的选材在Cr含量3%的基础上进行成分调整，复合添加Mo、W、V等合金元素提高材料的耐热性能，设计出火驱采油用BG80H–Cr3套管。

套管的生产工艺流程如下：首先钢水经炉外精炼和真空脱气后，连铸成圆坯，热轧后获得的无缝钢管在880～940℃保温后水淬，于620～710℃高温回火，然后热定径与热矫直，获得钢管的金相组织为回火索氏体。常温下BG80H–Cr3套管的屈服强度在552～758MPa范围，抗拉强度不小于689MPa，伸长率不小于10%，V形缺口夏比全尺寸试样（10mm×10mm×55mm）在0℃环境条件下横向冲击功平均值不小于20J。检测生产套管的常温力学性能见表8–7，屈服强度和抗拉强度满足API标准的80钢级的要求，横向冲击功实测90J。常温力学性能优良。

表8–7　BG80H–Cr3常温下力学性能

屈服强度/MPa	抗拉强度/MPa	伸长率/%	冲击功/J	硬度HRC
710	830	26	90	25

高温拉伸力学性能见图8–15。材料在室温至450℃的温度范围内，屈服强度保持在80钢级的范围，在500℃屈服强度仍大于500MPa，具有优良的抗高温软化性能，可以有效地抵抗高温载荷，可以满足实际井况的使用。

BG80H–Cr3套管试样在高温载荷下的断裂强度和试验时间的关系见图8–16。试样在160MPa的载荷下保持6个月尚未断裂。使用指数关系式获得拟合的断裂强度σ和试验时间t公式为$\sigma = 403.4t^{-0.105}$，经推算，材料在550℃、10000h的持久强度为169MPa，和性能优异的耐高温高压的T23锅炉管水平相当。同样在400℃加载250MPa的条件下，

BG80H - Cr3 试样蠕变曲线和普通 N80 材料 25Mn2 的对照图如图 8 - 17 所示。随着时间的延长，25Mn2 发生显著变形，而 BG80H - Cr3 试样没有发生蠕变，表现出优异的高温抗蠕变能力，可以有效抵御长时间高温条件下因材料蠕变而导致的套损现象，如脱扣、断裂等。

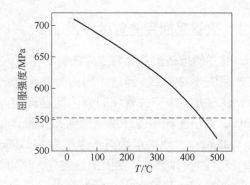

图 8 - 15　高温短时屈服强度和温度的关系

图 8 - 18 为 BG80H - Cr3 试样中析出相的明场照片。图中显示的析出相沿马氏体板条边界或在马氏体板条内部弥散析出。从照片中可以看出，沿晶界分布着块状的碳化物、短杆状的碳化物以及非常细小的颗粒。通过暗场操作以及使用高分辨透射电镜观察小尺寸的析出物，这些纳米级的析出相沿马氏体晶界具有明显的取向性，且在整个基体上析出得更加弥散、均匀、细小，见图 8 - 19。这种颗粒不仅对套管的压溃性能有好处[7]，而且由于细小碳氮化物具有强烈的钉扎位错、阻碍晶界迁移的能力，有益于提高材料的持久强度[8]，这对长期处于高温高压工作条件下的 BG80H - Cr3 套管来说具有重要意义。

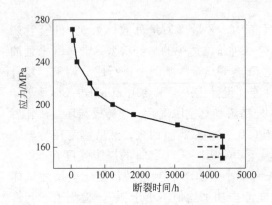

图 8 - 16　550℃持久强度（箭头表示试样尚未断裂）

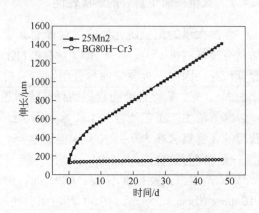

图 8 - 17　在 400℃/250MPa 下的蠕变曲线

图 8 - 18　钢的电镜照片（H - 800 电镜）

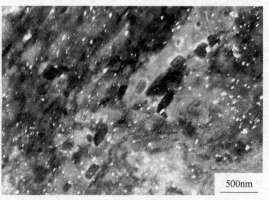

图 8 - 19　钢中 MC 析出物（H - 800 电镜）

8.4.2 模拟井况下的火驱采油套管的抗氧化、腐蚀性能

8.4.2.1 高温氧化性能

在 550℃ 空气介质下，根据 GB/T 13303—91 规定的试验方法，采用增重法测定氧化速度。BG80H - Cr3 套管试样的氧化速率为：$K = 0.01 g/(m^2 \cdot h)$。取 550℃ 空气介质下氧化 60d 的试样观察表面氧化物形成情况，见图 8 - 20。试样表面生成了较为致密的 Fe_2O_3 氧化物，阻碍了空气和基体材料的接触氧化，有效地提高材料的抗氧化性能，可以有效减缓因氧化减薄导致的套管承载能力下降的问题。

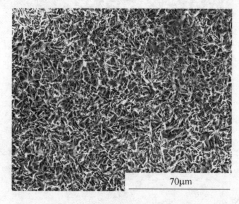

图 8 - 20 550℃下保温 60d 后表面氧化形貌

8.4.2.2 抗 CO_2 腐蚀性能

采用高温高压釜的加速实验方法来评估 BG80H - Cr3 材料的抗 CO_2 腐蚀性能，试验结果见表 8 - 8。BG80H - Cr3 的腐蚀速度为 4.4mm/a 或 3.5mm/a，较普通 N80 在相同条件下的 50mm/a 或 41mm/a 分别降低了 91.2% 或 91.5%。因此，BG80H - Cr3 的抗 CO_2 腐蚀能力与普通套管相比提高 11 倍，具有优良的抗二氧化碳腐蚀的性能。

表 8 - 8 CO_2 腐蚀速率实验条件与结果

钢 号	试验条件	局部腐蚀	腐蚀速度/mm·a^{-1}
BG80H - Cr3	$T = 60℃$，$v = 1.0 m/s$，$P_{CO_2} = 1.5 MPa$	无	4.4
普通 N80		严重	50
BG80H - Cr3	$T = 90℃$，$v = 1.0 m/s$，$P_{CO_2} = 1.5 MPa$	无	3.5
普通 N80		严重	41

模拟注气井井况，在 150℃ 的条件下，环烷基原油中胶质含量（质量分数）43%，含蜡量 1.4%，酸值（KOH）3.2mg/g，地层水氯离子含量 3500mg/L，总矿化度 8500mg/L，水型为 $NaHCO_3$ 型，同时保持 CO_2 含量 10% ~24% 的条件下试验 3 个月，取样发现试样未见明显腐蚀，经测试，BG80H - Cr3 套管在模拟井况条件下的 CO_2 年腐蚀速度为 0.1mm/a。

8.4.2.3 抗 H_2S 腐蚀性能

模拟生产井井况，在 150℃ 的条件下，与模拟注气井井况相同，并保持 H_2S 含量 2×10^{-4}%、CO_2 含量为 10% ~24% 的条件下，BG80H - Cr3 钢材在 720h 未出现硫化氢致开裂，开发的 BG80H - Cr3 套管抗硫性能优良。

8.4.3 耐高温火驱采油用油井管的开发

在火烧原油过程中，高温火焰和套管以及油管接触传热，靠近油层的钢管的温度可高达 600℃。原油燃烧所产生的大量的二氧化碳会使钢管产生二氧化碳腐蚀，高温的工作环境还会使普通钢管产生严重氧化而烧蚀。由于 BG80H - Cr3 钢管 Cr 含量低，在超过 500℃

图 8 - 21 BG350H - Cr12 表面氧化膜形貌

的条件下钢管会发生严重氧化。为此开发了耐 600℃高温的 BG350H - Cr12 火驱采油用油井管（专利 201010260462.9）。对该耐高温油井管在轧制成无缝钢管后进行正火和高温回火处理，其在使用温度范围内具有优良的抗高温氧化性能。在 600℃高温的空气环境条件下保温 2400h 后表面氧化膜形貌见图 8 - 21，表面覆盖着由 Cr_2O_3 纳米颗粒形成的氧化保护膜。在室温至高温 600℃的使用温度范围内屈服强度都大于 350MPa，在 600℃ 下 氧 化 速 度 小 于 0.002mm/a，具有优异的耐高温与耐腐蚀性能。

然而，在火烧原油过程中，高温火焰和套管以及油管接触传热，靠近火焰的钢管的工作温度可高达 700 ~ 750℃。但上述 BG350H - Cr12 产品在工作温度为 600 ~ 750℃的范围内时，材料将进入铁素体和奥氏体两相区，合金中合金元素在不同相中的含量是不同的。在氧化的初始阶段，因为 Cr 的活性较高，合金表面都会生成 Cr_2O_3 氧化膜，其下的基体相应地发生 Cr 的贫化。由于 Cr 在α相中的扩散速度比在γ相中快，α相中的贫 Cr 区将得到较快的恢复，后续的氧化物仍然可能为 Cr_2O_3。而相对而言，在γ相的贫 Cr 区由于 Cr 元素得不到较快的恢复而氧化，生成 $FeCr_2O$ 氧化物。这种情况尤其发生在合金表面 Cr 含量较低的地方，特别是在相界面处。近氧化膜处贫 Cr 基体中的 Fe 向氧化膜外扩散，使得在氧化膜的外层生成易于脱落的 Fe_2O_3，和内层的 $FeCr_2O_4$ 构成两层氧化膜结构，极大地恶化了合金在高温下的抗氧化能力。由于γ相的线膨胀系数比α相的大，在正常作业时，由于不同相的热膨胀能力不同，基体会对表面氧化膜产生拉或压的作用。这些作用都会导致氧化膜开裂，加速氧化的进程。在这样高的工作温度下，使用 18Cr - 8Ni、25Cr - 20Ni 等奥氏体不锈钢可以很好地满足高温抗氧化的性能要求，但材料成本过高。

开发了使用温度在 700 ~ 750℃时基体为奥氏体单相的耐高温石油用管（专利 201110073690.X），在 700 ~ 750℃的使用温度下基体为单一的奥氏体相，能够在表面形成由 Cr_2O_3/Al_2O_3 组成的极薄的复合氧化保护膜，见图 8 - 22，可以有效地抵御后续的氧化进程。这种石油用管具有优异的耐高温氧化性能，并且性价比高。

图 8 - 22 改进型火驱采油用套管
表面氧化膜形貌

小 结

在稠油的开采过程中，为了使油层温度升高，降低稠油黏度，使稠油易于流动，从而将稠油采出，存在蒸汽吞吐、蒸汽驱、热水驱、火驱采油等热力采油的方法。解决热采井套损问题需要使用耐热系列套管。

宝钢所开发的抗挤耐热套管因为采用特有的合金成分设计方法，屈服强度和抗拉强度随温度升高而下降的幅度很小，可以有效地抵御热采条件下的损坏。另外，针对火烧油田驱油开发的专用系列套管具有优良的高温性能和抗腐蚀性能，根据使用温度的不同，可以用于不同的井段。

参考文献

[1] 怀特 P D，莫斯 J T. 热采方法[M]. 王弥康，译. 北京：石油工业出版社，1988.

[2] 帕拉茨 M. 热力采油[M]. 北京：石油工业出版社，1989.

[3] 岳清山，王艳辉. 火烧驱油采油方法的应用[M]. 北京：石油工业出版社，2000.

[4] 吕瑞典. 油气井开采井下作业及工具[M]. 北京：石油工业出版社，2008.

[5] 《油气田腐蚀与防护技术手册》编委会. 油气田腐蚀与防护技术手册（上）[M]. 北京：石油工业出版社，1999.

[6] 王潜. 辽河油田油井硫化氢产生机理及防治措施[J]. 石油勘探与开发，2008，35（3）：349~354.

[7] 田青超，董晓明，郭金宝. 超高抗挤套管产品的研发[J]. 钢管，2008，37（6）：32~36.

[8] Taneike M, Abe F, Sawada K. Creep - strengthening of steel at high temperatures using nano - sized carbonitride dispersions [J]. Nature，2003，424：6946.

9 中原油田用高强度抗挤套管

中原油田是我国东部重要的石油天然气生产基地，主要勘探开发区域与主要产油区为东濮凹陷，横跨河南、山东两省6市12个县区，油田总部位于河南省濮阳市。中原油田东濮凹陷地区地层十分复杂，地应力极大，由于盐岩层的蠕动，井壁收缩易造成套管径向失效，从而给油田带来巨大的损失。因此，该地区一直被誉为高抗挤套管的"试金石"。以往油田使用的高抗挤套管全部为130钢级的$\phi152.4mm \times 16.9mm$厚壁管。宝钢和中原油田进行了多次深入的技术交流，通过投入产出分析，以"降低壁厚、提高钢级、增加高抗挤套管性价比"作为突破口，合作开发了$\phi127mm \times 9.19mm$、$\phi141.3mm \times 11.3mm$、$\phi143.3mm \times 12.3mm$、$\phi180mm \times 11.5mm$等非标规格的高强度薄壁抗挤套管，所研发的BG140TT、BG150TT、BG160TT高强度抗挤套管于2012年获上海市高新技术成果认定，为宝钢和中原油田创造了显著的经济效益。

9.1 油田地质基本知识

地球由地壳、地幔、地核组成。石油储存于地壳内，地壳平均厚度为35km，在全球各处的厚度不均匀。地壳由岩石组成，所以又称为岩石圈。地壳与地幔之间有一个显著的不连续面称M界面，从M界面到2900km的深处称为地幔。从2900km处到地心称为地核，5154km处以下称为内核，地核内分布着3000℃以上的复杂液体。

地壳的岩石组成按其形成条件的不同可分为沉积岩、岩浆岩、变质岩三大类。

沉积岩又称为水成岩，是三种组成地球岩石圈的主要岩石之一。地球地表其他岩石的风化产物和一些火山喷发物，经过水流或冰川的搬运、沉积、压实、成岩作用形成岩石。地球地表面（16km内）有70%的岩石是沉积岩，沉积岩中所含有的矿产，占全部世界矿产蕴藏量的80%。根据沉积岩的成因和物质成分可分碎屑岩、黏土岩、碳酸盐岩、生物岩等。生物岩是由生物沉积组成的沉积岩，如煤、油页岩等。

岩浆岩也是火山岩，也称火成岩，是由岩浆凝结形成的岩石，约占地壳总体积的65%。岩浆是在地壳深处或上地幔产生的高温炽热、黏稠、含有挥发成分的硅酸盐熔蚀体，是形成各种岩浆岩和岩浆矿床的母体。岩浆的发生、运移、聚集、变化及冷凝成岩的全部过程，称为岩浆作用。它的形成与火山喷发和岩浆在地下的活动有关。岩浆岩分喷出岩与侵入岩。喷出岩就是岩浆喷出地表冷凝形成的，如玄武岩。侵入岩是岩浆未喷出地表，沿着断层或裂缝喷到一定深度后侵入其他地层形成的。

变质岩是沉积岩和岩浆岩在地球内力作用下，引起岩石构造的变化，发生了物质成分的迁移和重结晶，形成新的矿物组合（如普通石灰岩由于重结晶变成大理石），产生的新型矿石。这些内力包括温度、压力、应力等。一般变质岩是在地下深处高压高温下产生的，后来由于地壳运动而露出地表，在地表又经过溶蚀及发生的物理化学变化等，形成的储集空间主要为裂缝、溶蚀孔、溶洞及少量微空隙，这些主要是后期破裂和溶蚀作用形成的。

　　地层是在一定地质时间内形成的岩层或岩石组合，既是一个物质概念，同时也具有时间概念，是地壳发展历史的物质记录。利用地质学方法，对全世界地层进行对比研究，综合考虑到生物演化阶段、地层形成顺序、构造运动及古地理特征等因素，把地质历史分为四大阶段，每个大阶段叫宙，即冥古宙、太古宙、元古宙和显生宙。那些看不到或者很难见到生物的时代被称作隐生宙，而将可看到一定量生命以后的时代称作是显生宙。隐生宙的上限为地球的起源，其下限年代却不是一个绝对准确的数字。从6亿或5.7亿年以后到现在就被称作是显生宙。

　　宙以下为代。太古宙分为古太古代和新太古代；元古宙分为古元古代、中元古代和新元古代；显生宙分为古生代、中生代和新生代。太古代和元古代的意思是指生物界太古老和生物界次古老。自寒武纪后到2.3亿年前这段时间为古生代，意指生物界古老。从2.3亿年前到0.65亿年前为中生代，从0.65亿年后到现在为新生代。取意分别为生物界中等古老和生物界接近现代。以下分为纪，如中生代分为三叠纪、侏罗纪、白垩纪。最古老的纪叫震旦纪，是按照古印度人称呼中国为日出之地而取了这个名称。这个时期的生命主要是细菌和蓝藻，后期开始出现真核藻类和无脊椎动物。纪以下分为世，每个纪一般分为早、中、晚三个世，但震旦纪、石炭纪、二叠纪、白垩纪按早晚二分。最小的地质年代单位是期。不同地质年代生物进化的情况见表9－1。

表9－1　地质年代表

宙	代	纪	世	距今年数	生物的进化		
显生宙	新生代	第四纪	全新世	1万			人类时代　现代动物
			更新世	200万			现代植物
		第三纪	上新世	600万			被子植物和
			中新世	2200万			兽类时代
			渐新世	3800万			
			始新世	5500万			
			古新世	6500万			
	中生代	白垩纪		1.37亿			裸子植物和
		侏罗纪		1.95亿			爬行动物时代
		三叠纪		2.30亿			
	古生代	二叠纪		2.85亿			蕨类和
		石炭纪		3.50亿			两栖类时代
		泥盆纪		4.05亿			裸蕨植物
		志留纪		4.40亿			鱼类时代
		奥陶纪		5.00亿			真核藻类和
		寒武纪		6.00亿			无脊椎动物时代
隐生宙	元古代	震旦纪		13.0亿			
				19.0亿			细菌藻类时代
				34.0亿			
	太古代			46.0亿	地球形成与化学进化期		
				>50亿	太阳系行星系统形成期		

宙、代、纪、世、期是国际上统一规定的相对地质年代单位。每个年代单位有相应的时间地层单位，表示一定年代中形成的地层。地质年代单位与时间地层单位具有一一对应的关系，见表 9-2。

表 9-2　地质年代与时间地层单位

地质年代单位	时间地层单位
宙（eon）	宇（eonothem）
代（era）	界（arethem）
纪（period）	系（system）
世（epoch）	统（series）

石油是由各种碳氢化合物混合组成的一种油状液体，可分为天然石油和人造石油两种。天然石油是从油、气田中开采出来的，人造石油是从煤或油页岩等干馏出来的。石油在提炼以前称原油，从原油中可以提炼出汽油、柴油、润滑油及其他一系列石油产品。石油一般呈棕黑色、深褐色、黑绿色等，也有无色透明的。石油有特殊的气味，含硫化氢有臭味，含芳香烃有香味。天然气是以气态碳氢化合物为主的各种气体组成的混合气体。有的从独立的气藏中采出，有的是伴生在石油中被采出。天然气一般无色，有汽油味或硫化氢味。

关于石油天然气成因，目前有无机成因论和有机成因论之争。无机成因论以苏联学者为代表，认为石油来源于地壳深部和地幔，地幔内含烃类物质。19 世纪晚期，俄国门捷列夫认为，地球深处的金属碳化物在高温下与水起反应，生成乙炔（C_2H_2），随后凝聚成烃。有机成因论无法解释巨大的石油资源量，有些油田的石油资源量远远超过沉积物的生烃量。有些天然气确实来源于地幔。

大多认为石油和天然气是由大量有机质转化而来。一切有机物质均可作为石油的原始物质，包括高等植物在内。有机质中的蛋白质、脂肪和碳水化合物等都有可能转化为石油的物质成分。这些生物遗体和泥砂一起沉积在湖、海底部，逐渐形成有机质淤泥，然后在一定的物理化学因素和地质作用下转化为石油和天然气。

有机成因论目前为石油地质学的主导思想，几乎所有的石油天然气田都位于沉积盆地内，烃源岩是沉积岩，烃源于有机物干酪根。理论和实践均证明了烃的有机成因。在海相和湖相沉积盆地的发育过程中，原始有机质伴随其他物质沉积后，随着埋藏深度逐渐加大，经受地温不断升高，在乏氧的还原环境下，有机质逐步向油气转化。有机质向油气转化具有阶段性[1]：

（1）生物化学生气阶段。从地表至 1500m 深处，与沉积物的成岩作用基本相符，温度介于 10~60℃，以细菌活动为主，相当于炭化作用的泥炭-褐煤阶段，以乏氧的生物化学降解为生气机制，类似"沼气"，以甲烷为主。大部分有机质是以干酪根形式存在于沉积岩中。

（2）热催化生油气阶段。沉积物埋藏深度达到 1500~2500m，有机质经受的地温达到 60~80℃，相当于长烟煤-焦煤阶段，促使有机质转化的最活跃因素是热催化作用。页岩等黏土岩的催化作用十分关键。黏土矿物的催化作用可以降解有机质的成熟温度，促进石油的生成。

（3）热裂解生凝析气阶段。沉积物埋藏深度达到 3500 ~ 4000m，地温达到 180 ~ 250℃，超过了烃类物质的临界温度，环烷开环和破裂，液态烃急剧减少，主要是甲烷及其他气态的低分子正烷烃，在地下呈气态，当采至地面，随温度和压力降低，反而凝结为液态轻质油，这个阶段是高成熟油气阶段，以凝析气和湿气为主要产物。

（4）深部高温生气阶段。当深度超过 7000m，沉积物进入变生阶段，到了有机质转化的末期，相当于无烟煤阶段，地温超过 250℃，以高温高压为主。石油全部裂解成最稳定的甲烷，干酪根残渣释出甲烷后进一步缩聚，生成碳沥青或石墨，是变质产物。

油气藏就是油气聚集的场所。石油和天然气在形成初期呈分散状态，存在于生油气地层中，它们必须经过迁移、聚集才能形成可供开采的工业油气藏。这就需要具备一定的地质条件。这些条件概括为"生、储、盖、圈、运、保"六个字。

生油气层富含有机质，是还原环境下沉积的，结构细腻、颜色较深，主要由泥质岩类和碳酸盐类岩石组成。生油气层可以是海洋沉积的，也可以是陆地沉积的。生油气层必须具备一定的地质作用过程，即达到成熟，才能有油气的形成。

储层能够储存石油和天然气，又能输出油气。这种岩层一般具有良好的空隙度和渗透率，通常由砂岩、石灰岩、白云岩及裂隙发育的页岩、火山岩及变质岩构成。

盖层指覆盖于储油气层之上、渗透性差、油气不易穿过的岩层。它起着遮挡作用，以防油气外逸。常见的盖层岩石类型有页岩、泥岩、蒸发岩等。

储集层中的油气在运移过程中，遇到某种遮挡物，使其不能继续向前运动，而在储层的局部地区聚集起来。能够聚集油气的场所称为圈闭。如背斜、穹隆圈闭或断层与单斜岩层构成的圈闭等。

"运"是指油气在生油气层中形成后，因压力作用、毛细管作用、扩散作用等，转移到有孔隙的储油气层中的过程。一般认为，转移到储油气层的油气呈分散状态或胶状。由于重力作用，油气质点上浮到储油气层顶面，但还不能大量集中，只有当构造运动形成圈闭时，储油气层的油、气、水在压力、重力以及水动力等作用下，继续运移并在圈闭中聚集，才能成为有工业价值的油气藏。

"保"是指油气的保存，必须有适宜的条件，即在构造运动不剧烈、岩浆活动不频繁、变质程度不深的情况下，才利于油气的保存。在张性断裂大量发育、岩浆活动频繁或强烈的地区，不利于油气的保存。

油气资源分布具有一定规律性。从地形上看，油气田大都分布在比较低洼的地区，如山脉两侧的山前盆地、滨海和近海大陆架以及内陆盆地等。可以说没有盆地就没有石油，盆地分布及类型取决于大地构造背景，而油气资源的分布还受岩相古地理条件控制。

9.2 中原油田的地质特点

东濮凹陷位于渤海湾盆地西南端，东侧以兰聊断裂为界与鲁西隆起为邻，西侧以长垣断裂为界与内黄隆起相接，南以封丘北断层为界与兰考凸起相邻，北以马陵断层为界与莘县凹陷相望。根据东濮凹陷构造特征，将东濮凹陷自西向东划分为西部斜坡带、西部洼陷带、中央隆起带、东部洼陷带和东部兰聊断裂陡坡带等五个次级构造单元。东濮凹陷以古 – 中生代地层为基底，以新生代地层为盖层，在构造演化及沉积相带上具有明显的南北分区、东西分带的特征，见图 9 – 1。

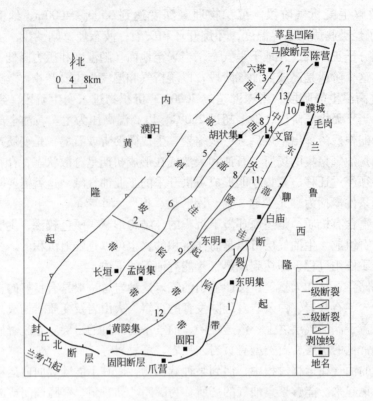

图 9-1 东濮凹陷位置及构造分区略图

1—兰聊断裂；2—高平集断裂；3—六塔断裂；4—马寨断裂；
5—史家集断裂；6—长垣断裂；7—卫西断裂；8—文西断裂；
9—黄河断裂；10—濮城断裂；11—杜寨断裂；12—马厂断裂；
13—卫东断裂；14—文东断裂

东濮凹陷由老到新沉积的地层有古近系沙河街组（沙四段、沙三段、沙二段、沙一段）、东营组，与下伏中生界三叠系呈角度不整合接触关系。古近系沉积之后经整体抬升剥蚀然后再拗陷下沉，接受了新近系馆陶组和明化镇组沉积，形成了丰富的石油资源。经全国第三次资源评价，东濮凹陷石油资源总量为 12.37 亿吨，天然气资源总量为 3675 亿立方米。

东濮凹陷位于华东的中生代和新生代的断裂盆地，拥有相当发育的岩层，见表 9-3，地质环境苛刻而复杂。北部中央隆起带及周边沙三段自下而上发育了三套盐床。每套盐层又由若干岩盐和泥岩组成。岩性演化模式为砂泥岩—含膏泥岩—膏盐—盐岩—膏盐—含膏泥岩—砂泥岩[2]。

可见，中原油田多数油井需穿过盐岩层、泥岩层、盐膏层。盐膏层套管变形和损坏是钻井或生产过程中经常面临的工程现实问题。石膏在沉积过程中受高温高压的作用，发生脱水反应，井眼钻开前具有硬石膏的性质，井眼钻开后，硬石膏吸水膨胀，导致井眼缩径。夹杂在泥页岩中，充填在泥页岩裂缝中的硬石膏吸水膨胀后，导致井壁剥落、掉块或垮塌；石膏和石盐的溶解又可引起井径扩大和井壁坍塌。泥岩存在于盐层、膏层或膏泥岩层中间，其主成分为褐色泥岩，具有含盐膏、欠压实、含水量大、强度低、可钻性好和易塑性流动等特点,当钻井液液柱压力不能平衡其蠕变时极易造成缩径卡钻。盐岩具有塑性蠕变的特征,盐岩的塑性蠕变主要受上覆岩层压力、构造应力和井温的影响。其中,温度的影响大于上覆岩层压力的作用。在相同压差和温度下,不同盐类产生的塑性变形的速率不同,氯化钠的塑性变形速率高于氯化钾的塑性变形速率。在钻井过程中,盐岩发生塑性蠕变的根本原因是井筒液柱压力不能恢复原有的力学平衡状态。

表 9 - 3　东濮地层层序与生储盖组合

界	系	统	组	段	亚段	岩性描述	生储盖
新生界	第四系		平原组			浅棕、黄色黏土、粉砂、砂砾层	
	新近系	上新统	明化镇组			棕色黏土岩与灰白色粉砂岩、细砂岩、含砾砂岩略显等厚互层	
		中新统	馆陶组			浅灰、杂色砂砾岩夹棕红、灰色泥岩	
	古近系	渐新统	东营组			紫红、灰绿色泥岩与紫红、灰绿色砂岩呈不等厚互层	
			沙河街组	沙一		灰色泥岩夹粉砂岩,下段南部为白色岩盐	盖层,自生自储自盖
				沙二		紫红色泥岩、粉砂岩互层,南部为泥膏岩红色泥岩和灰白色砂岩互层	储层
				沙三	上	上部为灰、深灰色泥岩夹薄层粉砂岩,下部为灰、深灰色泥岩、油页岩、夹薄层粉砂岩、深灰色泥岩与粉砂岩互层,在南部为白色盐膏层	盖层、储层、生油层,自生自储自盖
		始新统			中	以白色盐膏层为主,东北部为砂泥岩互层、深灰色泥岩与粉砂岩互层,东南部为白色盐膏层为主,东北部为深水色泥岩夹粉砂岩	
					下	灰色、深灰色泥岩,灰质泥岩夹粉砂岩	
				沙四	上	灰色、棕灰色泥岩与粉砂岩不等厚互层,由南往北厚层减薄,逐渐缺少下部地层	储层
					下	紫红色泥岩与砂岩互层	
中生界	三叠系					紫红色泥岩夹棕色砂岩	

　　钻井液密度的选择对复合盐层井眼稳定至关重要。多数盐层卡钻和复杂情况的产生都应归咎于钻井液密度不合适。在深部井段的温度和应力条件下,盐岩的流变机制属于错位滑移的范畴。根据蠕变本构方程,在给定井眼缩径率为 0.001/h 的情况下,绘出了不同温度、井深条件下的饱和盐水钻井液密度图版,见图 9 - 2。可见井深越深、温度越高,所需匹配的泥浆密度越大。

　　中原油田盐层井段很不稳定,对钻井施工和完井后的套管都有很大的危害。一般而言,套管所受外挤力和最大应力随盐层厚度、深度增大而增大。盐膏层溶解造成井眼扩大,形成溶洞,套管形成压杆支撑上覆岩层压力,同时盐膏层流动、滑移、坍塌使套管受非均匀载荷增加,受力状况恶化,套管所受外挤力将会超过套管本身所能承受的最大承载

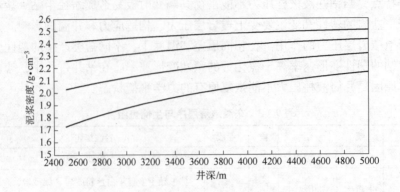

图 9-2　钻井泥浆密度和井深的关系（图中曲线自上而下为 150、100、60、25℃）

能力，从而不可避免地导致套管损坏变形，研究表明，盐层蠕动挤损是中原油田套管损坏的主要原因[3]。

9.3　中原油田的地应力研究

　　存在于地壳中的内应力称为地应力。它主要以两种形式存在于地层中：一部分以弹性能的形式存在，其余部分则因种种原因在地层中处于自我平衡而以冻结的形式保存着。油田投入开发后，油田钻井、采油、注水、温度场的变化以及孔隙流体性质的变化等，使原有的平衡状态被打破，导致油层应力场变化。作为油田注水和采油通道的油层套管，深埋于地下并通过水泥和油层固结在一起，必然受到油层应力场变化的影响而遭到破坏。随着油田开采到中后期，套管损坏问题越来越突出，已成为困扰石油开采工业的一大难题。中原油田是一个套管损坏较为严重的油田，油水井套管的损坏不仅给油田造成巨大的直接经济损失，同时还严重影响油田生产，破坏了注采关系，降低了水驱动用储量，加剧了平面和层间矛盾，开展地应力对油水井套损机理研究十分必要。因为，古地应力场影响和控制着石油的运移和聚集，现代地应力场影响和控制着油气田在开发过程中油、气、水的运移（水窜、水淹等），对油水井地应力场的变化有了清楚的认识后，才能为套损防治打下坚实的理论基础，提出切实可行的套损防治措施。

　　经过近几年的研究，对地应力与套管的损坏关系已有初步的认识。油层套管由于应力场的作用发生各式各样的变形破坏，可归纳为套管错断、缩径和弯曲状态，在断层附近的井，由于断层错动，引起套管错断的机会较多。当地层的水平应力较大或水平应力差较大时，由于泥岩吸水膨胀及蠕动，套管失效主要表现为缩径等现象。

　　通过对古地应力和现代地应力研究，划分出所研究区块的套损危险区，加强对高应力区域井下套管技术状况的监测，同时对划出的套损危险区的井进行验证。

　　通过对分层地应力的研究，可以设计合理的井身结构，确保泥、盐段的套管强度要求。在盐层井段、新钻井必须严格按分层地应力计算出的套管外挤力作为套管强度设计的依据，现有套管满足不了强度要求时，应采用局部高强度抗挤套管或特厚壁套管。

　　中原油田开展了古地应力研究、现代地应力研究和分层地应力研究。以采油四厂文79 块的相关研究为例作一简要介绍。文 79 断块位于东濮凹陷中央隆起带文留构造南部文

79 断块区的东南部，东以文 70 断层为界，西以文 150 断层与文 136 断块相隔，北邻文 133 块，南与文 79 南块相接。区块含油面积 3.05km²，石油地质储量 320×10⁴t，主要含油层段为下第三系沙河街组沙二下亚段，油藏埋深 2900~3300m。该区内部构造比较简单、完整，地层较平缓，倾向南东，倾角 6°左右。

古地应力是指过去一定地质时期内地壳或岩石圈的某一范围内的构造应力。古构造应力场不能直接用仪表测定出来，而只能从地层或岩体中现已存在的构造形迹及其组合特征去分析、推断或进行模拟计算。从断层形成的机制入手，定量模拟计算对断层的形成起决定作用的古构造应力场，再结合传统的构造地质学的分析理论进行综合分析，力争较准地预测裂缝的相对发育程度和裂缝方位。

地应力方向的确定是利用地层倾角测井的双井径资料，确定最大水平主应力方向，并与采用微震法测得的水平主应力方向相互印证，得到更加真实完善的地应力方位。

建立三维空间力学模型，应用计算机仿真技术，根据套管变形情况，反演对套管的外挤压力的大小，根据分层地应力研究套管外挤力状况，计算出各个层段套管所受外挤力的最大、最小值及相应层段的套管设计相当应力。

根据古地应力研究结果，结合古地应力场特征，岩石性质构造特征，将该区块划分出三个一级裂缝发育区和一个二级裂缝发育区，见图 9-3。

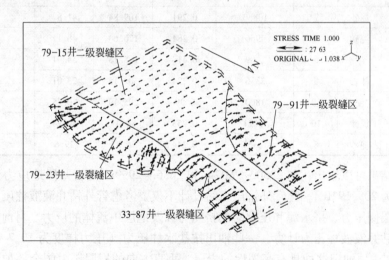

图 9-3　文 79 北块古构造应力分布及裂缝发育矢量图

（1）79-91 井一级裂缝发育区。位于工区西北部，文 72-52 断层以东，33-96 断层以西，面积约 0.62km²。该区应力值在 5~9MPa 之间，应力方向主要为北北西—南东东向。综合预测该区为一级裂缝发育区，裂缝方位约为北偏东 10°~30°。

（2）33-87 井一级裂缝发育区。位于工区东北部，文 70 断层以西地区，33-87 断层以东，面积约 0.41km²。区内最大应力值为 27MPa 左右。最小应力值为 11MPa，一般应力为 20MPa 左右。应力方向为北西西—南东东向。综合预测该区为一级裂缝发育区，裂缝在平面上为单向裂缝，方位角为北偏东向（10±15）°。

（3）79-23 井一级裂缝发育区。位于工区东南部，文 70 断层与 82-45 断层交汇处，面积约 0.68km²。区内最大应力为 25MPa，最小应力为 6MPa，一般应力为 10~15MPa。

应力方向主要为北西向，在局部有偏转。综合预测该区为一级裂缝发育区，裂缝主要为北南向。

（4）79 - 15 井二级裂缝发育区。除去上述区域外，其余为二级裂缝发育区，该区面积较大，该区应力分布较均匀，应力值约为 7MPa，应力方向基本上为北西西—南东东向，在北部应力方向有点偏差，但差异不大。该区主要发育了北北东向裂缝，方位角为北偏东（20 ± 10）°。

确定现代地应力的最直接方法是现场实测，但困难之一是测量技术要求高、费用大，难以进行大量的工作，困难之二是由于岩石介质的复杂性，所测得的资料有时会比较分散，精度不高，因此研究将从有限个测点的实测地应力入手，借助于有限元数值模拟方法，通过反演得到构造应力场。

采油四厂文 79 块文 79 - 8 井纵向地应力分布及套管设计相当应力状况如表 9 - 4 所示。

表 9 - 4　采油四厂文 79 块文 79 - 8 井现代地应力及相关参数

井深 /m	层厚 /m	岩性	倾角 / (°)	静弹性模量 /MPa	静泊松比	地应力/MPa		套管设计相当应力 /MPa
						σ_{max}	σ_{min}	
1820	133	泥砂	6	9587	0.301	105.11	38.01	61.98
1962	142	泥	7	1536	0.447	131.28	40.66	71.64
2148	186	泥砂	7	10880	0.291	109.84	41.87	66.5
2350	202	泥砂	10	9966	0.284	120.64	46.11	73.13
2607	257	砂	6	1689	0.414	168.15	54.91	94.22
2636	29	盐岩	5	2336	0.234	102.15	23.01	47.54
2999	363	泥	10	1800	0.39	205.19	70.45	117.9
3234	235	泥砂	10	16021	0.253	88.47	34.24	53.97
3484	250	泥砂	8	16564	0.244	76.31	29.6	46.6

从计算结果可以看出：在 2350 ~ 2607m 和 2636 ~ 2999m 泥岩井段地应力值最大，地应力最大值为 205.19MPa。套管外挤压力的设计不仅要考虑管外钻井液液柱压力，还要考虑易流动岩层侧压力、挤水泥和压裂时的挤压力以及地层中流体的压力。目前 API 套管柱设计中仍按钻井液液柱压力计算，一些油田按盐水柱压力（压力梯度为 10.7 ~ 11.52kPa/m）计算。在中原油田这种具有高塑性的岩层，垂直方向的岩层压力能全部加给套管。此时，套管柱的外挤压力应按上覆岩层压力计算，其压力梯度为 23 ~ 27kPa/m。估算外挤压力时，在常规套管柱设计中都按最危险情况考虑，即认为套管内没有液柱压力的全掏空状态。经计算，地应力为 205.19MPa 时，对应的套管设计相当应力高达 117.9MPa。

根据古地应力和现代地应力的计算结果，将文 79 块生产层沙二下分布区划分为危险应力区和一般应力区，见图 9 - 4。从计算结果可以看出，该块危险区范围较大，危险井相对较多。

上述研究结果表明，东濮凹陷地区地层压力极大。由于盐岩层的蠕动，井壁收缩易造成套管径向失效，从而给油田带来巨大的损失。因此，中原油田要求所用套管抗挤强度不小于 168MPa，对应安全系数不小于 1.4，以有效地抵抗外挤，为此，油田开发了 ϕ152.4mm × 16.9mm 规格 130 钢级厚壁套管，有效地解决了盐层段套管的损坏问题[4]。

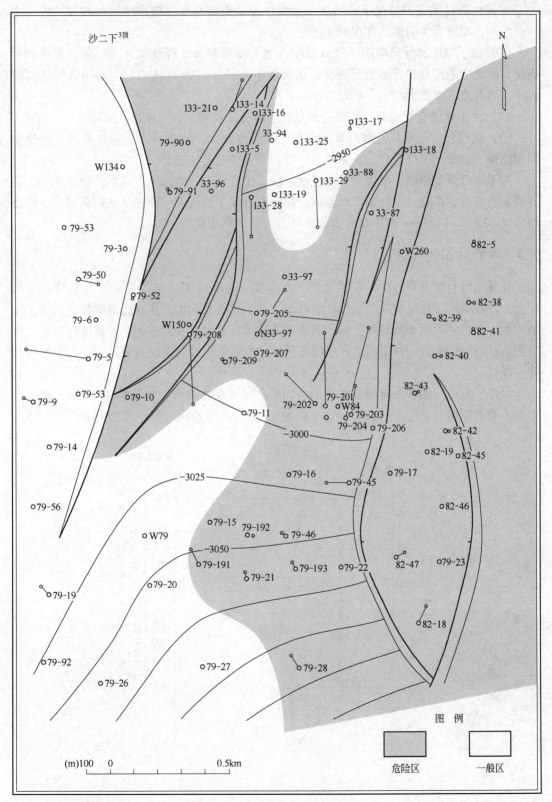

图 9-4 文 79 北块危险应力分布图

在其他条件不变的情况下，增加套管的壁厚是提高套管压溃强度的最有效的方法之一。然而，厚壁套管的使用存在如下问题：

（1）由于厚壁套管只应用于盐膏层段，上下需要与 API 标准的 ϕ139.7mm 规格套管连接，因此应采用变扣特殊短节过渡。这种短节外径为 170mm 左右，与井眼之间的间隙较小，固井施工难度大。

（2）由于厚壁套管刚性高，对造斜点的选择必须慎重，否则可能直接导致下井困难。

（3）所应用的开发井大部分是定向井，井斜角较大，从而增大了特殊套管下井遇阻的可能性，为此，厚壁套管在下井时每根都需要安装套管扶正器。

为了降低外径壁厚，增大套管的挠度，提高生产效率，缩减生产成本，便于深井、斜井等复杂井况的作业，中原油田和宝钢合作研究开发了高强度、高抗挤系列套管。下面介绍 ϕ141.3mm×11.3mm BG160TT 高强度抗挤套管的研发实践。

9.4 中原油田的管柱设计

井身结构包括套管层次、各层套管下入深度、井眼尺寸（钻头尺寸）与套管尺寸的配合。井身结构设计是钻井工程设计的基础。它不仅关系到钻井技术经济指标和钻井工作的成效，也关系到生产层的保护和产能的维持。确定套管尺寸的原则一般是由内向外、由下向上，即生产套管—井眼尺寸—中间套管尺寸—井眼尺寸—表层套管尺寸—表套井眼尺寸—导管尺寸。

以位于东濮凹陷中央隆起带的文 13-319 定向开发井为例，如图 9-5 所示，地层自上而下为平原组（P）、明化镇（M）、馆陶组（G）、东营组（D）和沙河界（S），S1、

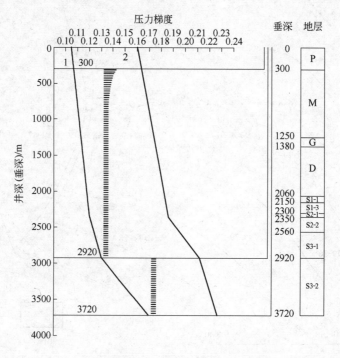

图 9-5 井深结构图

1—空隙压力梯度线；2—破裂压力梯度线

S2、S3 分别代表沙一、沙二、沙三段，地层压力梯度随井深的增加逐步增大。井身结构设计为三段，见表 9 – 5，剖面设计见表 9 – 6。一开位于平原组，井段 0 ~ 300m，钻头外径（OD）444.5mm，对应的套管尺寸为 API 339.7mm 规格，见图 9 – 6；二开为 244.5mm 套管井段，垂深 2935m，管柱穿越明化镇（M）、馆陶组（G）、东营组（D）和沙河界（S），最终到沙 3 – 1 段；三开的 139.7mm 套管至 S3 – 2 段，钻头外径 215.9mm。

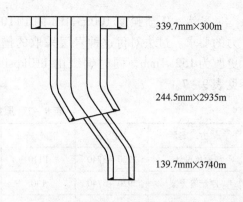

339.7mm×300m

244.5mm×2935m

139.7mm×3740m

图 9 – 6 井身结构示意图

表 9 – 5 井身结构设计数据

段　别	井段/m	钻头尺寸/mm	套管尺寸/mm	水泥返深/m
一开	0 ~ 300	444.5	339.7	地面
二开	~ 2935	311.15	244.5	地面
三开	~ 3740	215.9	139.7	2020

表 9 – 6 剖面设计

项　目	井深/m	垂深/m	位移/m	闭合方位/(°)	层　位
造斜点	2320	2320			沙二上
目标点 I	3280	3260	180.88	66.92	沙三中
目标点 II	3670	3650	180.88	66.92	沙三中
井底	3740	3720	180.88	66.92	沙三中

由于要钻遇盐膏层，要求使用技术套管封固盐膏层以上的低压地层，为安全钻穿盐膏层创造条件。进入盐膏层段以前，应对钻井液进行预处理。采取的盐膏层安全钻进措施如下：

（1）穿盐层之前，钻井液性能必须达到穿盐层要求，钻进过程中加强钻井液维护。

（2）在钻开盐层前，必须检修设备，确保设备运转正常，井口工具完好齐全。

（3）控制盐层钻进速度，为了保证井眼的圆整，每钻进 2m，用钻头在井内作上下及旋转运动进行修整井眼的作业，即划眼一次，钻完单根再划眼一次，接单根动作要迅速，接完单根要先开泵，开泵不可过猛，防止井壁缩径卡钻和整泵。

平原组、明化镇、馆陶组、东营组地层的钻井液密度为 1.1g/cm³。当钻遇沙河界地层时，钻井液密度从 S1 – 1 的 1.15g/cm³ 逐步提高到 S3 – 2 的 1.85g/cm³，成功避免了卡钻现象。

当钻穿膏盐层或钻至可能的漏失层顶部后，下入高强度抗挤套管，套管强度设计主要考虑其抗外挤特性，对于蠕动膏盐层段的外挤力应按最大上覆岩层压力计算，防止膏盐层蠕动挤毁套管。为了有效地抵御岩层蠕动，用在 S3 – 2 地层的套管的压溃强度不应小于 168MPa。

显然，压溃强度 100.3MPa 的 P110 ϕ139.7mm × 10.54mm 套管不能满足高地层压力的要求。过去对付这种岩层采取的措施是使用厚壁套管，即将套管规格由 139.7mm 更改为 152.4mm，同时钢级由 110kpsi 提升至 130kpsi，从而成功地抵御了井壁收缩，见表 9 – 7。

表 9 – 7　原始设计和改进设计对比

方　案	井段/m	钢级/kpsi	套管规格/mm × mm	接箍 OD/mm	最小水泥环厚度/mm
原始设计	2920 ~ 3740	P110	ϕ139.7 × 10.54	ϕ153.67	31.1
厚壁管方案	2920 ~ 3740	130	ϕ152.4 × 16.9	ϕ168.28	23.8
改进方案	2920 ~ 3740	BG160TT	ϕ141.3 × 11.3	ϕ153.67	31.1

然而厚壁管的应用给石油的勘探和开采带来很大的不便。管柱的连续性要求使用一种外径 168.28mm 变扣特殊短节过渡，因此管柱的最小水泥环厚度从 31.1mm 降至 23.8mm（见表 9 – 7）。考虑到套管外径的增加引起水泥环厚度的减小，厚壁套管在下井时都需要安装套管扶正器。可见在盐膏层段局部下入厚壁套管和增加水泥环的厚度有利于提高套管的抗挤毁性能，但要增加井眼尺寸，使钻井成本增加，所以该方法并不经济。为了减小外径、降低壁厚、提高套管的挠度，以便于复杂井况的作业以及与应用于盐层上下 API 标准 ϕ139.7mm × 10.54mm 规格套管的连接与使用，研发接近于 ϕ139.7mm × 10.54mm 规格外径、壁厚的高钢级高抗挤套管迫在眉睫。

从工程力学角度，可以采取提高钢级、降低壁厚的措施，开发一种具有优良挠度的外径接近 139.7mm 规格的套管。因此，使用有限元软件设计了这种套管，结果表明，ϕ141.3mm × 11.3mm 规格 150 钢级套管的计算压溃强度可以满足不小于 168MPa 的要求，160 钢级 ϕ141.3mm × 11.3mm 规格压溃强度计算值达 184MPa，见图 9 – 7。根据玉野公式，160 钢级 ϕ141.3mm × 11.3mm 套管的压溃强度预测值为 180MPa，和有限元计算结果基本一致。

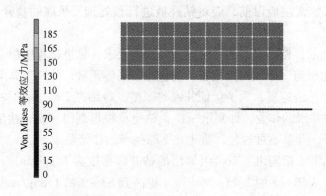

图 9 – 7　使用有限元设计 160 钢级 ϕ141.3mm × 11.3mm 套管

改进的套管设计和厚壁管方案的对比见表 9 – 7。因为 ϕ141.3mm × 11.3mm 套管的外径接近 139.7mm，ϕ141.3mm 和 ϕ139.7mm 套管可以共用 ϕ153.67mm 标准接箍，不再需要变扣接箍，因此接箍处水泥厚度从 23.8mm 恢复到 31.1mm，固井质量显著提高。

BG160TT ϕ141.3mm×11.3mm 和 130 钢级 ϕ152.4mm×16.9mm 力学性能和安全系数的对比见表9-8。两种规格套管在压溃强度、内压、抗拉强度等方面都具有足够的安全裕量。BG160TT ϕ141.3mm×11.3mm 取代 130 钢级 ϕ152.4mm×16.9mm 厚壁管从工程安全角度来说也是可行的，并且 BG160TT ϕ141.3mm×11.3mm 套管重量轻、挠度好、便于使用，关键是更加经济。

表9-8　BG160TT ϕ141.3mm×11.3mm 和 130 钢级
ϕ152.4mm×16.9mm 套管（数据来自[5]）**的力学性能和安全系数对比**

力学性能	套管	实际值	实际安全系数	设计安全系数
外挤	160	180MPa	2.44	1.125
	130	176.7MPa	2.40	
内压	160	145MPa	3.01	1.1
	130	110.4MPa	2.21	
抗拉	160	4170kN	>10	5.31
	130	6970kN	>10	

9.5　高强度套管的生产及应用

中原油田地应力的研究结果表明，有40%的区块相当地应力大于90MPa，考虑生产安全和使用寿命所取设计安全系数后，一般的 API 标准套管不能满足地层压力对抗挤毁性能的要求。中原油田和宝钢共同研发的高强度抗挤套管的强度级别和压溃性能见表9-9。

表9-9　高强度抗挤套管压溃强度承诺值　　MPa

套管规格/mm×mm	BG140TT	BG150TT	BG160TT
ϕ139.7×10.54	135	140	147
ϕ141.3×11.3	150	160	170

以所取的安全系数1.4为例，在不同的地层压力下，可分别选用 BG140TT、BG150TT 以及 BG160TT 等 ϕ139.7mm×10.54mm 和 ϕ141.3mm×11.3mm 规格的高强度抗挤套管，见表9-10。这种有针对性的差异化选材方案，可以明显提高油田套管的使用效率、降低生产成本。

表9-10　高强度抗挤套管的选择

实际地层压力/MPa	许用强度（安全系数1.4）/MPa	建议使用套管	
		ϕ139.7mm×10.54mm	ϕ141.3mm×11.3mm
85~95	133	BG140TT	
90~100	140	BG150TT	BG140TT
95~105	147	BG160TT	BG140TT
100~110	154		BG150TT
110~120	168		BG160TT

研发的高强度抗挤套管采用宝钢的超高抗挤技术生产，在全工序流程中，统筹考虑炼钢、轧管、热处理等环节可能产生的不利因素对套管最终抗挤性能的影响，采取优化的化学成分，严格控制 P、S 等杂质元素，以 $\phi141.3mm \times 11.3mm$ 规格 BG160TT 的生产实绩为例，见图 9-8 所示的屈服强度、抗拉强度的过程能力图。炼钢要求化学成分 $w(P) < 1\%$，$w(S) < 0.2\%$，热处理后，屈服强度均值 1175MPa，抗拉强度均值 1255MPa，很好地满足了 BG160TT 钢级的要求，见表 9-11。实测套管硬度均值 HRC40.5，表明套管材料的抗磨损性能优良。

表 9-11 BG160TTϕ141.3mm × 11.3mm 套管的力学性能

项目	屈服强度/MPa	抗拉强度/MPa	冲击韧性/J	HRC	残余应力/MPa	压溃强度/MPa
范围	1103 ~ 1270	>1138	>52	<42	<150	>170
均值	1175	1255	95	40.5	120	>170

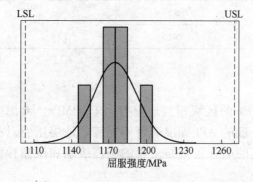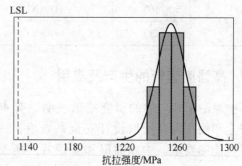

图 9-8 ϕ141.3mm × 11.3mm BG160TT 套管拉伸性能的过程能力图

实测套管全尺寸纵向冲击功单值不小于 85J，冲击功均值 95J，见图 9-9。对高钢级套管的冲击韧性和断裂韧性的研究有如下关系[6]：

$$\left(\frac{K_{IC}}{\sigma_y}\right)^2 = 0.00423 + 0.45263\frac{A_{KV}}{\sigma_y} \qquad (9-1)$$

根据式（9-1）可以预测 ϕ141.3mm × 11.3mm BG160TT 套管开裂的临界裂纹尺寸约为 9mm，这么大的裂纹在探伤工序极易识别，该钢级又为最高钢级，因此可以说，中原油田和宝钢共同研发的高钢级高抗挤套管不存在开裂的安全风险。

取 ϕ141.3mm × 11.3mm BG160TT 成品管进行压溃试验，由于压溃试验机的最大载荷为 170MPa，因此，在生产检验中，采取加压到 170MPa（24656psi）后保压 5min 的方法，所检验批次均未发生压溃失稳，压溃性能合格，见图 9-10。

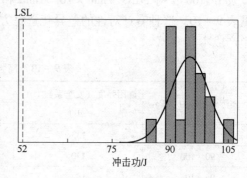

图 9-9 ϕ141.3mm × 11.3mm BG160TT
套管冲击功的过程能力图

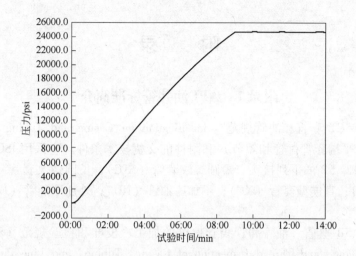

图 9 – 10　试样加压到 170MPa 保压 5min 后卸压（1psi = 6894.757Pa）

经过技术攻关和反复试验，中原油田和宝钢成功研制的高钢级高抗挤系列套管各项性能指标完全达到东濮地区盐膏层、泥岩层等复杂地质应力条件对油层套管的要求。BG160TT ϕ141.3mm × 11.3mm LC 套管已在中原油田成功下井使用，现场套管通径、下套管、固井、完井试压等程序施工正常，均未出现质量问题；套管设计合理，丝扣连接方便快捷。

总的来看，相对特厚壁套管，研制的高钢级高抗挤系列套管主要有以下四个特点：

（1）外径降低（从 152.4mm 降至 141.3mm），接近常规套管（外径 139.7mm），下套管施工更安全，与上下管串直接连接。

（2）套管外环形空间增大（从 31.7mm 升高至 37.3mm），相应地加大了水泥环厚度，有利于固井质量的提高。

（3）壁厚减小（从 16.9mm 降至 11.3mm），测井曲线（VDL）更能真实地反映套管外水泥环的封固质量。

（4）使用成本显著降低，节约投资，可以在含盐岩层、泥岩层、盐膏层区块的不同油田广泛推广使用。

参考文献

[1] 张万选，张厚福．石油地质学［M］．北京：石油工业出版社，1989.

[2] Yin T, Zhang C, Zhang S, et al. Estimation of reservoir and remaining oil prediction based on flow unit analysis［J］. Sci China Ser D – Earth Sci, 2009, 52（Supp. I）：120 ~ 127.

[3] 宋明．TP130TT 高抗挤套管的研制与应用［J］．江汉石油学院学报，2002，24（2）：88.

[4] 严泽生，高德利，张传友．一种新型高抗挤套管的研制［J］．钢铁，2004，39（7）：35 ~ 38.

[5] 宋天德，王淑红，肖峰．TP130TT × 16.9 高抗挤特殊扣套管的推广应用［J］．内蒙古石油化工，2006，6：97 ~ 98.

[6] 陈秀丽，韩礼红，冯耀荣，等．高钢级套管韧性指标适用性计算方法研究［J］．钢管，2008，37（3）：13 ~ 17.

附　　录

附录1　API 油井管标准简介

API SPEC 5CT 套管和油管规范（Specification for Casing and Tubing）规定了钢管（套管、油管、平端套管衬管和短节）和附件的交货技术条件。它采用 ISO 11960，适用于符合 API SPEC 5B 的下列接头：短圆螺纹套管（STC）；长圆螺纹套管（LC）；偏梯形螺纹套管（BC）；直连型套管（XC）；不加厚油管（NU）；外加厚油管（EU）；整体接头油管（IJ）。

API SPEC 5B 套管、油管和管线管螺纹的加工、校准和检验规范（Specification for Threading, Gauging, and Thread Inspection of Casing, Tubing, and Line Pipe Threads）包括 API 螺纹校对量规的尺寸和标记要求，其他产品螺纹和螺纹量规，以及管线管、圆螺纹套管、偏梯形螺纹套管和直连型套管连接用螺纹的检验仪器和方法。

API RP 5B1 套管、油管和管线管螺纹的加工、测量和检验推荐做法（Threading, Gauging, and Thread Inspection of Casing, Tubing, and Line Pipe Threads）包括按照规范 5CT、5D 和 5L 生产的套管、油管和管线管用螺纹的加工、测量和检验方法，以及套管、油管和管线管用量规规格及鉴定。

API RP 5C1 套管和油管的维护与使用推荐做法（Care and Use of Casing and Tubing）包括套管和油管的使用、运输、贮藏、搬运和修理。

API Bul 5C2 套管、油管和钻杆的使用性能公报（Performance Properties of Casing, Tubing, and Drill Pipe）包括 API 套管、油管和钻杆的抗挤压力、内屈服压力和连接强度。

API Bul 5C3 套管、油管、钻杆和管线管性能公式和计算公报（Formulas and Calculations for Casing, Tubing, Drill Pipe, and Line Pipe Properties）提供了各种管子性能的计算公式，以及与这些公式的推导和应用有关的背景信息。

API RP 5C5 套管和油管连接试验程序推荐做法（Recommended Practice on Procedures for Testing Casing and Tubing Connections）建立了石油天然气工业用套管和油管连接的最低设计验证试验方法和合格判据。这些物理试验是某一设计验证过程的一部分，并为连接符合制造商声明的试验载荷和极限载荷提供了客观依据。

API RP 5A5 新套管、油管和平端钻杆现场检验推荐做法（Field Inspection of New Casing, Tubing, and Plain-end Drill Pipe）给出了油井管现场检验和试验用具体要求和推荐方法，包括现场检验经常用到的做法和技术，某些做法也适用于工厂检验。本标准涉及检验人员资质、检验方法及设备校准的描述、各种检验方法的标准化程序，还涉及缺欠的评估和检验过的油井管的标记。本标准适用于油井管的现场检验，不作为验收或拒收的依据。

API RP 5C6 管子焊接接头推荐做法（Welding Connections to Pipe）为管子接头在工厂或现场焊接提供了标准的行业做法。技术内容中包括对焊接工艺评定、焊工资格鉴定、材料、试验、成品焊接和检验的要求。另外，包含了订货建议。

API SPEC 5D 钻杆规范（Specification for Drill Pipe）包括第 1 和 3 组钻杆，尤其是在标准目录和表格中给出代号和壁厚的钻杆。

API SPEC 5L/ISO 3183 管线管规范（Specification for Line Pipe）石油天然气工业——管道输送系统用钢管（Petroleum and Natural Gas Industries—Steel pipe for pipeline transportation systems）详细说明了石油天然气工业管道输送系统用两种产品规范水平（PSL 1 和 PSL 2）无缝钢管和焊管的制造要求。该标准修改采用 ISO 3183：2007（石油天然气工业——管道输送系统用钢管）。

附录2 英制与公制单位换算表

物理量名称	公制单位		英制单位		单位换算
	单位名称	单位符号	单位名称	单位符号	英——公
长度	毫米	mm	英寸	in	1in = 25.4mm
质量	千克每米	kg/m	磅每英尺	lb/ft	1lb/ft = 1.4882kg/m
压力	帕	Pa	磅力每平方英寸	lbf/in^2 (psi)	1psi = 6894.757Pa
力	牛	N	磅力	lbf	1lbf = 4.4482N
力矩	牛米	N·m	英尺磅力	ft·lbf	1ft·lbf = 1.355818N·m

附录3 套管推荐作业方式

1. 下套管准备作业

（1）在移动或放置套管时，都应注意保护好丝扣不被碰伤，并戴上护丝，平稳吊放。

（2）应放在无石头、砂子、污泥（正常钻井泥浆除外）的台架上，或垫木上，或金属台架上。在摆放的每一层套管之间应放置条状垫木等将其隔开。

（3）如果不慎把套管拖入泥土中，应重新清洗螺纹，处理后才能使用。

（4）检查下套管用的各种工具装置是否齐备并处于良好状态，包括吊卡、卡瓦、吊环、大钳等工具。

1）对长套管柱，推荐使用卡瓦式吊卡，卡盘和卡瓦应保持洁净且没有损伤。

2）对重套管柱，应使用超长卡瓦，卡盘必须保持水平。应检查卡盘和吊卡上的卡瓦，并注意使它们一起下放，避免管子压凹或滑脱。

3）使用挂接箍吊卡，应仔细检查支承面是否有不均匀磨损和作用于支承面的载荷是否均匀分布，以防止接箍脱出。

＊＊＊特别注意＊＊＊

下长套管柱时，应保证卡瓦补心与卡瓦座保持良好状态。应检查大钳铰链销和铰链表面有无损伤。

为避免大钳与套管咬合面上产生不均匀的载荷，应调整大钳位置，使其与锚头在同一水平面上。

旋绳的长度应适当，以保证施加在套管上的弯曲应力最低，并能使大钳进行全摆程移动。

（5）套管通径。每根套管下井前，用 API 通径规进行全长通径检验，通径规从母端进入套管，公端出套管。通径不合格的套管不得使用。

（6）下套管前，应卸下管端和接箍端护丝，彻底清洗内、外螺纹表面，直到全部螺纹裸露为止，最好在溶剂洗净后，再用压缩气吹干。

（7）仔细检查每根套管螺纹，若发现螺纹有损伤，哪怕是一点儿损伤，也应挑出，并可采取有效措施进行修复。

（8）下套管前，应测量每根管子的长度，测量采用毫米精度的钢卷尺，从接箍（或内螺纹接头）最外端面测量到外螺纹指定位置，该位置是机紧时接箍（或内螺纹接头）终止位置。这样，测量的套管总长度代表了套管柱的自然长度（无载荷伸长）。

（9）作业时应确认是否备有充足的螺纹脂。全部内、外螺纹表面应充分涂上符合 API RP 5A3 标准的螺纹密封脂。

（10）用于提升的连接管和短节，应认真检查其螺纹质量，保证其安全地承受载荷，且与套管螺纹的互换性。

（11）应检查每个接箍是否上紧。如果紧密距异常大，则应检查接箍是否装紧。在管子提升到井架上以前，所有的接箍应上紧。

（12）套管端部应戴上干净护丝，以免管子在管架上滚动和提升到井架上时螺纹受损伤。采用准备几个干净护丝、反复使用的方法提升。

（13）套管提上井架时应小心操作，不得抛掷、碰撞。要避免套管碰撞井架或其他设备的任何部位。在井架大门处应备有缓冲绳。

2. 下套管作业

（1）在准备对扣之前，套管的护丝不得卸下。对扣前，可对螺纹表面涂抹螺纹脂。用于涂抹螺纹脂的刷子或用具不得有异物，同时螺纹脂不得稀释。

（2）对扣时，应小心下放管子，以免损伤螺纹，应垂直对扣，并有人站在扶正台上帮助进行。对扣后，若管柱往一侧倾斜，应立刻提起，重新卸扣、清洗，并用三角锉刀修理损伤的螺纹面，然后仔细清除任何锉屑，并在螺纹表面重新涂上螺纹脂。

（3）在对好扣后，应首先很缓慢地转动套管，以保证螺纹正常啮合，不发生错扣。如使用长锚头绳套，则应紧靠接箍处拉锚头绳。

（4）使用动力大钳上紧套管时，动力大钳上应装配一个已知精度的可靠扭矩表。在上紧的初始阶段，应注意任何不正常的上紧或上紧速度，因为这些情况会导致螺纹错扣、污染或损伤等不利情况。为防止螺纹损伤，任何时候上扣速度都不得超过25r/min。继续上紧并观察扭矩表示值和接箍端面相对于套管螺纹消失点的大体位置。现场上扣应按工厂给定上扣位置和扭矩进行操作。

（5）当使用普通大钳上紧套管时，应上紧到适当程度。对于4½~7in的套管，接箍上紧位置应至少超过手紧位置3圈。当使用长锚头绳套时，有必要比较手工上紧程度与自转上紧程度，可将一两个接箍上紧到手紧位置后卸开，再自转上紧到自转上紧位置，比较两种上紧的相对位置，并利用该数据确定接箍上紧时超过手紧位置的推荐圈数。

（6）在上紧时，若套管上部过分摆动，可降低上紧速度，以免损伤螺纹。如果降低上紧速度后，套管仍摆动，需卸下检查。

（7）在现场上紧时，可能会发现由工厂机紧的接箍端仍转动上紧，这并不表明工厂机紧的接箍太松，而只说明接箍的现场上紧端已达到工厂上紧端的程度。

（8）套管柱应小心提升和下放，放置卡瓦时应小心操作，以避免突变载荷。管柱坠落，即使是很短距离也可能使管柱底部的接箍松开。下放套管柱时应小心，避免下到井底，也避免受压，否则套管柱在井内有压弯的危险，特别是在井眼扩大部位。

＊＊＊特别注意＊＊＊

严禁采用双根下套管作业。

严禁对出厂的成品套管进行渗氮、调质等处理。

3. 套管回收作业

（1）卸扣大钳应位于靠近接箍但不很近的地方，因为若套管连接较紧或套管较轻或两者都存在时，在大钳牙板接触管子表面处将不可避免地出现轻微压扁现象。在接箍和大钳之间若保持相当于管径的1/4到1/3的距离，通常可避免不必要的螺纹磨损。

（2）在将套管从接箍中提出前，应格外小心地松开全部螺纹，不能使套管从接箍中突然跳出。

（3）回收的套管全部螺纹应清洗，并加润滑油或涂上防腐材料，使其减少腐蚀。管子重新下井前，应戴上干净的护丝。

（4）在存放或重新使用套管前，应检查管体和螺纹，对有缺陷的接箍应做出标记，以便交付检修并重新测量。

附录 4　宝钢抗挤系列产品规格及性能

规格：4½in（φ114.3mm）

φ114.3×6.35　通径尺寸/mm：98.43　公称重量/kg·m⁻¹：17.26　开端排量/L·m⁻¹：2.15　闭端排量/L·m⁻¹：10.26

规格/mm×mm　性能		BG80TS	BG80TT	BG95TS	BG95TT	BG110TS	BG110TT	BG125TT	BG130TT	BG140TT	BG150TT	BG160TT
抗挤强度/MPa		51.6	56.7	59.2	63.9	66.2	70.5	74.6	74.6	79.5		
管体屈服/kN		1186.87	1186.87	1409.13	1409.13	1631.39	1631.39	1856.48	1930.73	2079.25		
抗内压/MPa	管体	53.66	53.66	63.72	63.72	73.72	73.72	83.81	87.16	93.87		
	长圆螺纹	53.66	53.66	63.72	63.72	73.72	73.72	83.81	87.16	93.87		
	偏梯螺纹	53.66	53.66	63.72	63.72	73.72	73.72	83.81	87.16	93.87		
	短圆螺纹											
接头强度/kN	长圆螺纹	986.83	986.83	1040.18	1040.18	1235.77	1235.77	1339.01	1339.01	1487.15		
	偏梯螺纹	1351.34	1351.34	1444.69	1444.69	1711.4	1711.4	1868.03	1880.62	2077.64		
	短圆螺纹											
扭矩/N·m	长圆螺纹	3090	3090	3500	3500	4100	4100	4570	4690	5110		

φ114.3×7.37　通径尺寸/mm：96.39　公称重量/kg·m⁻¹：20.09　开端排量/L·m⁻¹：2.48　闭端排量/L·m⁻¹：10.26

规格/mm×mm　性能		BG80TS	BG80TT	BG95TS	BG95TT	BG110TS	BG110TT	BG125TT	BG130TT	BG140TT	BG150TT	BG160TT
抗挤强度/MPa		64	70.7	76.5	83.3	83.5	89.5	95.2	95.2	103.6		
管体屈服/kN		1364.68	1364.68	1618.05	1618.05	1875.87	1875.87	2134.32	2219.69	2390.44		
抗内压/MPa	管体	62.21	62.21	73.86	73.86	85.59	85.59	97.28	101.17	108.95		
	长圆螺纹	62.21	62.21	73.86	73.86	85.59	85.59	97.28	101.17	108.95		
	偏梯螺纹	62.21	62.21	73.86	73.86	85.59	85.59	97.28	101.17	108.95		
	短圆螺纹											
接头强度/kN	长圆螺纹	1200.2	1200.2	1257.99	1257.99	1498.03	1498.03	1624.07	1724.07	1803.75		
	偏梯螺纹	1551.37	1551.37	1658.06	1658.06	1969.22	1969.22	2147.6	2162.08	2388.6		
	短圆螺纹											
扭矩/N·m	长圆螺纹	3740	3740	4240	4240	4960	4960	5550	5690	6200		

规格/mm×mm：φ114.3×8.56

规格/mm×mm	通径尺寸/mm	公称重量/kg·m⁻¹	开端排量/L·m⁻¹	闭端排量/L·m⁻¹
φ114.3×8.56	94	22.47	2.84	10.26

性能 ＼ 钢级		BG80TS	BG80TT	BG95TS	BG95TT	BG110TS	BG110TT	BG125TT	BG130TT	BG140TT	BG150TT	BG160TT
抗挤强度/MPa		78.5	87.2	91.4	99.7	103.8	111.7	119.5	119.5	130.7		
管体屈服/kN		1568.87	1568.87	1863.03	1863.03	2155.92	2155.92	2449.31	2549.41	2745.52		
抗内压/MPa	管体	72.3	72.3	85.87	85.87	99.45	99.45	112.97	117.5	126.54		
	长圆螺纹	72.3	72.3	85.87	85.87	99.45	99.45	112.97	117.5	126.54		
	偏梯螺纹	67.48	67.48	85.87	85.87	92.83	92.83	105.52	109.75	118.19		
	短圆螺纹											
接头强度/kN	长圆螺纹	1442.63	1442.63	1515.92	1515.92	1800.3	1800.3	1947	1947	2165		
	偏梯螺纹	1783.88	1783.88	1910.85	1910.85	2262.61	2262.61	2462.64	2483.23	2743.4		
	短圆螺纹											
扭矩/N·m	长圆螺纹	4500	4500	5100	5100	5960	5960	6650	6830	7430		

规格：5in(φ127mm)

规格/mm×mm	通径尺寸/mm	公称重量/kg·m⁻¹	开端排量/L·m⁻¹	闭端排量/L·m⁻¹
φ127×7.52	108.79	22.32	2.82	12.68

性能 ＼ 钢级		BG80TS	BG80TT	BG95TS	BG95TT	BG110TS	BG110TT	BG125TT	BG130TT	BG140TT	BG150TT	BG160TT
抗挤强度/MPa		56.7	62.5	65.3	70.6	73.2	78.3	83	83	89.8		
管体屈服/kN		1555.82	1555.82	1849.20	1849.20	2138.14	2138.14	2433.38	2530.69	2725.36		
抗内压/MPa	管体	57.17	57.17	67.86	67.86	78.62	78.62	89.33	92.9	100.05		
	短圆螺纹											
	长圆螺纹	57.17	57.17	67.86	67.86	78.62	78.62	89.33	92.9	100.05		
	偏梯螺纹	57.17	57.17	67.86	67.86	78.62	78.62	89.33	92.9	100.05		
接头强度/kN	短圆螺纹											
	长圆螺纹	1378.01	1378.01	1449.14	1449.14	1724.74	1724.74	1867	1867	1867		
	偏梯螺纹	1760.30	1760.30	1884.76	1884.76	2235.94	2235.94	2440.73	2459.06	2495.72		
扭矩/N·m	短圆螺纹											
	长圆螺纹	4250	4250	4830	4830	5650	5650	6320	6480	7060		

续表

规格/mm×mm φ127×9.19 　通径尺寸/mm 105.44 　公称重量/kg·m⁻¹ 26.79 　开端排量/L·m⁻¹ 3.4 　闭端排量/L·m⁻¹ 12.68

性能 ＼ 钢级	BG80TS	BG80TT	BG95TS	BG95TT	BG110TS	BG110TT	BG125TT	BG130TT	BG140TT	BG150TT	BG160TT
抗挤强度/MPa	75.1	83.3	87.3	95.1	98.9	106.4	113.7	113.7	124.1		
管体屈服/kN	1875.87	1875.87	2227.05	2227.05	2578.22	2578.22	2929.39	3049.47	3284.04		
抗内压/MPa　管体	69.93	69.93	83.03	83.03	96.14	96.14	109.24	113.53	122.27		
抗内压/MPa　短圆螺纹											
抗内压/MPa　长圆螺纹	69.93	69.93	83.03	83.03	96.14	96.14	109.24	113.53	122.27		
抗内压/MPa　偏梯螺纹	68.34	68.34	81.17	81.17	93.93	93.93	106.76	111.04	119.58		
接头强度/kN　短圆螺纹											
接头强度/kN　长圆螺纹	1760.30	1760.30	1849.20	1849.20	2200.37	2200.37	2373.74	2373.74	2641.95		
接头强度/kN　偏梯螺纹	2120.36	2120.36	2275.94	2275.94	2693.79	2693.79	2938.28	2963.16	3271.62		
扭矩/N·m　短圆螺纹											
扭矩/N·m　长圆螺纹	5420	5420	6160	6160	7210	7210	8050	8260	8990		

规格/mm×mm φ127×11.1 　通径尺寸/mm 101.63 　公称重量/kg·m⁻¹ 31.85 　开端排量/L·m⁻¹ 4.04 　闭端排量/L·m⁻¹ 12.68

性能 ＼ 钢级	BG80TS	BG80TT	BG95TS	BG95TT	BG110TS	BG110TT	BG125TT	BG130TT	BG140TT	BG150TT	BG160TT
抗挤强度/MPa	95.9	106.9	112.2	122.9	130.4	138.4	148.5	148.5	163.3		
管体屈服/kN	2227.05	2227.05	2644.89	2644.89	3062.74	3062.74	3480.59	3623.54	3902.27		
抗内压/MPa　管体	84.41	84.41	100.21	100.21	116	116	131.86	137.13	147.68		
抗内压/MPa　短圆螺纹											
抗内压/MPa　长圆螺纹	74.55	74.55	88.55	88.55	102.55	102.55	116.55	121.35	130.69		
抗内压/MPa　偏梯螺纹	68.34	68.34	81.17	81.17	93.93	93.93	106.76	111.04	119.58		
接头强度/kN　短圆螺纹											
接头强度/kN　长圆螺纹	2178.15	2178.15	2284.83	2284.83	2720.46	2720.46	2938.28	2938.28	3270.93		
接头强度/kN　偏梯螺纹	2382.63	2382.63	2502.65	2502.65	2978.28	2978.28	3218.32	3218.32	3581.26		
扭矩/N·m　短圆螺纹											
扭矩/N·m　长圆螺纹	6710	6710	7630	7630	8920	8920	9960	10230	11130		

续表

规格/mm×mm：φ127×12.14（通径尺寸 99.54 mm；公称重量 34.53 kg·m⁻¹；开端排量 4.38 L·m⁻¹；闭端排量 12.68 L·m⁻¹）

性能 \ 钢级	BG80TS	BG80TT	BG95TS	BG95TT	BG110TS	BG110TT	BG125TT	BG130TT	BG140TT	BG150TT	BG160TT
抗挤强度/MPa	95.9	106.9	112.2	122.9	130.4	138.4	148.5	148.5	163.3		
管体屈服/kN	2227.05	2227.05	2644.89	2644.89	3062.74	3062.74	3480.59	3623.54	3902.27		
抗内压/MPa 管体	92.28	92.28	109.59	109.59	126.90	126.90	144.21	149.98	161.52		
抗内压/MPa 短圆螺纹	74.55	74.55	88.55	88.55	102.55	102.55	116.55	121.35	130.69		
抗内压/MPa 长圆螺纹	68.34	68.34	81.17	81.17	93.93	93.93	106.76	111.04	119.58		
接头强度/kN 短圆螺纹	2400.41	2400.41	2520.43	2520.43	3000.51	3000.51	3240.55	3240.55	3603.94		
接头强度/kN 长圆螺纹	2382.63	2382.63	2502.65	2502.65	2978.28	2978.28	3218.32	3218.32	3581.27		
扭矩/N·m 长圆螺纹	7400	7400	8400	8400	9830	9830	10970	11270	12260		

规格/mm×mm：φ127×12.7（通径尺寸 98.43 mm；公称重量 35.87 kg·m⁻¹；开端排量 4.56 L·m⁻¹；闭端排量 12.68 L·m⁻¹）

性能 \ 钢级	BG80TS	BG80TT	BG95TS	BG95TT	BG110TS	BG110TT	BG125TT	BG130TT	BG140TT	BG150TT	BG160TT
抗挤强度/MPa	110.3	124.1	131	144.8	155.4	165.3	177.7	177.7	196.1		
管体屈服/kN	2511.54	2511.54	2987.17	2987.17	3458.37	3458.37	3929.56	4088.61	4403.12		
抗内压/MPa 管体	96.55	96.55	114.69	114.69	132.76	132.76	150.90	156.9	168.97		
抗内压/MPa 短圆螺纹	74.55	74.55	88.55	88.55	102.55	102.55	116.55	121.35	130.69		
抗内压/MPa 长圆螺纹	68.34	68.34	81.17	81.17	93.93	93.93	106.76	111.04	119.58		
接头强度/kN 短圆螺纹	2515.98	2515.98	2644.89	2644.89	3147.20	3147.20	3400.58	3400.58	3780.48		
接头强度/kN 长圆螺纹	2382.63	2382.63	2502.65	2502.65	2978.28	2978.28	3218.32	3218.32	3581.27		
扭矩/N·m 长圆螺纹	7760	7760	8810	8810	10310	10310	11510	11820	12860		

规格/mm×mm：5½in(φ139.7mm)　φ139.7×7.72　通径尺寸/mm 121.08　公称重量/kg·m⁻¹ 25.3　开端排量/L·m⁻¹ 3.2　闭端排量/L·m⁻¹ 15.33

性能		BG80TS	BG80TT	BG95TS	BG95TT	BG110TS	BG110TT	BG125TT	BG130TT	BG140TT	BG150TT	BG160TT
抗挤强度/MPa		51.3	56.3	58.7	63.4	65.6	69.9	73.9	73.9	78.2		
管体屈服/kN		1764.74	1764.74	2093.69	2093.69	2427.08	2427.08	2759.42	2869.8	3090.55		
抗内压/MPa	管体	53.38	53.38	63.38	63.38	73.38	73.38	83.37	86.7	93.37		
	长圆螺纹	53.38	53.38	63.38	63.38	73.38	73.38	83.37	86.7	93.37		
	偏梯螺纹	53.38	53.38	63.38	63.38	73.38	73.38	83.37	86.7	93.37		
	短圆螺纹											
接头强度/kN	长圆螺纹	1546.93	1546.93	1658.06	1658.06	1973.67	1973.67	2137.67	2137.67	2374.17		
	偏梯螺纹	1982.56	1982.56	2133.7	2133.7	2524.87	2524.87	2758.98	2781.84	3069.57		
	短圆螺纹											
扭矩/N·m	长圆螺纹	4710	4710	5360	5360	6270	6270	7010	7200	7830		

规格/mm×mm：φ139.7×9.17　通径尺寸/mm 118.19　公称重量/kg·m⁻¹ 29.76　开端排量/L·m⁻¹ 3.76　闭端排量/L·m⁻¹ 15.33

性能		BG80TS	BG80TT	BG95TS	BG95TT	BG110TS	BG110TT	BG125TT	BG130TT	BG140TT	BG150TT	BG160TT
抗挤强度/MPa		65.7	72.6	78.8	85.4	85.8	92	98	98	106.6		
管体屈服/kN		2071.46	2071.46	2462.64	2462.64	2849.37	2849.37	3241.7	3371.37	3630.7		
抗内压/MPa	管体	63.38	63.38	75.24	75.24	87.17	87.17	99.03	103	110.91		
	长圆螺纹	63.38	63.38	75.24	75.24	87.17	87.17	99.03	103	110.91		
	偏梯螺纹	62	63.38	73.66	73.66	85.24	85.24	96.9	100.78	108.52		
	短圆螺纹											
接头强度/kN	长圆螺纹	1902.55	1902.55	2044.79	2044.79	2431.52	2431.52	2632.47	2632.47	2923.71		
	偏梯螺纹	2329.28	2329.28	2502.65	2502.65	2964.95	2964.95	3241.17	3268.03	3606.04		
	短圆螺纹											
扭矩/N·m	长圆螺纹	5800	5800	6600	6600	7720	7720	8630	8870	9640		

续表

规格/mm×mm：φ139.7×10.54

通径尺寸/mm：115.44　公称重量/kg·m⁻¹：34.23　开端排量/L·m⁻¹：4.28　闭端排量/L·m⁻¹：15.33

性能 ＼ 钢级		BG80TS	BG80TT	BG95TS	BG95TT	BG110TS	BG110TT	BG125TT	BG130TT	BG140TT	BG150TT	BG160TT
抗挤强度/MPa		79.3	88.1	92.4	100.8	104.9	112.9	120.8	120.8	135	138	145
管体屈服/kN		2355.96	2355.96	2800.48	2800.48	3240.55	3240.55	3685.07	3834.38	4129.33	4424.48	4719.23
抗内压/MPa	管体	72.83	72.83	86.48	86.48	100.21	100.21	113.86	118.37	127.48	136.58	145.69
	短圆螺纹	68.14	68.14	80.9	80.9	93.66	93.66	106.41	110.57	119.14	127.64	136.16
	长圆螺纹	62	62	73.66	73.66	85.24	85.24	96.90	100.78	108.52	116.25	124
接头强度/kN	短圆螺纹	2231.49	2231.49	2400.41	2400.41	2853.82	2853.82	3084.97	3084.97	3431	3659.96	3888.91
	长圆螺纹	2573.77	2573.77	2702.68	2702.68	3218.32	3218.32	3476.15	3476.15	3866.92	4124.96	4383
扭矩/N·m	短圆螺纹	6810	6810	7750	7750	9060	9060	10120	10400	11310	12100	12900

规格：7in (φ177.8mm)　规格/mm×mm：φ177.8×8.05

通径尺寸/mm：158.52　公称重量/kg·m⁻¹：34.23　开端排量/L·m⁻¹：4.29　闭端排量/L·m⁻¹：24.83

性能 ＼ 钢级		BG80TS	BG80TT	BG95TS	BG95TT	BG110TS	BG110TT	BG125TT	BG130TT	BG140TT	BG150TT	BG160TT
抗挤强度/MPa		37.4	40.06	42.1	42.1	42.1	43.8	46.8	46.8	47		
管体屈服/kN		2364.85	2364.85	2809.37	2809.37	3256.72	3256.72	3700.83	3848.86	4144.92		
抗内压/MPa	管体	43.72	43.72	51.93	51.93	60.1	60.1	68.3	71.04	76.5		
	短圆螺纹	43.72	43.72	51.93	51.93	60.1	60.1	68.3	71.04	71.5		
	长圆螺纹	43.72	43.72	51.93	51.93	60.1	60.1	68.3	71.04	71.5		
接头强度/kN	短圆螺纹	1964.78	1964.78	2244.83	2244.83	2622.82	2622.82	2911.93	2911.93	3234.09		
	长圆螺纹	2613.78	2613.78	2827.15	2827.15	3348.38	3348.38	3664.76	3703.79	4079.35		
扭矩/N·m	短圆螺纹	5990	5990	6850	6850	8000	8000	8950	9210	10000		

续表

规格/mm×mm　φ177.8×9.19

钢级单项参数：公称重量/kg·m⁻¹ = 38.69；通径尺寸/mm = 156.24；开端排量/L·m⁻¹ = 4.87；闭端排量/L·m⁻¹ = 24.83

钢级		性能	BG80TS	BG80TT	BG95TS	BG95TT	BG110TS	BG110TT	BG125TT	BG130TT	BG140TT	BG150TT	BG160TT
抗挤强度/MPa			46.3	50.7	53.8	56.8	58.7	61.7	66	66	67		
管体屈服/kN			2684.9	2684.9	3187.21	3187.21	3689.52	3689.52	4196.54	4364.4	4700.13		
抗内压/MPa	管体		49.93	49.93	59.31	59.31	68.69	68.69	77.98	81.1	87.33		
	短圆螺纹		49.93	49.93	59.31	59.31	68.69	68.69	77.98	81.1	87.33		
	长圆螺纹		49.93	49.93	59.31	59.31	68.69	68.69	77.98	81.1	87.33		
	偏梯螺纹		49.93	49.93	59.31	59.31	68.69	68.69	77.98	81.1	87.33		
接头强度/kN	短圆螺纹		2307.06	2307.06	2636	2636	3080.52	3080.52	3420.52	3420.52	3798.94		
	长圆螺纹		2307.06	2307.06	2636	2636	3080.52	3080.52	3420.52	3420.52	3798.94		
	偏梯螺纹		2964.95	2964.95	3209.43	3209.43	3791.76	3791.76	4155.65	4199.91	4625.77		
扭矩/N·m	短圆螺纹		7040	7040	8050	8050	9390	9390	10520	10820	11750		
	长圆螺纹		7040	7040	8050	8050	9390	9390	10520	10820	11750		

规格/mm×mm　φ177.8×10.36

钢级单项参数：公称重量/kg·m⁻¹ = 43.16；通径尺寸/mm = 153.9；开端排量/L·m⁻¹ = 5.45

钢级		性能	BG80TS	BG80TT	BG95TS	BG95TT	BG110TS	BG110TT	BG125TT	BG130TT	BG140TT	BG150TT	BG160TT
抗挤强度/MPa			55.4	61	67.4	70.7	71.5	80.7	86.3	86.3	87		
管体屈服/kN			3004.96	3004.96	3569.5	3569.5	4129.59	4129.59	4698	4885.9	5261.75		
抗内压/MPa	管体		56.28	56.28	66.83	66.83	77.38	77.38	87.9	91.42	98.45		
	短圆螺纹		56.28	56.28	66.83	66.83	77.38	77.38	87.9	91.42	98.45		
	长圆螺纹		56.28	56.28	66.83	66.83	77.38	77.38	87.9	91.42	98.45		
	偏梯螺纹		56.28	56.28	66.83	66.83	77.38	77.38	87.9	91.42	98.45		
接头强度/kN	短圆螺纹		2653.78	2653.78	3036.07	3036.07	3542.82	3542.82	3934.98	3934.98	4370.32		
	长圆螺纹		2653.78	2653.78	3036.07	3036.07	3542.82	3542.82	3934.98	3934.98	4370.32		
	偏梯螺纹		3316.12	3316.12	3591.72	3591.72	4245.17	4245.17	4652.21	4701.76	5178.5		
扭矩/N·m	短圆螺纹		8100	8100	9250	9250	10800	10800	12100	12440	13520		
	长圆螺纹		8100	8100	9250	9250	10800	10800	12100	12440	13520		

续表

规格/mm×mm φ177.8×11.51

通径尺寸/mm: 151.61　公称重量/kg·m⁻¹: 47.62　开端排量/L·m⁻¹: 6.01　闭端排量/L·m⁻¹: 24.83

性能		BG80TS	BG80TT	BG95TS	BG95TT	BG110TS	BG110TT	BG125TT	BG130TT	BG140TT	BG150TT	BG160TT
抗挤强度/MPa		64.4	71.2	78.2	83.8	84	95.5	102.1	102.1	104.2		
管体屈服/kN		3311.67	3311.67	3934	3934	4556.33	4556.33	5183.63	5390.98	5805.67		
抗内压/MPa	管体	62.48	62.48	74.21	74.21	85.93	85.93	97.66	101.57	109.38		
	短圆螺纹											
	长圆螺纹	62.48	62.48	74.21	74.21	85.93	85.93	97.66	101.57	109.38		
	偏梯螺纹	58.34	58.34	69.31	69.31	80.28	80.28	91.17	94.86	102.15		
接头强度/kN	短圆螺纹	2987.17	2987.17	3413.91	3413.91	3987.34	3987.34	4433.23	4433.23	4923.7		
	长圆螺纹	3658.4	3658.4	3960.67	3960.67	4680.8	4680.8	5133.12	5187.79	5713.82		
	偏梯螺纹											
扭矩/N·m	短圆螺纹	9110	9110	10420	10420	12160	12160	13630	14020	15230		
	长圆螺纹											

规格/mm×mm φ177.8×12.65

通径尺寸/mm: 149.33　公称重量/kg·m⁻¹: 52.09　开端排量/L·m⁻¹: 6.56　闭端排量/L·m⁻¹: 24.83

性能		BG80TS	BG80TT	BG95TS	BG95TT	BG110TS	BG110TT	BG125TT	BG130TT	BG140TT	BG150TT	BG160TT
抗挤强度/MPa		73.3	81.3	89.7	95.2	96.5	110	113.4	113.4	120.9		
管体屈服/kN		3618.39	3618.39	4294.06	4294.06	4947.18	4947.18	5654.29	5884.3	6336.95		
抗内压/MPa	管体	68.69	68.69	81.59	81.59	94.48	94.48	107.31	111.63	120.21		
	短圆螺纹											
	长圆螺纹	63.72	63.72	75.66	75.66	87.59	87.59	99.52	103.55	111.51		
	偏梯螺纹	58.34	58.34	69.31	69.31	80.28	80.28	91.17	94.86	102.15		
接头强度/kN	短圆螺纹	3316.12	3316.12	3791.76	3791.76	4427.42	4427.42	4911.95	4911.95	5464.21		
	长圆螺纹	3894	3894	4089.58	4089.58	4867.49	4867.49	5258.67	5258.67	5845.06		
	偏梯螺纹											
扭矩/N·m	短圆螺纹	10120	10120	11560	11560	13500	13500	15110	15560	16900		
	长圆螺纹											

续表

规格/mm×mm：φ177.8×13.72　通径尺寸/mm：147.19　公称重量/kg·m⁻¹：56.55　开端排量/L·m⁻¹：7.07　闭端排量/L·m⁻¹：24.83

性能＼钢级		BG80TS	BG80TT	BG95TS	BG95TT	BG110TS	BG110TT	BG125TT	BG130TT	BG140TT	BG150TT	BG160TT
抗挤强度/MPa		81.7	90.7	95.2	103.9	108.2	123.8	132.8	132.8	136.6		
管体屈服/kN		3898.44	3898.44	4627.45	4627.45	5360.91	5360.91	6089.92	6340.68	6828.43		
抗内压/MPa	管体	74.48	74.48	88.48	88.48	102.41	102.41	116.41	121.07	130.38		
	短圆螺纹	63.72	63.72	75.66	75.66	87.59	87.59	99.52	103.58	111.46		
	长圆螺纹	58.34	58.34	69.31	69.31	80.28	80.28	91.17	94.86	102.15		
	偏梯螺纹											
接头强度/kN	短圆螺纹	3618.39	3618.39	4138.48	4138.48	4831.93	4831.93	5360.91	5360.91	5964.22		
	长圆螺纹	3894	3894	4089.58	4089.58	4867.49	4867.49	5258.67	5258.67	5845.06		
	偏梯螺纹											
扭矩/N·m	短圆螺纹	11040	11040	12620	12620	14730	14730	16490	16980	18450		
	长圆螺纹											

规格：7⅝in（φ193.7×9.52）

规格/mm×mm：φ193.7×9.52　通径尺寸/mm：171.45　公称重量/kg·m⁻¹：44.2　开端排量/L·m⁻¹：5.51　闭端排量/L·m⁻¹：29.46

性能＼钢级		BG80TS	BG80TT	BG95TS	BG95TT	BG110TS	BG110TT	BG125TT	BG130TT	BG140TT	BG150TT	BG160TT
抗挤强度/MPa		42.6	46.7	48.6	52.1	53.7	54.4	54.4	54.4	54.5		
管体屈服/kN		3036.07	3036.07	3605.06	3605.06	4178.49	4178.49	4748.03	4937.95	5317.79		
抗内压/MPa	管体	47.52	47.52	56.41	56.41	65.31	65.31	74.16	77.12	83.05		
	短圆螺纹	47.52	47.52	56.41	56.41	65.31	65.31	74.16	77.12	83.05		
	长圆螺纹	47.52	47.52	56.41	56.41	65.31	65.31	74.16	77.12	83.05		
接头强度/kN	短圆螺纹	2556	2556	2929.39	2929.39	3418.36	3418.36	3829.23	3906.49	4278.69		
	长圆螺纹	3329.45	3329.45	3613.95	3613.95	4267.39	4267.39	4682.81	4737.35	5213.66		
扭矩/N·m	短圆螺纹	7800	7800	8930	8930	10420	10420	11680	12020	13050		
	长圆螺纹											

续表

规格/mm × mm: φ193.7×10.92 　通径尺寸/mm: 168.66　公称重量/kg·m⁻¹: 50.15　开端排量/L·m⁻¹: 6.27　闭端排量/L·m⁻¹: 29.46

性能		BC80TS	BC80TT	BG95TS	BG95TT	BG110TS	BG110TT	BG125TT	BG130TT	BG140TT	BG150TT	BG160TT
抗挤强度/MPa		52.8	58.1	60.6	65.4	67.8	72.3	76.5	76.5	82.5		
管体屈服/kN		3458.37	3458.37	4102.92	4102.92	4751.92	4751.92	5404.86	5621.06	6053.45		
抗内压/MPa	管体	54.48	54.48	64.69	64.69	74.9	74.9	85.06	88.46	95.27		
	短圆螺纹	54.48	54.48	64.69	64.69	74.9	74.9	85.06	88.46	95.27		
	长圆螺纹	54.48	54.48	64.69	64.69	74.9	74.9	85.06	88.46	95.27		
	偏梯螺纹											
接头强度/kN	短圆螺纹	2996.06	2996.06	3431.69	3431.69	4005.13	4005.13	4489.79	4580.38	5016.78		
	长圆螺纹	3787.31	3787.31	4111.81	4111.81	4858.6	4858.6	5330.62	5392.71	5934.91		
	偏梯螺纹											
扭矩/N·m	短圆螺纹											
	长圆螺纹	9140	9140	10470	10470	12220	12220	13700	14090	15300		

规格/mm × mm: φ193.7×12.7 　通径尺寸/mm: 165.1　公称重量/kg·m⁻¹: 58.04　开端排量/L·m⁻¹: 7.22　闭端排量/L·m⁻¹: 29.46

性能		BC80TS	BC80TT	BG95TS	BG95TT	BG110TS	BG110TT	BG125TT	BG130TT	BG140TT	BG150TT	BG160TT
抗挤强度/MPa		65.6	72.5	75.9	82.5	85.7	91.9	97.8	97.8	106.4		
管体屈服/kN		3978.45	3978.45	4725.25	4725.25	5472.04	5472.04	6218.83	6373.64	6971.61		
抗内压/MPa	管体	63.31	63.31	75.17	75.17	87.03	87.03	98.9	102.88	110.8		
	短圆螺纹	63.31	63.31	75.17	75.17	87.03	87.03	98.9	102.88	110.8		
	长圆螺纹	63.31	63.31	75.17	75.17	87.03	87.03	98.9	102.88	110.8		
	偏梯螺纹											
接头强度/kN	短圆螺纹	3547.27	3547.27	4062.91	4062.91	4738.58	4738.58	5307.57	5421.45	5937.98		
	长圆螺纹	4360.74	4360.74	4734.14	4734.14	5592.06	5592.06	6129.93	6210.66	6835.09		
	偏梯螺纹											
扭矩/N·m	短圆螺纹											
	长圆螺纹	10820	10820	12390	12390	14460	14460	16190	16680	18110		

续表

规格/mm×mm：φ193.7×14.27　通径尺寸/mm：161.95　公称重量/kg·m⁻¹：63.69　开端排量/L·m⁻¹：8.04　闭端排量/L·m⁻¹：29.46

性能＼钢级	BG80TS	BG80TT	BG95TS	BG95TT	BG110TS	BG110TT	BG125TT	BG130TT	BG140TT	BG150TT	BG160TT
抗挤强度/MPa	76.9	85.3	89.4	97.5	101.5	109.2	116.7	116.7	127.6		
管体屈服/kN	4436.3	4436.3	5267.56	5267.56	6098.81	6098.81	6930.07	7210.82	7765.5		
抗内压/MPa 管体	71.17	71.17	84.48	84.48	97.86	97.86	111.17	115.6	124.49		
抗内压/MPa 短圆螺纹											
抗内压/MPa 长圆螺纹	71.17	71.17	84.48	84.48	97.86	97.86	111.17	115.6	124.49		
抗内压/MPa 偏梯螺纹	67.52	67.52	80.14	80.14	92.83	92.83	105.45	109.65	118.09		
接头强度/kN 短圆螺纹											
接头强度/kN 长圆螺纹	4022.9	4022.9	4609.67	4609.67	5378.69	5378.69	6023.25	6148.69	6734.5		
接头强度/kN 偏梯螺纹	4858.6	4858.6	5276.45	5276.45	6232.17	6232.17	6827.83	6917.89	7613.14		
扭矩/N·m 短圆螺纹											
扭矩/N·m 长圆螺纹	12280	12280	14050	14050	16440	16440	18370	18910	20540		

规格/mm×mm：φ193.7×15.11　通径尺寸/mm：160.27　公称重量/kg·m⁻¹：67.42　开端排量/L·m⁻¹：8.48　闭端排量/L·m⁻¹：29.46

性能＼钢级	BG80TS	BG80TT	BG95TS	BG95TT	BG110TS	BG110TT	BG125TT	BG130TT	BG140TT	BG150TT	BG160TT
抗挤强度/MPa	82.9	92.1	96.7	105.5	109.9	118.4	126.8	126.8	138.9		
管体屈服/kN	4671.9	4671.9	5547.6	5547.6	6423.31	6423.31	7303.46	7599.54	8184.12		
抗内压/MPa 管体	75.31	75.31	89.45	89.45	103.59	103.59	117.72	122.4	131.82		
抗内压/MPa 短圆螺纹											
抗内压/MPa 长圆螺纹	72.34	72.34	85.93	85.93	99.52	99.52	113.1	117.6	126.64		
抗内压/MPa 偏梯螺纹	67.52	67.52	80.14	80.14	92.83	92.83	105.45	109.65	118.09		
接头强度/kN 短圆螺纹											
接头强度/kN 长圆螺纹	4276.28	4276.28	4894.17	4894.17	5712.08	5712.08	6396.64	6532.15	7154.5		
接头强度/kN 偏梯螺纹	5120.87	5120.87	5560.95	5560.95	6565.56	6565.56	7196.78	7290.81	8023.85		
扭矩/N·m 短圆螺纹											
扭矩/N·m 长圆螺纹	13040	13040	14930	14930	17420	17420	19520	20090	21820		

续表

规格/mm×mm：φ193.7×15.86

通径尺寸/mm	公称重量/kg·m⁻¹	开端排量/L·m⁻¹	闭端排量/L·m⁻¹
158.75	70.09	8.86	29.46

性能	BG80TS	BG80TT	BG95TS	BG95TT	BG110TS	BG110TT	BG125TT	BG130TT	BG140TT	BG150TT	BG160TT
抗挤强度/MPa	88.4	98.3	103.2	112.8	117.6	126.8	135.9	135.9	149.1		
管体屈服/kN	4889.72	4889.72	5805.43	5805.43	6721.14	6721.14	7636.85	7943.24	8554.26		
抗内压/MPa 管体	79.17	79.17	94	94	108.83	108.83	123.66	128.48	138.37		
抗内压/MPa 短圆螺纹											
抗内压/MPa 长圆螺纹	72.34	72.34	85.93	85.93	99.52	99.52	113.1	117.51	126.55		
抗内压/MPa 偏梯螺纹	67.52	67.52	80.14	80.14	92.83	92.83	105.45	109.65	118.09		
接头强度/kN 短圆螺纹											
接头强度/kN 长圆螺纹	4503	4503	5152	5152	6014.36	6014.36	6734.48	6929.23	7525.88		
接头强度/kN 偏梯螺纹	5356.47	5356.47	5778.76	5778.76	6867.83	6867.83	7427.93	7427.93	8265.17		
扭矩/N·m 短圆螺纹											
扭矩/N·m 长圆螺纹	13730	13730	15720	15720	18340	18340	20540	21140	22960		

规格：8⅝in（φ219.08mm）

规格/mm×mm：φ219.08×10.16

通径尺寸/mm	公称重量/kg·m⁻¹	开端排量/L·m⁻¹	闭端排量/L·m⁻¹
195.58	53.57	6.67	37.7

性能	BG80TS	BG80TT	BG95TS	BG95TT	BG110TS	BG110TT	BG125TT	BG130TT	BG140TT	BG150TT	BG160TT
抗挤强度/MPa	38.9	42.3	41.8	45.4	45.4	45.4	45.4	45.4	45.4		
管体屈服/kN	3676.18	3676.18	4365.19	4365.19	5058.7	5058.7	5748.52	5978.46	6438.35		
抗内压/MPa 管体	44.76	44.76	53.17	53.17	61.57	61.57	69.97	72.76	78.36		
抗内压/MPa 短圆螺纹	44.76	44.76	53.17	53.17	61.57	61.57	69.97	72.76	78.36		
抗内压/MPa 长圆螺纹	44.76	44.76	53.17	53.17	61.57	61.57	69.97	72.76	78.36		
抗内压/MPa 偏梯螺纹											
接头强度/kN 短圆螺纹											
接头强度/kN 长圆螺纹	3058.3	3058.3	3507.26	3507.26	4097.86	4097.86	4593.12	4728.11	5132.89		
接头强度/kN 偏梯螺纹	3978.45	3978.45	4338.52	4338.52	5129.68	5129.68	5632.84	5707.54	6273.52		
扭矩/N·m 短圆螺纹											
扭矩/N·m 长圆螺纹	9330	9330	10700	10700	12500	12500	14010	14420	15060		

续表

规格/mm×mm：φ219.08×11.43　通径尺寸/mm：193.04　开端排量/L·m⁻¹：59.53　闭端排量/L·m⁻¹：7.46　37.7

性能		BG80TS	BG80TT	BG95TS	BG95TT	BG110TS	BG110TT	BG125TT	BG130TT	BG140TT	BG150TT	BG160TT
抗挤强度/MPa		46.9	51.4	54.5	59.6	59.6	63.4	65.4	65.4	65.4		
管体屈服/kN		4111.81	4111.81	4880.83	4880.83	5656.44	5656.44	6427.77	6684.89	7199.11		
抗内压/MPa	管体	50.34	50.34	59.79	59.79	69.27	69.27	78.71	81.86	88.16		
	短圆螺纹	50.34	50.34	59.79	59.79	69.27	69.27	78.71	81.86	88.16		
	长圆螺纹	50.34	50.34	59.79	59.79	69.27	69.27	78.71	81.86	88.16		
	偏梯螺纹											
接头强度/kN	短圆螺纹											
	长圆螺纹	3502.82	3502.82	4018.46	4018.46	4692.16	4692.16	5259.25	5413.81	5877.29		
	偏梯螺纹	4449.65	4449.65	4854.16	4854.16	5735.81	5735.81	6298.43	6381.95	7014.8		
扭矩/N·m	短圆螺纹	10680	10680	12260	12260	14310	14310	16040	16510	17930		
	长圆螺纹	10680	10680	12260	12260	14310	14310	16040	16510	17930		

公称重量/kg·m⁻¹：BG80TS 59.6　BG80TT 59.6　BG95TS 59.79　BG95TT 59.79　BG110TS 69.27　BG110TT 69.27　BG125TT 78.71　BG130TT 81.86　BG140TT 88.16

规格/mm×mm：φ219.08×12.7　通径尺寸/mm：190.5　开端排量/L·m⁻¹：65.48　闭端排量/L·m⁻¹：8.23　37.7

性能		BG80TS	BG80TT	BG95TS	BG95TT	BG110TS	BG110TT	BG125TT	BG130TT	BG140TT	BG150TT	BG160TT
抗挤强度/MPa		55	60.5	66.9	71.7	70.9	80	80.2	80.2	86.6		
管体屈服/kN		4538.55	4538.55	5387.58	5387.58	6241.06	6241.06	7098.29	7382.22	7950.08		
抗内压/MPa	管体	56	56	66.48	66.48	76.97	76.97	87.46	90.95	97.95		
	短圆螺纹	56	56	66.48	66.48	76.97	76.97	87.46	90.95	97.95		
	长圆螺纹	56	56	66.48	66.48	76.97	76.97	87.46	90.95	97.95		
	偏梯螺纹											
接头强度/kN	短圆螺纹											
	长圆螺纹	3942.89	3942.89	4520.77	4520.77	5272	5272	5916.8	6090.69	6612.12		
	偏梯螺纹	4911.95	4911.95	5360.91	5360.91	6325.52	6325.52	6955.45	7047.68	7746.55		
扭矩/N·m	短圆螺纹	12020	12020	13790	13790	16090	16090	18050	18580	20170		
	长圆螺纹	12020	12020	13790	13790	16090	16090	18050	18580	20170		

公称重量/kg·m⁻¹：BG80TS 66.9　BG80TT 66.48　BG95TS 66.48　BG95TT 66.48　BG110TS 76.97　BG110TT 76.97　BG125TT 87.46　BG130TT 90.95　BG140TT 97.95

续表

规格/mm×mm：φ219.08×14.15

公称重量/kg·m⁻¹：72.92　开端排量/L·m⁻¹：9.1　闭端排量/L·m⁻¹：37.7　（187.6）

性能 ＼ 钢级	BG80TS	BG80TT	BG95TS	BG95TT	BG110TS	BG110TT	BG125TT	BG130TT	BG140TT	BG150TT	BG160TT
抗挤强度/MPa	64.2	70.9	78	83.8	83.7	95.2	95.5	95.5	103.8		
管体屈服/kN　管体	5018.63	5018.63	5961	5961	6903.4	6903.4	7853.16	8167.28	8795.54		
抗内压/MPa　管体	62.34	62.34	74.07	74.07	85.72	85.72	97.44	101.34	109.13		
抗内压/MPa　短圆螺纹	62.34	62.34	74.07	74.07	85.72	85.72	97.44	101.34	109.13		
抗内压/MPa　长圆螺纹	62.34	62.34	74.07	74.07	85.72	85.72	97.44	101.34	109.13		
接头强度/kN　长圆螺纹	4431.86	4431.86	5085.3	5085.3	5934.34	5934.34	6657.09	6852.73	7439.39		
接头强度/kN　偏梯螺纹	5432.03	5432.03	5929.9	5929.9	6996.74	6996.74	7695.12	7797.17	8570.36		
扭矩/N·m　长圆螺纹	13520	13520	15510	15510	18100	18100	20300	20900	22690		

规格：9⅝in（φ244.48mm）　φ244.48×10.03

公称重量/kg·m⁻¹：59.53　开端排量/L·m⁻¹：7.39　闭端排量/L·m⁻¹：46.94　（220.45）

性能 ＼ 钢级	BG80TS	BG80TT	BG95TS	BG95TT	BG110TS	BG110TT	BG125TT	BG130TT	BG140TT	BG150TT	BG160TT
抗挤强度/MPa	30.9	30.9	31.5	33.1	32	34.1	34.8	34.8	35		
管体屈服/kN　管体	4071.8	4071.8	4836.38	4836.38	5604.25	5604.25	6368.47	6623.2	7132.68		
抗内压/MPa　管体	39.66	39.66	47.03	47.03	54.47	54.47	61.89	64.37	69.32		
抗内压/MPa　短圆螺纹	39.66	39.66	47.03	47.03	54.47	54.47	61.89	64.37	69.32		
抗内压/MPa　长圆螺纹	39.66	39.66	47.03	47.03	54.47	54.47	61.89	64.37	69.32		
接头强度/kN　长圆螺纹	3276.11	3276.11	3765.08	3765.08	4395.47	4395.47	4930.11	5077.7	5510.1		
接头强度/kN　偏梯螺纹	4351.85	4351.85	4774.14	4774.14	5634.22	5634.22	6199.63	6291.98	6907.14		
扭矩/N·m　长圆螺纹	10000	10000	11490	11490	13400	13400	15030	15480	16800		

续表

规格/mm × mm　φ244.48×11.05

通径尺寸/mm = 218.41　公称重量/kg·m⁻¹ = 64.74　开端排量/L·m⁻¹ = 8.1　闭端排量/L·m⁻¹ = 46.94

性能＼钢级	BG80TS	BG80TT	BG95TS	BG95TT	BG110TS	BG110TT	BG125TT	BG130TT	BG140TT	BG150TT	BG160TT
抗挤强度/MPa	37.2	40.4	41.9	41.9	42.1	43.8	45.9	45.9	46.5		46.94
管体屈服/kN	4467.43	4467.43	5303.12	5303.12	6138.82	6138.82	6985.58	7265	7823.85		
抗内压/MPa 管体	43.66	43.66	51.79	51.79	60	60	68.19	70.92	76.37		
抗内压/MPa 短圆螺纹	43.66	43.66	51.79	51.79	60	60	68.19	70.92	76.37		
抗内压/MPa 长圆螺纹	43.66	43.66	51.79	51.79	60	60	68.19	70.92	76.37		
抗内压/MPa 偏梯螺纹											
接头强度/kN 短圆螺纹	3667.29	3667.29	4214.05	4214.05	4911.95	4911.95	5517.56	5682.73	6166.66		
接头强度/kN 长圆螺纹	4774.14	4774.14	5236.45	5236.45	6169.94	6169.94	6800.39	6901.68	7576.46		
接头强度/kN 偏梯螺纹											
扭矩/N·m 短圆螺纹	11190	11190	12850	12850	14980	14980	16820	17330	18800		
扭矩/N·m 长圆螺纹											

规格/mm × mm　φ244.48×11.99

通径尺寸/mm = 216.54　公称重量/kg·m⁻¹ = 69.95　开端排量/L·m⁻¹ = 8.76　闭端排量/L·m⁻¹ = 46.94

性能＼钢级	BG80TS	BG80TT	BG95TS	BG95TT	BG110TS	BG110TT	BG125TT	BG130TT	BG140TT	BG150TT	BG160TT
抗挤强度/MPa	42.6	46.5	49	51.2	52.2	53.8	55.2	55.2	56.2		46.94
管体屈服/kN	4827.49	4827.49	5729.86	5729.86	6636.68	6636.68	7543.5	7851.28	8455.22		
抗内压/MPa 管体	47.38	47.38	56.21	56.21	65.1	65.1	74	76.95	82.87		
抗内压/MPa 短圆螺纹	47.38	47.38	56.21	56.21	65.1	65.1	74	76.95	82.87		
抗内压/MPa 长圆螺纹	47.38	47.38	56.21	56.21	65.1	65.1	74	76.95	82.87		
抗内压/MPa 偏梯螺纹											
接头强度/kN 短圆螺纹	4020.91	4020.91	4623.01	4623.01	5392.03	5392.03	6045.47	6235.42	6766.41		
接头强度/kN 长圆螺纹	5160.88	5160.88	5658.74	5658.74	6667.8	6667.8	7334.58	7458.63	8187.86		
接头强度/kN 偏梯螺纹											
扭矩/N·m 短圆螺纹	12270	12270	14100	14100	16440	16440	18440	19010	20630		
扭矩/N·m 长圆螺纹											

续表

规格/mm×mm：φ244.48×13.84　通径尺寸/mm：212.83　公称重量/kg·m⁻¹　开端排量/L·m⁻¹：79.62　闭端排量/L·m⁻¹：10.03　46.94

性能	钢级	BG80TS	BG80TT	BG95TS	BG95TT	BG110TS	BG110TT	BG125TT	BG130TT	BG140TT	BG150TT	BG160TT
抗挤强度/MPa		53.1	58.4	64.5	69	68.2	77.2	81.4	81.4	83.1		
管体屈服/kN		5529.83	5529.83	6565.56	6565.56	7601.29	7601.29	8637.02	8990.58	9682.16		
抗内压/MPa	管体	54.69	54.69	64.9	64.9	75.17	75.17	85.45	88.82	95.65		
	长圆螺纹	54.69	54.69	64.9	64.9	75.17	75.17	85.45	88.82	95.65		
	偏梯螺纹	54.69	54.69	64.9	64.9	75.17	75.17	85.45	88.82	95.65		
	短圆螺纹											
接头强度/kN	长圆螺纹	4720.8	4720.8	5423.14	5423.14	6321.07	6321.07	7090.09	7309.45	7931.91		
	偏梯螺纹	5907.67	5907.67	6481.1	6481.1	7636.85	7636.85	8401.43	8540.96	9376		
	短圆螺纹											
扭矩/N·m	长圆螺纹	14390	14390	16540	16540	19280	19280	21630	22290	24180		

规格/mm×mm：φ244.48×15.11　通径尺寸/mm：210.29　公称重量/kg·m⁻¹　开端排量/L·m⁻¹：86.91　闭端排量/L·m⁻¹：10.89　46.94

性能	钢级	BG80TS	BG80TT	BG95TS	BG95TT	BG110TS	BG110TT	BG125TT	BG130TT	BG140TT	BG150TT	BG160TT
抗挤强度/MPa		60.3	66.6	73.5	78.6	78.3	89	93.1	93.1	96.6		
管体屈服/kN		6001.02	6001.02	7130.1	7130.1	8254.74	8254.74	9379.37	9761.53	10512.42		
抗内压/MPa	管体	59.66	59.66	70.9	70.9	82.07	82.07	93.24	96.97	104.43		
	长圆螺纹	59.66	59.66	70.9	70.9	82.07	82.07	93.24	96.97	104.43		
	偏梯螺纹	59.66	59.66	70.9	70.9	82.07	82.07	93.24	96.97	104.43		
	短圆螺纹											
接头强度/kN	长圆螺纹	5187.55	5187.55	5961.01	5961.01	6047.85	6047.85	7796.88	8036.24	8720.59		
	偏梯螺纹	6414.42	6414.42	7036.75	7036.75	8290.3	8290.3	9121.55	9273.35	10180		
	短圆螺纹											
扭矩/N·m	长圆螺纹	15820	15820	18180	18180	21200	21200	23770	24500	26590		

致　　谢

作者关于抗挤毁系列套管新产品开发的理论与实践探索，正处于宝钢强化"技术领先战略"，实现"从钢铁到材料"多元化战略转型的二次创业与科学发展的关键时期，深深地体会到创业者的艰辛，其间有幸得到陈英颖、丁维军、张忠铧等领导的鼎力支持，使得工作顺利开展并卓有成效；得到中原油田、辽河油田、塔里木油田、四川油田、玉门油田、青海油田、月东油田、河南油田、新疆油田等单位的大力支持和帮助，深入开展了大量的用户使用技术研究，获得了许多宝贵的经验。

作者在"中原油田用高强度抗挤套管"的开发中得到谢慧华高工的鼎力支持与帮助，在工作中还得到陈家光先生、李玉光先生、王起江先生、殷光虹先生、虞敌卫先生等专家的勉励和惠赠，得到张丕军、陆匠心、刘玉文、张红耀、王旭午、胡御夷、杨光、范朝晖、商锦宁、夏克东、沈绍陆、宋越、胡佩珠、金大勇、黄子阳、薛建国、赖兴涛、陈学敏、陆勋、郑文军、刘春旭、秦康伟、邱雨江、李铮、陈建初、潘存强、蔡志鸿、钟剑锋、夏琰、杨晓芳、杨永娥、孙中渠、袁理、单星、毛小春、郭金宝、董晓明、张丽秋、孙元宁、洪杰、蔡海燕、赵逸平、赵永安、张作贵、宓小川、朱平、唐永明、刘俊江、刘麒麟、许艺、杨为国、李学进、梁建山、尹卫东、张英江、陈永新、张福灵、姜学锋、何利舰、陈功明、杨军、官荔、朱爱东、邹炯强、彭黎阳、林武胜、岳磊等宝钢领导和同事的关心和帮助，得到薄敏、张福祥、苏朝林、曹泽甫、郭国强、孙书贞、曹青山、钟守明、余文斌、张国辉、王彬、贺岩斌、范东威等油田领导和用户的支持与合作，在此一并表示衷心的感谢！

南京航空航天大学刘子利教授对本书提出了大量修改意见，安徽工业大学张庆安教授参与了大量的实验工作，在此谨致诚挚的谢意。

田青超

癸巳岁首于上海

冶金工业出版社部分图书推荐

书 名	作 者	定价（元）
中国冶金百科全书·金属塑性加工	编委会 编	248.00
钢铁生产概览	中国金属学会 译	80.00
钢铁生产过程的脱磷	董元篪 编著	28.00
中型 H 型钢生产工艺与电气控制	郭新文 等编著	55.00
镍铁冶金技术及设备	栾心汉 等主编	27.00
炉外底喷粉脱硫工艺研究	周建安 著	20.00
金属塑性加工生产技术	胡 新 主编	32.00
热能与动力工程基础（本科国规教材）	王承阳 编著	29.00
钢铁冶金原理（第4版）（本科教材）	黄希祜 编	82.00
冶金原理（本科教材）	韩明荣 主编	40.00
化工安全（本科教材）	邵 辉 主编	35.00
重大危险源辨识与控制（本科教材）	刘诗飞 主编	32.00
噪声与振动控制（本科教材）	张恩惠 主编	30.00
冶金热工基础（本科教材）	朱光俊 主编	36.00
冶金过程数值模拟基础（本科教材）	陈建斌 编著	28.00
炼焦学（第3版）（本科教材）	姚昭章 主编	39.00
钢铁冶金学教程（本科教材）	包燕平 等编	49.00
连续铸钢（本科教材）	贺道中 主编	30.00
炼铁学（本科教材）	梁中渝 主编	45.00
炼钢工艺学（本科教材）	高泽平 编	39.00
炼铁厂设计原理（本科教材）	万 新 主编	38.00
炼钢厂设计原理（本科教材）	王令福 主编	29.00
冶金炉料处理工艺（本科教材）	杨双平 编	23.00
冶金课程工艺设计计算（炼铁部分）（本科教材）	杨双平 主编	20.00
冶金设备（本科教材）	朱 云 主编	49.80
冶金过程数学模型与人工智能应用（本科教材）	龙红明 编	28.00
特种冶炼与金属功能材料（本科教材）	崔雅茹 王 超编	20.00
冶金企业环境保护（本科教材）	马红周 张朝晖 主编	23.00
重金属冶金学（本科教材）	翟秀静 主编	49.00
冶金生产概论（高职高专国规教材）	王明海 主编	45.00
冶金专业英语（高职高专国规教材）	侯向东 主编	28.00
高炉炼铁设备（高职高专教材）	王宏启 主编	36.00
冶金技术概论（高职高专教材）	王庆义 主编	26.00
金属塑性加工生产技术（高职高专教材）	胡 新 主编	32.00
金属材料与成型工艺基础（高职高专教材）	李庆峰 主编	30.00
金属铝熔盐电解（高职高专教材）	陈利生 等主编	18.00
冶金煤气安全实用知识（技能培训教材）	袁乃收 等编著	29.00
炼钢厂生产安全知识（技能培训教材）	邵明天 等编著	29.00